U0284191

第 2 版

Java 程序设计 经典课堂

金松河 王捷 李祖贺 宋宝卫 ◎ 编著

清华大学出版社

北京

内容简介

本书全面系统地介绍Java语言的相关知识，内容循序渐进，讲解通俗易懂，理论与实践相结合，通过150多个实例帮助读者轻松掌握Java语言编程方法。

本书共13章，由浅入深地对Java程序设计语言进行全面讲解，主要内容包括Java语言的特点、Java程序的运行与开发环境、Java语言的基本语法、面向对象编程方法、Java类的定义、成员变量与成员方法、构造方法、Java对象的生成与使用、方法参数传递、访问控制、泛型、常用类和接口、继承与多态性、异常处理、图形用户界面设计、常用Swing组件、输入/输出流、多线程编程、数据库编程、网络编程等。最后通过进销存管理系统的开发设计，使读者不仅可以温故知新，还能提高Java语言的综合编程能力。

本书不仅可以作为各类院校和社会培训机构的首选教材，还可以作为Java程序设计自学者和编程爱好者的参考用书。

版权所有，侵权必究。举报：010-62782989，beiqinquan@tup.tsinghua.edu.cn。

图书在版编目（CIP）数据

Java程序设计经典课堂 / 金松河等编著. -- 2版.

北京 : 清华大学出版社, 2024. 9. -- ISBN 978-7-302
-67183-1

Ⅰ. TP312.8

中国国家版本馆CIP数据核字第2024NB5067号

责任编辑：袁金敏
封面设计：阿南若
责任校对：胡伟民
责任印制：刘海龙

出版发行：清华大学出版社
　　　　网　　　址：https://www.tup.com.cn，https://www.wqxuetang.com
　　　　地　　　址：北京清华大学学研大厦A座　　　　邮　　编：100084
　　　　社 总 机：010-83470000　　　　邮　　购：010-62786544
　　　　投稿与读者服务：010-62776969，c-service@tup.tsinghua.edu.cn
　　　　质 量 反 馈：010-62772015，zhiliang@tup.tsinghua.edu.cn
　　　　课 件 下 载：https://www.tup.com.cn，010-83470236
印 装 者：涿州汇美亿浓印刷有限公司
经　　销：全国新华书店
开　　本：185mm×260mm　　　印　张：21.25　　　字　数：545千字
版　　次：2014年8月第1版　　2024年9月第2版　　印　次：2024年9月第1次印刷
定　　价：79.80元

产品编号：106817-01

前 言

Java是一种功能强大的程序设计语言，以其面向对象和跨平台的特性风靡全球。它是目前国内外使用广泛的程序设计语言。Java技术已经成为当今世界流行的开发工具和主流技术。

现在市面上有关Java的书很多，但其质量良莠不齐。为此，我们组织一线教师精心编写了本书，第1版上市已10年，本版是对第1版做出的修订。作者结合自己多年的教学经验和工程实践经验，力图使本书成为适合课堂教学以及自学使用的读物。

本书特点

- **结构合理，循序渐进**。对新概念的引入和讲解循序渐进，逐步展开，确保读者能够更加容易理解和掌握这些新的概念。
- **理论+实操并重**。书中在讲解理论的同时，还列举实例超150个。通过模仿、练习这些实例，读者可以在较短的时间内掌握较多和较为复杂的知识。
- **基础学科，强调实训**。每章结尾的项目实训更偏向于锻炼读者的思维能力与动手能力，从而增强读者对知识的应用能力。
- **版本强大，平台稳定**。全书实例基于的Java SE平台是JDK 17 for Windows，每一实例均经过调试运行，读者可以直接参照使用。

内容概述

全书共分13章，其内容见表1。

表1

章序	章名	内容概述	示例数
第1章	初识Java	主要介绍Java语言的发展史和特点，以及Java程序运行开发环境的构建等内容	1个
第2章	Java语言基础知识	主要介绍标识符和关键字、基本数据类型、常量与变量、运算符、控制语句和数组等内容	28个
第3章	面向对象编程基础	主要介绍面向对象编程基础、Java类的定义、成员变量与成员方法、构造方法、访问说明符、this关键字、static关键字、final关键字等内容	10个
第4章	面向对象编程高级实现	主要介绍什么是继承、继承机制、抽象类和接口、多态、包、内部类等内容	13个

（续表）

章序	章名	内容概述	示例数
第5章	Java常用类	主要介绍一些常用的类和接口，包括包装类、字符串类、数学类、日期类和随机数类等内容	19个
第6章	泛型与集合	主要介绍Java集合框架中常用集合类的具体使用方法，以及泛型的相关知识	13个
第7章	异常处理	主要介绍Java的异常处理机制，包括异常类的层次结构、捕获异常、声明异常、抛出异常、自定义异常等内容	9个
第8章	图形用户界面编程	主要介绍如何利用Java的图形组件创建用户界面，包括容器、基本组件、布局管理器、事件处理机制、菜单、表格和树等内容	23个
第9章	I/O和文件操作	主要介绍常用的输入与输出流，包括字节流和字符流，以及一些更高级的流，如缓冲流、对象流和数据流等内容	15个
第10章	数据库编程	主要介绍数据库编程技术，包括数据库概念、JDBC概念、JDBC常用API、JDBC访问数据库的流程、数据库编程等内容	5个
第11章	多线程编程	主要介绍线程的相关知识，包括基本概念、线程的创建、线程的生命周期、线程的调度等内容	11个
第12章	网络编程	主要介绍Java在网络编程方面的应用技术，包括基本概念、通信协议、URL编程、TCP编程等内容	7个
第13章	进销存管理系统	以案例的形式对各章知识和技术进行综合运用，既复习全书知识，又提升Java编程技术的能力。同时，还进一步提高读者学习Java的兴趣	1个

适用群体

- 初学编程的自学者；
- 大中专院校的老师和学生；
- 相关培训机构的老师和学员；
- 初、中级程序开发人员；
- 程序测试及维护人员；
- 编程爱好者。

本书由郑州轻工业大学的金松河、王捷、李祖贺、宋宝卫编著。特别感谢郑州轻工业大学教务处对本书的大力支持。由于编写时间仓促，加之作者水平有限，不足之处在所难免恳请广大读者给予批评指正。

编者

2024年9月

目 录

第4章

面向对象编程高级实现

第5章

Java常用类

第6章

泛型与集合

第10章
数据库编程

第11章
多线程编程

第12章
网络编程

第13章
进销存管理系统

第 1 章
初识 Java

内容概要

　　Java是一种可以编写跨平台应用程序的程序设计语言，其应用范围非常广泛，可用于开发桌面应用、Web服务应用、移动端应用以及大数据应用等，现已成为最受欢迎和最有影响的编程语言之一。本章对Java语言的发展历史、特点、开发环境，以及如何编译和执行Java应用程序等内容进行介绍。通过本章的学习，读者会对Java语言有一个初步的了解，并能够顺利搭建Java应用程序的开发环境。

学习目标

- 了解Java语言特点
- 掌握Java开发环境搭建的具体过程
- 掌握编写和运行Java程序的方法
- 掌握Eclipse平台的简单用法

1.1 Java语言发展历史

Java语言的历史要追溯到1991年，当时Sun公司的Patrick Naughton及其伙伴James Gosling带领的工程师小组（Green项目组）准备研发一种能够应用于智能家电（如电视机、电冰箱）的小型语言。由于家电设备的处理能力和内存空间都很有限，所以要求这种语言必须非常简练，且能够生成非常紧凑的代码。同时，由于不同的家电生产商会选择不同的中央处理器（CPU），因此还要求这种语言不能与任何特定的体系结构捆绑在一起，即必须具有跨平台能力。

项目开始时，项目组首先从改写C/C++语言编译器着手，但是在改写过程中感到仅使用C语言无法满足需要，而C++语言又过于复杂，安全性也差，无法满足项目设计的需要。于是项目组从1991年6月开始研发一种新的编程语言，并命名为Oak，但后来发现Oak已被另一个公司注册，于是又将其改名为Java，并配了一杯冒着热气的咖啡图案作为标志。

1992年，Green项目组发布了它的第一个产品，称为"*7"。该产品具有非常智能的远程控制。遗憾的是当时的智能消费型电子产品市场还很不成熟，没有一家公司对此感兴趣，该产品以失败而告终。到了1993年，Sun公司重新分析市场需求，认为网络具有非常好的发展前景，而且Java语言似乎非常适合网络编程，于是Sun公司将Java语言的应用转向了网络市场。

1994年，在James Gosling的带领下，项目组采用Java语言开发了功能强大的HotJava浏览器。为了炫耀Java语言的超强能力，项目组让HotJava浏览器具有执行网页中内嵌代码的能力，为网页增加了"动态的内容"。这一"技术印证"在1995年的SunWorld上得到了展示，同时引发了人们延续至今的对Java语言的狂热追逐。

Java语言的发展历程可以分为以下几个阶段。

Java 1.0（1996年1月23日）：这是Java语言的第一个版本，也被称为JDK 1.0。这个版本可以用于开发应用程序，并且推出了JIT（即时编译器）技术，使得Java代码可以被编译成本地机器代码，提高了程序的运行效率。

Java 2（1998年12月8日）：这个版本也被称为JDK 1.2，是Java历史上具有划时代意义的版本。它推出了许多新的技术和工具，例如Java虚拟机（JVM）、垃圾回收器、多线程支持、安全模型等。此外，Java 2还分为三个不同的版本：标准版（J2SE）、企业版（J2EE）和移动版（J2ME）。

Java 5（2004年9月30日）：这个版本也被称为JDK 1.5，是Java语言的一个重要更新。它推出了许多新的特性和语法，例如自动装箱和拆箱、泛型、枚举、可变参数、增强的for循环等。

Java 6（2006年12月11日）：这个版本相对于Java 5有了进一步的改进和优化，推出了许多新的类库和工具，例如JavaFX、Java EE 5等。

Java 7（2011年7月28日）：这个版本也被称为JDK 1.7，是Java语言的一次重要更新。它推出了许多新的特性和语法，例如try-with-resources语句、Coin项目中的许多新功能等。

Java 8（2014年3月18日）：这个版本也被称为JDK 1.8，是Java语言的一次重要更新。它推出了许多新的特性和语法，例如Lambda表达式、Stream API、Optional类等。

Java 9（2017年9月21日）：这个版本也被称为JDK 9，是Java语言的一次重要更新。它推出了许多新的特性和语法，例如模块化系统、新的HTTP客户端API等。

目前Oracle公司发布的最新的长期支持版本是Java 21。

以上是Java语言的发展历程中的一些重要阶段和版本。从Java语言诞生至今，它已经成为了编程语言市场上的重要一员，被广泛应用于各种领域中。

在学习任何一门语言之前，都应该先了解该门语言产生的背景、发展历程以及特点，这样才能对该语言有一个比较全面的了解，从而使以后的学习更加有效。Java的特点与其发展历史是紧密相关的。它之所以能够受到如此多的好评以及拥有如此迅猛的发展速度，与其语言本身的特点是分不开的。其主要特点总结如下。

（1）简单性

Java语言是在C++语言的基础上进行简化和改进的一种新型编程语言。它去掉了C++中最难正确应用的指针和最难理解的多重继承技术等内容。因此，Java语言具有功能强大和简单易用两个特征。

（2）面向对象性

Java语言是一种新的编程语言，没有兼容面向过程编程语言的负担，因此和C++相比，其面向对象的特性更加突出。

Java语言的设计集中于对象及其接口。它提供简单的类机制及动态的接口模型。与其他面向对象的语言一样，Java具备继承、封装及多态等核心技术，更提供一些类的原型，程序员可以通过继承机制，实现代码的复用。

（3）分布性

Java从诞生之日起就与网络联系在一起。它强调网络特性，从而使其成为一种分布式程序设计语言。Java语言包括一个支持HTTP等基于TCP/IP协议的子库。它提供一个Java.net包，通过它可以完成各种层次上的网络连接。因此Java语言编写的应用程序可以凭借URL打开并访问网络上的对象，其访问方式与访问本地文件几乎完全相同。Java语言的Socket类提供可靠的流式网络连接，使程序设计者可以非常方便地创建分布式应用程序。

（4）平台无关性

借助于Java虚拟机（JVM），使用Java语言编写的应用程序不需要进行任何修改，就可以在不同的软、硬件平台上运行。

（5）安全性

安全性可以分为四个层面，即语言级安全性、编译时安全性、运行时安全性、可执行代码安全性：Java的数据结构是完整的对象，这些封装过的数据类型具有安全性；编译时要进行Java语言和语义的检查，保证每个变量对应一个相应的值，编译后生成Java类；运行时Java类需要类加载器载入，并经由字节码校验器校验之后才可以运行；Java类在网络上使用时，对它的权限进行了设置，保证了被访问用户的安全性。

（6）多线程

多线程机制使应用程序能够并行执行。通过使用多线程，程序设计者可以分别用不同的线程完成特定的行为，而不需要采用全局的事件循环机制，这样就很容易实现网络上的实时交互行为和实时控制性能。

大多数高级语言（包括C、C++等）都不支持多线程，用它们只能编写顺序执行的程序（除非有操作系统API的支持）。而Java却内置了语言级多线程功能，提供现成的Thread类。只要继承这个类就可以编写多线程的程序，使用户程序并行执行。Java提供的同步机制可保证各线程对共享数据的正确操作，完成各自的特定任务。在硬件条件允许的情况下，这些线程可以直接分布到各个CPU上，充分发挥硬件性能，减少用户等待的时间。

（7）自动垃圾回收性

在用C及C++编写大型软件时，编程人员必须自己管理所用的内存块，这项工作非常困难，并容易成为出错和内存不足的根源。在Java环境下编程人员不必为内存管理操心，Java虚拟机有一个叫作"无用单元收集器"的内置程序。它扫描内存，并自动释放那些不再使用的内存块。Java语言的这种自动垃圾收集机制，对程序不再引用的对象自动取消其所占资源，彻底消除了出现内存泄漏之类的错误，并免去了程序员管理内存的烦琐工作。

1.2 搭建Java开发环境

学习Java的第一步就是搭建Java开发环境，包括JDK（Java Development Kit）的下载、安装以及环境变量的配置。本节详细介绍如何在本地计算机上搭建Java程序的开发环境。

1.2.1 JDK的安装

JDK是Oracle公司发布的免费的Java开发工具，提供调试及运行一个Java程序所有必需的工具和类库。在开发Java程序前，需要先安装JDK。JDK的最新版本可以到官网免费下载。根据运行时所对应的操作系统，JDK划分为Windows、Linux和macOS等不同版本。需要说明的是，本书实例基于的Java SE平台是JDK 17 for Windows。

在此以JDK 17 for Windows为例，简单介绍其安装和配置过程。

步骤 01 软件下载完成后，在默认的路径下会有一个名为jdk-17_windows-x64_bin.exe的可执行文件。双击该文件，进入安装界面，如图1-1所示。

步骤 02 单击"下一步"按钮，进入如图1-2所示的目标文件夹窗口。通过此窗口，可以选择安装的路径。

图 1-1 Java SE 安装向导

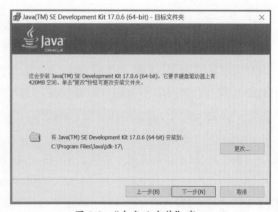

图 1-2 "自定义安装"窗口

> **!注意事项** 默认的安装路径是C:\Program Files\Java\jdk-17，如果需要更改安装路径，可以单击"更改"按钮，输入想要的安装路径。

步骤 03 单击"下一步"按钮，进入安装过程。安装结束，单击"关闭"按钮，如图1-3所示。

JDK安装完成后，在安装目录下生成一个名称为jdk-17的文件夹。打开该文件夹，如图1-4所示。

图 1-3　安装完成界面

图 1-4　JDK 安装目录

从图中可以看出，安装目录下存在多个文件夹和文件。下面对其中一些比较重要的目录和文件进行简单介绍。

- **bin目录**：JDK开发工具的可执行文件，包括java、javac、javadoc、appletviewer等可执行文件。
- **config目录**：该路径下存放JDK的相关配置文件。
- **include**：该路径下存放一些平台特定的头文件。
- **jmods**：该路径下存放JDK的各种模块。
- **legal**：该路径下存放JDK各模块的授权文档。
- **lib**：该路径下存放JDK工具的一些补充JAR包。

> **!注意事项** 和一般的Windows程序不同，JDK安装成功后，不会在"开始"菜单和桌面生成快捷方式。这是因为bin 文件夹下面的可执行程序都不是图形界面，它们必须在控制台中以命令行方式运行。另外，还需要用户手工配置一些环境变量才能方便地使用JDK。

1.2.2　系统环境变量的设置

环境变量是包含关于系统及当前登录用户的环境信息的字符串，一些程序使用此信息确定在何处放置和搜索文件。对于Java程序开发而言，主要使用JDK的两个命令：javac.exe、java.exe，路径是C:\Program Files\Java\jdk-17\bin。但是它们不是Windows的命令，所以要想在任意目录下都能使用，必须在环境变量中进行配置。如果不配置环境变量，那么只有将java代码文件存放在bin目录下，才能使用javac和java工具。和JDK相关的环境变量主要是Path和classpath。JDK 1.5以后，不设置classpath也可以，所以此处只介绍Path。Path变量记录的是可执行程序所在的路径，系统根据这个变量的值查找可执行程序，如果执行的可执行程序不在当前目录下，那就会依次搜索Path变量中记录的路径；而Java的各种操作命令是在其安装路径中的bin目录下，所以在Path中设置JDK的安装目录后，就不用再把Java命令的完整路径写出来了，它会自动去Path设置的路径中找。

下面以Windows 10操作系统为例介绍如何设置和Java有关的系统环境变量，假设JDK安装在默认目录下。

（1）Path的配置

步骤01 依次执行"设置"|"系统"|"关于"|"系统"命令，打开"系统属性"对话框，打开"高级"选项卡，如图1-5所示。

步骤02 单击"环境变量"按钮，弹出"环境变量"窗口，选中"系统变量"中的Path变量，如图1-6所示。

图 1-5　"系统属性"对话框

图 1-6　"环境变量"对话框

步骤03 单击"系统变量"下方的"编辑"按钮，对环境变量Path进行修改，如图1-7所示。

步骤04 单击"新建"按钮，输入C:\Program Files\Java\jdk-17\bin，然后单击"确定"按钮。至此完成对Path环境变量的设置。

图 1-7　"编辑环境变量"窗口

（2）测试环境变量配置是否成功

步骤01 按下Win+R组合键，在弹出的"运行"窗口中输入cmd，如图1-8所示。

步骤02 单击"确定"按钮，弹出命令行窗口。输入javac命令，然后按回车键，出现如图1-9所示的信息，就表示环境变量配置成功。

图1-8 "运行"窗口

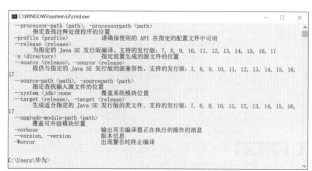

图1-9 "javac命令"执行结果窗口

1.3 创建第一个Java应用程序

Java开发环境建立好以后，即可开始编写Java应用程序。为了使读者对开发Java应用程序的步骤有一个初步的了解，本节展示一个完整的Java应用程序开发过程，并给出一些开发过程中应该注意的事项。

1.3.1 编写源程序

Java源程序的编辑可以在Windows的"记事本"中进行，也可以在诸如Edit Plus、Ultra Edit之类的文本编辑器中进行，还可以在Eclipse、NetBeans、JCreator、MyEclipse等集成的开发工具中进行。

现在假设在"记事本"中进行源程序的编辑。启动"记事本"应用程序，在其窗口中输入如下程序代码：

```java
public class HelloWorld {
    public static void main(String[] args) {
        System.out.println("Hello world!");
    }
}
```

程序代码输入完毕，将该文件另存为HelloWorld.java，保存类型选择为"所有文件"，然后单击"保存"按钮，可以保存到硬盘的任何位置。建议专门创建一个文件夹用来存放Java源文件，此处假设把文件保存到D:\javacode\chapter1文件夹中，如图1-10所示。

图 1-10　保存 HelloWorld.java 文件的窗口

⚠ 注意事项 存储文件时，源程序文件的扩展名必须为.java，且源程序文件名必须与程序中声明为public class的类的名字完全一致（包括大小写）。

1.3.2　编译和执行程序

JDK所提供的开发工具主要有编译程序、解释执行程序、调试程序、Applet执行程序、文档管理程序、包管理程序等，这些程序都是控制台程序，要以命令的方式执行。其中，编译程序和解释执行程序是最常用的程序，它们都在JDK安装目录下bin文件夹中。

1. 编译程序

Java源程序编写好以后，第二步要进行编译。JDK的编译程序是javac.exe，该命令将Java源程序编译成字节码，生成与类同名但后缀名为.class的文件。通常情况下编译器会把.class文件放在和Java源文件相同的文件夹里，除非在编译过程中使用了"-d"选项。javac的一般用法如下。

javac [选项…] file.java

其中，常用选项如下。

- **-classpath**：设置路径，在该路径上javac寻找需被调用的类。该路径是一个用分号分开的目录列表。
- **-d directory**：指定存放生成的类文件的位置。
- **-g**：在代码产生器中打开调试表，以后可凭此调试表产生字节代码。
- **-nowarn**：禁止编译器产生警告。
- **-verbose**：输出有关编译器正在执行的操作的消息。
- **-sourcepath <路径>**：指定查找输入源文件的位置。
- **-version**：标识版本信息。

虽然javac的选项众多，但是这些选项都是可选的，并不是必需的。对于初学者而言，只需要掌握最简单的用法就可以了。

例如，编译HelloWorld.java源程序文件，只需在命令行输入如下命令：

```
javac HelloWorld.java
```

⚠ 注意事项 javac和HelloWorld.java之间必须用空格隔开，文件名的后缀.java不能省略。

编译HelloWorld.java的具体步骤如下。

步骤01 利用1.2节介绍的方法，进入命令行窗口。在命令行窗口，输入"d:"，按回车键转到D盘，然后再输入"cd javacode\chapter1"，按回车键进入Java源程序文件所在目录。

步骤02 输入命令"javac HelloWorld.java"，按回车键。如果没有任何其他信息出现，表示该源程序已经通过编译。

具体操作操作过程如图1-11所示。

图 1-11 编译程序的命令行窗口

注意事项 如果编译不正确，则输出错误信息。程序员可根据错误提示信息修改源代码，直到编译正确为止。

编译成功后，可以在D:\javacode\chapter1文件夹中看到一个名为HelloWorld.class的文件，如图1-12所示。

图 1-12 chapter1 文件夹窗口

2. 执行程序

源程序编译成功后，得到一个同名的字节码文件。然后就可以使用JDK的解释执行程序java.exe对字节码文件进行解释执行。它的一般用法如下。

java [选项…] file [参数…]

其中，常用选项如下。

- **–classpath：** 用于设置路径，在该路径上java寻找需被调用的类。该路径是一个用分号分开的目录列表。
- **– client：** 选择客户虚拟机（这是默认值）。
- **– server：** 选择服务虚拟机。
- **– hotspot：** 与client相同。
- **– verify：** 对所有代码使用校验。
- **– noverify：** 不对代码进行校验。
- **– verbose：** 每当类被调用时，向标准输出设备输出信息。
- **– version：** 输出版本信息。

同样地，初学者只要掌握最简单的用法即可。例如，要执行HelloWorld.class文件，只需要在命令行输入java HelloWorld，随后按回车键。如果在窗口中出现"Hello world!"说明程序执行成功，执行结果如图1-13所示。

图 1-13 "程序执行结果"窗口

⚠注意事项 java HelloWorld的作用是让Java解释器装载、校验并执行字节码文件HelloWorld.class。在输入文件名时，大小写必须严格区分，并且文件名的后缀.class必须省略，否则无法执行该程序。

通过上面的例子，可以看出一个简单的Java应用程序的特性。

第一，在Java中，程序都是以类的方式组织的，每个可运行的应用程序都对应一个类文件。例如，程序中的public class HelloWorld表示要声明一个名为HelloWorld的类，其中class是声明一个类必需的关键字，public代表这个类可以被外界调用。类由类头和类体组成，类体部分的内容由一对花括号括起来。

第二，Java应用程序可以由若干类组成，每个类可以定义若干个方法。但其中必须有一个类中包含有一个且只能有一个public static void main(String args[])方法，main()方法是所有Java应用程序执行的入口点。当运行Java应用程序时，整个程序将从main()方法开始执行。特别地，一个".java"文件中可以定义多个类，但是只能有一个public类。一般建议一个文件里面定义一个类。

第三，System.out是Java提供的标准输出对象，println是该对象的一个方法，用于向屏幕输出。

1.4 Java程序的运行机制

从1.3节的例子可知，Java源程序编写好之后需要经过编译步骤，但这个编译步骤不会产生特定平台的机器码，而是生成一种与平台无关的字节码（也就是.class文件）。这种字节码不可直接执行，必须使用Java解释器解释执行。负责解释执行字节码的是Java虚拟机，Java为不同的操作系统提供不同版本的Java虚拟机，因此可以实现跨平台。本节重点讲解Java程序的运行机制以及跨平台的原理。

1.4.1 JDK、JRE和JVM

JDK、JRE和JVM是令Java初学者最容易迷惑的几个概念。本节重点解释这几个概念之间的区别和联系。

1. JDK

JDK全称为Java Development Kit，即Java开发工具包。它为开发人员提供开发项目时需要的工具以及运行时所需要的环境。JDK是整个Java开发的核心，包含Java的运行环境（JRE）和Java工具（例如javac和java等）。如果要开发Java程序，必须安装JDK。

2. JRE

JRE全称为Java Runtime Environment，即Java程序的运行时环境，包含JVM和运行时所需要的核心类库。如果只是运行Java程序，那么只需安装JRE即可。

3. JVM

JVM全称为Java Virtual Machine，即Java虚拟机，负责解释执行字节码。

这三者之间的关系可以用图1-14说明。

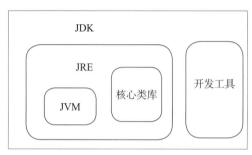

图 1-14　JDK、JRE 和 JVM 的关系图

1.4.2 Java程序的运行过程

通过1.3节的例子可以看到，一个Java程序从编写到运行需要经过三个步骤，即编写、编译和运行，如图1-15所示。Java源程序经过javac工具编译后生成字节码文件，接着Java虚拟机从后缀为".class"文件中加载字节码到内存中，然后检测代码的合法性和安全性，例如检测Java程序用到的数组是否越界、所要访问的内存地址是否合法等，最后解释执行通过检测的代码，并根据不同的计算机平台将字节码转化成为相应的计算机平台的机器代码，交给相应的计算机执行。如果加载的代码不能通过合法性和安全性检测，则Java虚拟机执行相应的异常处理程序。Java虚拟机不停地执行这个过程，直到程序结束。

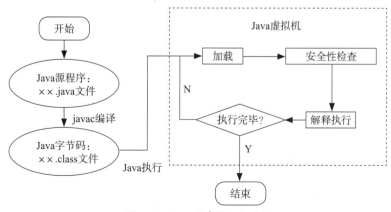

图 1-15　Java 程序的运行过程

不同平台上的JVM都是不同的，但向编译器提供相同的编程接口，而编译器只需要面向虚拟机，生成虚拟机能理解的代码，然后由虚拟机来解释执行。JVM是Java程序跨平台的关键部分，只要为不同的平台实现相应的虚拟机，编译后的Java字节码就可以在该平台上运行。所以可以实现一次编译，处处运行。Java跨平台原理如图1-16所示。

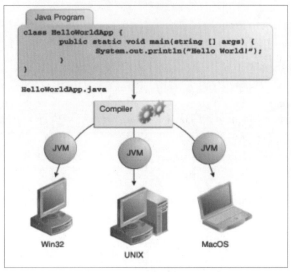

图 1-16　Java跨平台机制

1.5 初次使用Eclipse

工欲善其事，必先利其器。同样的道理，一个好的IDE（Integrated Development Environment）对于学习Java语言来说可以起到事半功倍的效果。目前比较主流的面向Java的IDE主要有Eclipse、NetBeans、IDEA等，Eclipse因为其免费、简单易用等特点而广受初学者的青睐。本书所有Java程序都是基于Eclipse进行开发的。

Eclipse只是一个框架和一组服务，它通过各种插件构建开发环境。Eclipse最初主要用于Java语言开发，但现在通过安装不同的插件可以使Eclipse支持不同的计算机语言，例如C++和Python等开发语言。

1.5.1　安装并启动Eclipse

Eclipse本身只是一个框架平台，但是众多插件的支持使得Eclipse拥有其他功能相对固定的IDE软件很难具有的灵活性。现在许多软件开发商以Eclipse为框架开发自己的IDE。读者可以到Eclipse的官方网站下载最新版本的Eclipse软件并进行安装。

步骤01 下载针对Java开发的Eclipse后，在本地计算机中会出现一个eclipse-java-2022-12-R-win32-x86_64.zip压缩文件。解压到合适的目录下，解压后的目录结构如图1-17所示。双击eclipse.exe文件，即可运行Eclipse。为了方便运行Eclipse，可以为该文件添加桌面快捷方式。

步骤02 首次启动Eclipse需要进行一些基本的配置。执行eclipse.exe可执行文件，启动Eclipse，弹出"选择工作空间"对话框，如图1-18所示。

图 1-17 压缩包目录结构

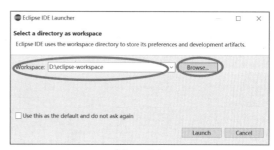

图 1-18 "选择工作空间"对话框

❶注意事项 第一次打开Eclipse需要设置Eclipse的工作空间（用于保存Eclipse建立的项目和相关设置）。读者可以使用默认的工作空间，或者单击Browse按钮选择新的工作空间。本书的工作空间是d:\eclipse-workspace，可以将其设置为默认工作空间，下次启动时就无须再设置工作空间。

步骤 03 单击Launch按钮，即可启动Eclipse，如图1-19所示。首次启动时，会显示"欢迎"页面，其中包括Eclipse概述、新增内容、示例、教程、创建新工程、导入工程等相关链接。

步骤 04 关闭"欢迎"界面，显示Eclipse的工作台，如图1-20所示。Eclipse工作台是程序开发人员开发程序的主要场所。

图 1-19 Eclipse 欢迎界面

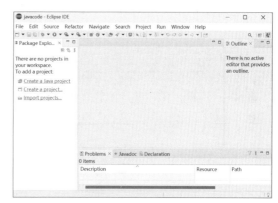

图 1-20 Eclipse 工作台

1.5.2 用Eclipse开发Java应用程序

开发前的一切工作都已经准备就绪，本节通过一个实例介绍如何通过Eclipse完成一个Java应用程序的开发。

1. 选择透视图

透视图是为了定义Eclipse在窗口里显示的布局。透视图主要控制在菜单和工具栏上显示什么内容。例如，一个Java透视图包括常用的编辑Java源程序的视图，而用于调试的透视图则包括调试Java程序时要用到的视图。读者可以转换透视图，但是必须为一个工作区设置好初始的透视图。

打开Java透视图的具体步骤如下。

步骤01 依次选择Windows | Perspective | Open Perspective | Other菜单命令，如图1-21示。打开"透视图"对话框，如图1-22所示。

步骤02 选择Java（default），然后单击Open按钮，打开Java透视图。

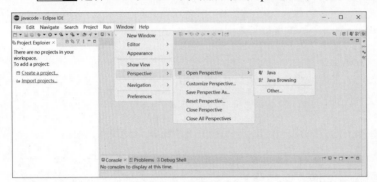

图 1-21 选择菜单 Other　　　　　　　　　　图 1-22 "透视图"对话框

!注意事项 Eclipse的透视图布局非常灵活，可以根据喜好调整透视图的布局方式，每一种透视图中的窗口都可以被随意拖动至适当的位置。

2. 新建 Java 项目

通过"新建Java项目"向导可以方便地创建Java项目。

步骤01 在图1-20的界面中单击左侧的Create a Java project链接，快速创建一个Java项目。也可以依次选择File | New | Java Project菜单命令。

步骤02 在弹出的"新建Java项目"窗口中，需要输入项目名称、选择JRE版本和项目布局。通常情况下，只需要输入项目名称，其他内容直接采用默认选项即可，如图1-23所示。

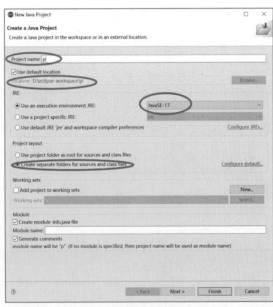

图 1-23 "新建 Java 项目"窗口

!注意事项 JDK 9以后，引入了模块的概念，因此创建项目时会自动选择创建一个对应的模块文件。如果不想使用模块，在此处可以取消选中窗口下方的"Create module-info.java"选项。具体模块的内容可以参考官方的相关文档资料，此处不再详细介绍。

步骤 03 单击Next按钮，进入Java构建路径设置窗口。在该窗口中可以修改Java构建路径等信息。对于初学者而言，可以直接单击Finish按钮完成项目的创建，新建项目自动出现在包浏览器中，如图1-24所示。

图 1-24　查看新建的 Java 项目

3. 编写 Java 代码

创建的项目还只是一个空的项目，没有实际的源程序。现在建立一个Java源程序文件，体验一下在Eclipse中编写代码的乐趣。

步骤 01 右击项目p，在弹出的上下文菜单中选择New | Class，弹出New Java Class窗口。该窗口用来创建一个Java类。

步骤 02 在"新建Java类"窗口中，需要在Name栏输入类名，如图1-25所示。可以采用1.3节中例子HelloWorld类。因为此类包含一个main()方法，选中"public staitc void main(String[] args)"复选框，这样Eclipse可以自动创建main()方法，其他保持默认选项即可。

步骤 03 单击Finish按钮完成HelloWorld类的创建，如图1-26所示。

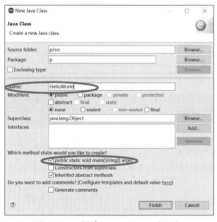

图 1-25　新建 Java Class 对话框

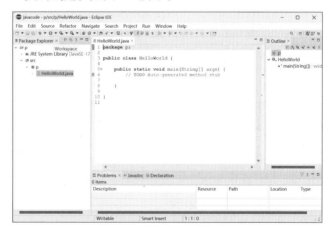

图 1-26　"编辑 Java 类"窗口

步骤 04 编辑Java源程序文件。Eclipse已经为新建的HelloWorld类生成了部分代码，只需在源程序的main()方法中添加下面的语句。

```
System.out.println("Hello World！");
```

4.编译和执行程序

单击Save按钮，Eclipse自动编译源程序。相当于使用"javac HelloWorld.java"命令对源程序进行编译。如果源程序有错误，Eclipse会自动给出相应的提示信息。根据错误提示修改源程序，然后保存，必须保证程序没有语法错误才能够运行程序。

运行Java程序，右击要执行的程序，在弹出的快捷菜单中执行Run As | Java Application菜单命令。也可以直接单击Run按钮，或者执行Run | Run As | Java Application菜单命令运行程序，即可在Console窗口中看到程序的执行结果，如图1-27所示。

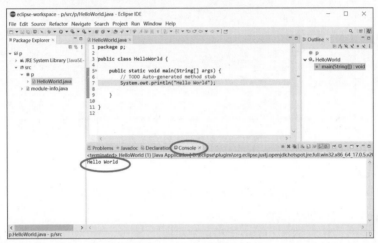

图 1-27　运行 Java 程序

1.6 本章小结

本章首先介绍了Java语言的发展史和特点，然后通过一个具体的例子演示了Java应用程序从编写到运行的全过程，并通过Java应用程序的运行过程深入讲解了Java跨平台的实现机制。最后介绍了集成开发工具Eclipse的安装及使用过程。通过本章的学习，读者可以构建Java开发环境，并能够快速熟悉和使用开发工具，有助于快速提高编程水平。

1.7 课后练习

练习1： 用记事本编写一个简单的Java应用程序，并用命令行方式对其进行编译和运行。

练习2： 在Eclipse中创建一个简单的Java应用程序，并测试运行。

第 2 章
Java 语言基础知识

内容概要

　　所有的计算机编程语言都有一套属于自己的语法规则，Java语言自然也不例外。要使用Java语言进行程序设计，就需要充分了解其语法规则。本章介绍Java语言的标识符、数据类型、变量、常量、运算符、控制语句和数组等基础知识。语法是枯燥的，但是实例是生动的。对所有事物的认识都是一个渐进的过程，让我们一步一步进入Java的世界吧。

学习目标

- 了解标识符定义
- 熟悉Java基本数据类型
- 掌握Java各种运算符的运算规则
- 熟练掌握各种流程控制语句
- 理解Java数组和C语言的不同
- 熟练应用Java语法规则编写简单应用程序

2.1 标识符和关键字

标识符和关键字是Java语言的基本组成部分，本节对二者进行介绍。

2.1.1 标识符

标识符（identifier）可以简单地理解为一个名字，是用来标识类名、变量名、方法名、数组名的有效字符序列。

Java语言规定标识符由任意顺序的字母、下画线（_）、美元符号（$）和数字组成，并且第一个字符不能是数字。

下面是合法的标识符。

```
birthday
User_name
_system_varl
$max
```

下面是非法的标识符。

3max　　　　（变量名不能以数字开头）

room#　　　　（不允许包含字符"#"）

class　　　　（"class"为保留字）

⚠注意事项　（1）标识符不能是关键字。（2）Java语言严格区分大小写，例如标识符republican和Republican是两个不相同的标识符。（3）Java语言使用unicode标准字符集，最多可以使用其中的65535个字符。因此，Java语言中的字母不仅包括英文字母，还包括汉字以及其他语言中的文字。

2.1.2 关键字

关键字是Java语言中已经被赋予特定意义的一些单词。关键字对Java编译器有着特殊的含义。Java的关键字可以划分为5种类型：类类型（Class Type）、数据类型（Data Type）、控制类型（Control Type）、存储类型（Storage Type）和其他类型（Other Type）。

每种类型所包含的关键字如下所示。

（1）类类型（Class Type）

```
package, class, abstract, interface, implements, native, this, super, extends,
new, import, instanceof, public, private, protected
```

（2）数据类型（Data Type）

```
char, double, enum, float, int, long, short, boolean, void, byte
```

（3）控制类型（Control Type）

```
break, case, continue, default, do, else, for, goto, if, return, switch,
```

```
while, throw, throws, try, catch, synchronized, final, finally, transient, strictfp
```

（4）存储类型（Storage Type）

```
register, static
```

（5）其他类型（Other Type）

```
const, volatile
```

关键字值得注意的地方包括以下几点。

（1）所有Java关键字都是由小写字母组成的。

（2）Java语言无sizeof关键字，因为Java语言的数据类型长度和表示是固定的，与程序运行环境没有关系，在这一点上Java语言和C语言是有区别的。

（3）goto和const在Java语言中并没有具体含义，之所以把他们列为关键字，只是因为它们在某些计算机语言中是关键字。

2.2 基本数据类型

计算机编程是为了解决实际问题，而实际问题中会存在不同类别的数据，因此，每种编程语言都会提供不同的数据类型。数据类型规定某类数据在计算机中的存储和运算规则。Java有两种数据类型，即基本数据类型和引用数据类型。其中基本数据类型又分为八种，六种数值类型，一种字符类型和一种布尔类型；引用数据类型分为数组、类和接口，如图2-1所示。

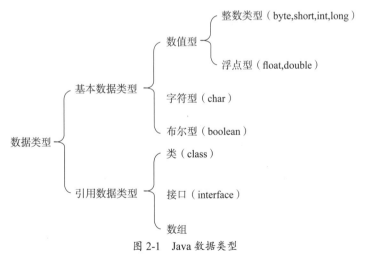

图 2-1　Java 数据类型

2.2.1　整数类型

整数类型用来存储整数数值。可以是正数，也可以是负数。整型数据在Java程序中有3种表示形式，分别为十进制、八进制和十六进制。

十进制：十进制的表现形式大家都很熟悉，例如15、309、27。

八进制：八进制必须以0开头，如0123（转换成十进制数为83）。

十六进制：十六进制必须以0x开头，如0x25（转换成十进制数为37）。

整型数据根据所占内存大小的不同，可分为byte、short、int和long四种类型。它们具有不同的取值范围，如表2-1所示。

表2-1 整数类型

数据类型	内存空间	取值范围	默认值
byte	8b	-128~127	0
short	16b	-32768~32767	0
int	32b	-2147483648~2147483647	0
long	64b	-9223372036854775808~9223372036854775807	0L

下面演示以上几种数据类型的使用方法。

⊙【例2-1】定义不同的整数类型变量并赋值，实例代码如下。

```
byte a = 100, b = -50;                  // 定义 byte 型变量a、b
short s = 1000, r = -20000;             // 定 short 型变量s、r
int x = 100000, y = -200000;           // 定义 int 型变量x、y
long a = 100000L,  b = -100000000L;    // 定义 long 型变量a、b
```

在定义上述变量时，要注意变量的取值范围，超出取值范围就会出错。特别地，对于long型值需要在数字后加L或l。理论上不分大小写，但是若写成l容易与数字1混淆，不容易分辨，所以最好大写。

2.2.2 浮点类型

浮点类型表示有小数部分的数字。Java语言中浮点类型分为单精度浮点类型（float）和双精度浮点类型（double）。它们具有不同的取值范围，如表2-2所示。

表2-2 浮点型数据类型

数据类型	内存空间	取值范围	默认值
float	32b	1.4E-45~3.4028235E38	0.0f
double	64b	4.9E-324~1.7976931348623157E308	0.0d

在默认情况下，小数都被看作double型，若使用float型小数，则需要在小数后面添加F或f。可以使用后缀d或D来明确表明这是一个double类型数据，不加d不会出错，但声明float型变量时如果不加f，系统会认为变量是double类型而出错。下面举例讲解浮点型变量的定义。

⊙【例2-2】定义浮点型变量，实例代码如下。

```
float x = 100.23f;
```

```
double y1 = 32.12d;
double y2 = 123.45;
```

在定义上述变量时，要注意变量的取值范围，超出取值范围就会出错。

2.2.3 字符类型

字符类型（char）用于存储单个Unicode字符，占用16位（两个字节）的内存空间。在定义字符型变量时，要以单引号表示，如's'表示一个字符。而"s"则表示一个字符串。虽然只有一个字符，但由于使用双引号，它仍然表示字符串，而不是字符。

下面举例说明使用char关键字可定义字符变量。

⊙【例2-3】声明字符型变量，实例代码如下。

```
char c1 = 'a';
```

同C和C++语言一样，Java语言也可以把字符作为整数对待，由于字符 'a' 在Unicode表中的排序位置是97，因此允许将上面的语句写成如下代码。

```
char c1 = 97;
```

由于Unicode编码采用无符号编码，可以存储65536个字符（0x0000~0xffff），所以Java中的字符几乎可以处理所有国家的语言文字。若想得到一个0~65536之间的数所代表的Unicode表中相应位置上的字符，也必须使用char型显式转换。

有些字符（如回车符）不能通过键盘录入字符串中。针对这种情况，Java提供了转义字符，以反斜杠（\）开头，将其后的字符转变为另外的含义，例如'\n'（换行）、'\b'（退格）、'\''（单引号）、'\t'（水平制表符）。

❗注意事项 用双引号引用的文字，是字符串而不是原始类型。它是一个类（class）String，被用来表示字符序列。字符本身符合Unicode标准，且上述char类型的转义字符适用于String。

2.2.4 布尔类型

布尔类型又称逻辑类型。通过关键字boolean定义布尔类型变量，只有true和false两个值，分别代表布尔逻辑中的"真"和"假"。布尔类型通常被用在流程控制中作为判断条件。布尔类型变量的默认值是false。

⊙【例2-4】声明boolean型变量，实例代码如下。

```
boolean b1;                    // 定义布尔型变量b1，默认值是false
boolean b2 = true;            // 定义布尔型变量b2，并赋给初值true
```

❗注意事项 和C语言不同，在Java语言中，布尔值不能与整数类型进行转换。

2.3 常量和变量

在程序执行过程中，其值不能被改变的量称为常量，其值能被改变的量称为变量。变量与常量的命名都必须使用合法的标识符。

2.3.1 常量

在程序运行过程中不能被改变的量称为常量（constant），通常也被称为"final变量"。常量在整个程序中只能被赋值一次。

在Java语言中声明一个常量，除了要指定数据类型外，还需要通过final关键字进行限定。声明常量的标准语法如下。

```
final datatype CONSTNAME=VALUE;
```

其中，final是Java的关键字，表示定义的是常量，datatype为数据类型，CONSTNAME为常量的名称，VALUE是常量的值。

➲ **【例2-5】声明常量，实例代码如下。**

```
final double PI = 3.1415926;          // 声明double型常量PI并赋值
final boolean FLAG = true;            // 声明boolean型常量FLAG并赋值
```

> ❶ **注意事项** 常量名通常使用大写字母，但这并不是必需的。只不过很多Java程序员已经习惯使用大写字母来表示常量。通过这种命名方法实现与变量的区别。

在程序中除了可以定义符号常量，还可以把字面量赋给任何内置类型的变量。例如如下代码。

```
byte a = 68;                          // 为byte型变量a赋值整数常量68
char a = 'A';                         // 把字符常量'A'赋值给字符型变量a
```

byte、int、long和short都可以用十进制、十六进制以及八进制的方式来表示。当使用字面量时，前缀0表示八进制，而前缀0x代表十六进制，例如如下代码。

```
int decimal = 100;
int octal = 0144;
int hexa = 0x64;
```

和其他语言一样，Java的字符串常量也是包含在两个引号之间的字符序列。下面是字符串型字面量的例子："Hello world" "two\nlines" "\" this is a quotes\" "。

Java语言支持一些特殊的转义字符序列。常见的转移字符如表2-3所示。

表2-3 常用的转义字符

符号	字符含义	符号	字符含义
\n	换行	\t	制表符

（续表）

符号	字符含义	符号	字符含义
\r	回车	\"	双引号
\f	换页符	\'	单引号
\b	退格	\\	反斜杠
\0	空字符	\ddd	八进制字符（dddd）
\s	空格	\uxxxx	十六进制Unicode字符（xxxxx）

2.3.2 变量

变量是Java程序的一个基本存储单元，由一个或多个连续的字节组成。变量都有名字，程序中通过变量名引用对应内存单元中的数据。

在Java中，使用变量之前需要先声明变量。变量声明通常包括三部分，变量类型、变量名和初始值，其中变量的初始值是可选的。声明变量的语法格式如下。

```
type identifier [= value][,identifier[=value]...];
```

其中，type可以是Java语言的基本数据类型，或者类、接口等复杂类型的名称（类和接口在本书后面章节中进行介绍）。identifier是变量名，必须是合法的标识符，可以使用逗号隔开声明多个同类型的变量。=value表示用具体的值对变量进行初始化，即把某个值赋给变量。例如如下代码。

```
int age ;                          // 声明 int 型变量 age
double d1 = 12.27;                 // 声明 double 型变量 d1 并赋值12.27
int a,b,c;                         // 声明三个整型变量 a,b,c
int d = 3, e = 4, f = 5;          // 声明三个整型变量并赋初值
```

2.3.3 变量作用域

由于变量被定义后暂存在内存中，等到程序执行到某一个点，该变量会被释放掉，也就是说变量有它的生命周期。在变量的生命周期内其可以被访问的范围称为作用域，若超出该区域对变量进行访问则在编译时会出现错误。

根据作用域的不同，可将变量分为不同的类型：类成员变量、局部变量、方法参数变量和异常处理参数变量。下面对这几种变量进行详细说明。

1. 类成员变量

类成员变量声明在类中，但不属于任何一个方法，其作用域为整个类。

➔【例2-6】声明类成员变量，实例代码如下。

```
class ClassVar{
```

```
    int x = 45;
    int y ;
}
```

在上述代码中，定义的两个变量x、y均为类成员变量，其中第一个进行了初始化，而第二个没有进行初始化。

2. 局部变量

在类的成员方法中定义的变量（在方法内部定义的变量）称为局部变量。局部变量只在当前代码块中有效。

➔【例2-7】声明两个局部变量，实例代码如下。

```
class LocalVar{
    public static void main(String []args){
        int x = 45;      // 局部变量，作用域为整个main()方法
        if(x>5){
            int y = 0;   // 局部变量，作用域为if语句块
            System.out.println(y);
        }
        System.out.println(x);
    }
}
```

在上述代码中，定义的两个变量x、y均为局部变量，其中x的作用域是整个main()方法，而y的作用域仅仅局限于if语句代码块。

3. 方法参数变量

声明为方法参数的变量的作用域是整个方法。

➔【例2-8】声明一个方法参数变量，实例代码如下。

```
class FunctionParaVar{
    public static int getSum(int x){
        x = x + 1;
        return x;
    }
}
```

在上述代码中，定义了一个成员方法getSum()，方法中包含一个int类型的方法参数变量x，其作用域是整个getSum ()方法。

有关变量的声明、作用域和使用方法等更多内容将在后续章节中通过大量实例进行深入讲解。

2.4 运算符

对数据进行加工的过程称为运算，表示各种不同运算的符号称为运算符。Java提供丰富的运算符，如赋值运算符、算术运算符、关系运算符等。本节向读者介绍这些运算符。

2.4.1 赋值运算符

赋值运算符以符号"="表示，它是一个二元运算符（对两个操作数作处理），其功能是将右方操作数所含的值赋给左方的操作数。例如如下代码。

```
int a = 100;
```

该表达式是将100赋值给变量a。左方的操作数必须是一个变量，而右边的操作数则可以是任何表达式，包括变量。

2.4.2 算术运算符

Java算术运算符主要有+（加）、-（减）、*（乘）、/（除）、%（求余）。它们都是二元运算符。另外，还有一些单目运算符，如++（自增）和--（自减）运算符。Java运算符的功能及使用方式如表2-4所示。需要说明的是，表中的变量a为整型变量。

表2-4 算术运算符

	运算符	含义	示例	结果
双目运算符	+	加法	4 + 3	7
	-	减法	4 - 3	1
	*	乘法	4 * 3	12
	/	除法	4 / 2	2
	%	取余	4 % 2	0
单目运算符	++	自增	a ++	a = a + 1
	--	自减	a --	a = a - 1
	-	取负	- 4	- 4

Java算术运算符的优先级如表2-5所示。

表2-5 算术运算符的优先级

顺序	运算符	规则
高 → 低	( )	如果有多重括号，首先计算最里面的子表达式的值。若同一级有多对括号，则从左至右
	++, --	变量自增，变量自减
	*, /, %	若同时出现，计算时从左至右
	+, -	若同时出现，计算时从左至右

在算术运算符中比较难于理解的是"++"和"--"运算符，下面对这两个运算符较为详细地介绍。

自增和自减运算是两个快捷运算符（常称作"自动递增"和"自动递减"运算）。其中，自减操作符是"--"，意为"减少一个单位"；自增操作符是"++"，意为"增加一个单位"。例如，a是一个int变量，则表达式++a等价于a=a+1。递增和递减操作符不仅改变变量，并且以变量的值作为生成的结果。

这两个操作符各有两种使用方式，通常称为"前缀式"和"后缀式"。"前缀递增"指++操作符位于变量的前面；而"后缀递增"指++操作符位于变量的后面。"前缀递减"指--操作符位于变量的前面；而"后缀递减"指--操作符位于变量的后面。

对于前缀递增和前缀递减（如++a或--a），会先执行运算，再生成值。而对于后缀递增和后缀递减（如a++或a--），是先生成值，再执行运算。下面是一个有关"++"运算符的例子。

➔【例2-9】++运算符在程序中的使用。

```java
public class AutoInc {
    public static void main(String[] args) {
        int i = 1;
        int j = 1;
        System.out.println("i后缀递增的值 = " + (i++)); // 后缀递增
        System.out.println("j前缀递增的值 = " + (++j)); // 前缀递增
        System.out.println("最终i的值 =" + i);
        System.out.println("最终j的值 =" + j);
    }
}
```

程序执行结果如图2-2所示。

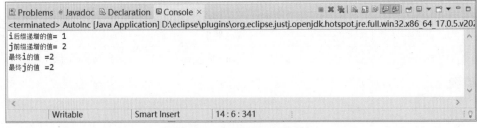

图 2-2　例 2-9 的运行结果

从运行结果中可以看到，放在变量前面的自增运算符，先将变量的值加1，然后再使该变量参与其他运算。放在变量后面的自增运算符，先使变量先参与其他运算，然后再将该变量加1。

2.4.3　关系运算符

关系运算实际上就是"比较运算"。将两个值进行比较，判断比较的结果是否符合给定的条件。如果符合则表达式的结果为true，否则为false。

Java关系运算符都是二元运算符。由Java关系运算符组成的关系表达式的计算结果为逻辑值。具体的关系运算符及其说明见表2-6所示。

表2-6　比较运算符

运算符	含义	示例	结果
<	小于	4 < 3	false
<=	小于等于	4 <= 3	false
>	大于	4 > 3	true
>=	大于等于	4 >= 3	true
==	等于	4 ==3	false
!=	不等于	4 != 3	true

◈【例2-10】使用比较运算符对变量进行比较，并将运算后的结果输出。

```java
public class Compare {

    public static void main(String[] args) {
        int x = 21;
        int y = 100;
        // 依次将变量 x 与变量 y 的比较结果输出
        System.out.println("x >y返回值为: "+ (x > y));
        System.out.println("x <y返回值为: "+ (x < y));
        System.out.println("x==y返回值为: "+ (x== y));
        System.out.println("x!=y返回值为: "+ (x != y));
        System.out.println("x>=y返回值为: "+ (x >= y));
        System.out.println("x<=y返回值为: "+ (x <= y));
    }
}
```

程序执行结果如图2-3所示。

图 2-3　例 2-10 的运行结果

2.4.4　逻辑运算符

Java语言逻辑运算符有三个，分别是&&（逻辑与）、||（逻辑或）、!（逻辑非），其中前两个是双目运算符，第三个为单目运算符。具体的运算规则如表2-7所示。

表2-7　逻辑运算符

操作数a	操作数b	! a	a&&b	a‖b
false	false	true	false	false
false	true	true	false	true
true	false	false	false	true
true	true	false	true	true

⊙【例2-11】逻辑运算符在程序中的应用。

```java
public class CLoperation {
    public static void main(String[] args){
        boolean a = true;
        boolean b = false;
        System.out.println("a && b = " + (a && b));
        System.out.println("a || b = " + (a || b));
        System.out.println("!(a && b) = " + !(a && b));
    }
}
```

程序执行结果如图2-4所示。

```
Problems  Javadoc  Declaration  Console ×
<terminated> CLoperation [Java Application] D:\eclipse\plugins\org.eclipse.justj.openjdk.hotspot.jre.full.win32.x86_64_17.0.5
a && b = false
a || b = true
!(a && b) = true
```

图 2-4　例 2-11 的运行结果

特别地，当使用逻辑与运算符时，在两个操作数都为true时，结果才为true。但是当得到第一个操作数为false时，其结果就必定是false，这时候就不会再判断第二个操作数。这称作短路逻辑运算符，如例2-12。

⊙【例2-12】短路逻辑运算符的应用。

```java
public class LuoJi {
    public static void main(String[] args) {
        int a = 5;// 定义一个变量;
        boolean b = (a<4)&&(a++<10);
        System.out.println("使用短路逻辑运算符的结果为 "+b);
        System.out.println("a 的结果为 "+a);
    }
}
```

执行结果如图2-5所示。

图 2-5 例 2-12 的运行结果

该程序使用到了短路逻辑运算符(&&)，首先判断a<4的结果为false，则b的结果必定是false，不再执行第二个操作a++<10的判断，所以a的值为5。

2.4.5 位运算符

位运算符用来对二进制的位进行操作，其操作数的类型是整数类型以及字符类型，运算结果是整型数据。

整型数据在内存中以二进制的形式表示，如int型变量7的二进制表示是00000000 00000000 00000000 00000111。其中，左边最高位是符号位，最高位是0表示正数，若为1则表示负数。负数采用补码表示，如-8的二进制表示为111111111 11111111 1111111 11111000。

了解了整型数据在内存中的表示形式后，开始学习位运算符。

1. "按位与"运算符（&）

"按位与"运算符"&"为双目运算符，其运算法则是将参与运算的数转换成二进制数，然后低位对齐，高位不足补零，如果对应的二进制位都是1，则结果为1，否则结果为0。

使用按位与运算符的示例如下。

```
int a = 3;      //0000 0011
int b = 5;      //0000 0101
int c = a&b;    //0000 0001
```

按照按位与运算的计算规则，3&5的结果是1。

2. "按位或"运算符（|）

"按位或"运算符"|"为双目运算符。"按位或"运算的运算法则是将参与运算的数转换成二进制数，然后低位对齐，高位不足补零，如果对应的二进制位只要有一个为1，则结果为1，否则结果为0。

使用按位或运算符的示例如下。

```
int a = 3;      //0000 0011
int b = 5;      //0000 0101
int c = a|b;    //0000 0111
```

按照按位或运算的计算规则，3|5的结果是7。

3. "按位异或"运算符（^）

"按位异或"运算符"^"为双目运算符。"按位异或"运算的运算法则是将参与运算的数转换成二进制数，然后低位对齐，高位不足补零，如果对应的二进制位相同，则结果为0，否则结果为1。

使用按位异或运算符的示例如下。

```
int a = 3;      //0000 0011
int b = 5;      //0000 0101
int c = a^b;    //0000 0110
```

按照按位异或运算的计算规则，3^5的结果是6。

4. "按位取反"运算符（~）

"按位取反"运算符"~"为单目运算符。"按位取反"运算的运算法则：先将参与运算的数转换成二进制数，然后把各位的1改为0，0改为1。

使用按位取反运算符的示例如下。

```
int a = 3;      //0000 0011
int b = ~ a;    //0000 1100
```

按照按位取反运算的计算规则，~3的结果是-4。

5. "右移位"运算符（>>）

"右移位"运算符">>"为双目运算符。"右移位"运算的运算法则：先将参与运算的数转换成二进制数，然后所有位置的数统一向右移动对应的位数，低位移出（舍弃），高位补符号位（正数补0，负数补1）。

使用右移位运算符的示例如下。

```
int a = 3;      //0000 0011
int b = a>>1;   //0000 0001
```

按照右移位运算的计算规则，3 >>1的结果是1。

6. "左移位"运算符（<<）

"左移位"运算符"<<"为双目运算符。"左移位"运算的运算法则：先将参与运算的数转换成二进制数，然后所有位置的数统一向左移动对应的位数，高位移出（舍弃），低位的空位补0。

使用左移位运算符的示例如下。

```
int a = 3;      //0000 0011
int b = a<<1;   //0000 0110
```

按照左移位运算的计算规则，3 <<1的结果是6。

7. "无符号右移位"运算符（>>>）

"无符号右移位"运算符"**>>>**"为双目运算符。"无符号右移位"运算的运算法则：先将参与运算的数转换成二进制数，然后所有位置的数统一向右移动对应的位数，低位移出（舍弃），高位补0。

使用无符号右移位运算符的示例如下。

```
int a = 3;        //0000 0011
int b = a>>>1;    //0000 0001
```

按照无符号右移位运算的计算规则，3 >>>1的结果是1。

➔【例2-13】位运算符的使用。

```java
public class BitOperation {
    public static void main(String[] args) {
        int i = 3;
        int j = 5;
        System.out.println("i&j 的值为: " + (i&j));
        System.out.println("i|j 的值为: " + (i|j));
        System.out.println("i^j 的值为: " + (i^j));
        System.out.println("~i 的值为: " + (~i));
        System.out.println("i>>1 的值为: " + (i>>1));
        System.out.println("i<<1 的值为: " + (i<<1));
    }
}
```

程序执行结果如图2-6所示。

图 2-6 例 2-13 的运行结果

2.4.6 条件运算符

条件运算符 "? :"需要三个操作数，所以又被称为三元运算符。条件运算符的语法规则如下。

```
<布尔表达式> ? value1:value2
```

如果"布尔表达式"的结果为true，返回value1的值。如果"布尔表达式"的结果为false，则返回value2的值。

使用条件运算符的示例如下。

```
int a = 3;
int b = 5;
int c = (a > b)? 1:2;
```

按照条件运算符的计算规则，执行后c的值为2。

2.4.7 运算符的优先级与结合性

当多个运算符出现在一个表达式中，谁先谁后呢？这就涉及运算符的优先级的问题。

Java语言规定了运算符的优先级与结合性。在表达式求值时，先按照运算符的优先级由高到低的次序执行。例如，算术运算符中的乘、除运算优先于加、减运算。

对于同优先级的运算符要按照它们的结合性来决定。运算符的结合性决定它们是从左到右计算（左结合性）还是从右到左计算（右结合性）。左结合性很好理解，因为大部分的运算符都是从左到右来计算的。需要注意的是右结合性的运算符，主要有3类：赋值运算符（如"="、"+="等）、一元运算符（如"++"、"!"等）和三元运算符（即条件运算符）。表2-8列出各运算符优先级的排列与结合性，请读者参考。

表2-8 运算符的优先级与结合性

优先级	描述	运算符	结合性
1	括号运算符	()、[]	自左至右
2	自增、自减、逻辑非	++、--、!	自右至左
3	算术运算符	*、/、%	自左至右
4	算术运算符	+、-	自左至右
5	移位运算符	<<、>>、>>>	自左至右
6	关系运算符	<、<=、>、>=	自左至右
7	关系运算符	==、!=	自左至右
8	位逻辑运算符	&	自左至右
9	位逻辑运算符	^	自左至右
10	位逻辑运算符	|	自左至右
11	逻辑运算符	&&	自左至右
12	逻辑运算符	||	自左至右
13	条件运算符	?:	自右至左
14	赋值运算符	=、+=、-=、*=、/=、%=	自右至左

因为括号优先级最高，所以不论任何时候，当无法确定某种计算的执行次序时，可以使用加括号的方法来明确指定运算的顺序。这样不容易出错，同时也是提高程序可读性的一个重要方法。

2.5 数据类型转换

整型、实型（常量）、字符型数据可以混合运算。运算中，不同类型的数据先转化为同一类型，然后进行运算，或者当一种数据类型变量的值赋给另外一种数据类型的变量时，也会涉及数据类型的转换。数据类型的转换有两种方式：隐式类型转换（自动转换）和显式类型转换（强制转换）。

2.5.1　隐式类型转换

从低级类型向高级类型的转换，系统自动执行，程序员无须进行任何操作。这种类型的转换称为隐式转换。除了布尔型不参与转换外，其他数据类型转换的顺序如下。

byte，short，char -->int -->long -->float -->double

当进行赋值运算时，目标类型大于源类型，会自动进行类型转换。例如，在计算表达式的值时，参与运算的数据只要有一个是double型，则其他数据都会自动转换为double，然后再进行运算，最后表达式的结果也是double型。

➔【例2-14】自动类型转换。实例代码如下。

```java
public class AutoConvert {
    public static void main(String[] args) {
        char c1='a';// 定义一个 char 类型
        int i1 = c1;// char 自动类型转换为 int
        System.out.println("char 自动类型转换为 int 后的值等于 "+i1);
        char c2 = 'A';// 定义一个 char 类型
        int i2 = c2+1;// char 类型和 int 类型计算
        System.out.println("char 类型和 int 计算后的值等于 "+i2);
    }
}
```

程序运行结果如图2-7所示。

图 2-7　例 2-14 的运行结果

c1的值为字符a，查ASCII码表可知对应int类型值为97，A对应值为65，所以i2=65+1=66。

2.5.2　显式类型转换

当把高精度的变量的值赋给低精度的变量时，必须使用显式类型转换运算，又称强制类型转换。

强制类型转换的语法规则如下。

```
(type)variableName;
```

其中，type为variableName要转换的数据类型，而variableName是要进行类型转换的变量名称，示例如下。

```
int a = 3;
double b = 5.0;
a = (int)b;    // 将 double 类型的变量 b 的值转换为 int 类型，然后赋值给变量 a
```

如果此时输出a的值，结果是5。

需要注意的是，强制类型转换可能会导致数据精度的损失。例如如下代码。

```
int i =128;
byte b = (byte)i;
```

因为byte类型是8位，最大值为127，所以当int强制转换为byte类型时，值达到128时候就会导致溢出。

另外，浮点数到整数的转换是通过舍弃小数得到，而不是四舍五入，例如如下代码。

```
(int)23.7 == 23;
(int)-45.89f == -45
```

2.6 流程控制语句

程序通过流程控制语句决定运行时的走向，并完成特定的任务。在默认情况下，系统按照语句的先后顺序依次执行，这就是所谓的顺序结构。顺序结构学习起来虽然简单，但在处理复杂问题时往往捉襟见肘。为此，在计算机编程语言中又出现了分支结构、循环结构和跳转结构。

本节主要对分支结构、循环结构和跳转结构中涉及的流程控制语句进行介绍。

2.6.1 分支语句

分支语句提供一种机制，使得程序可以根据表达式结果或者变量状态选择不同的执行路径。它解决了顺序结构不能判断的缺点。

Java提供两种选择语句：if语句和switch语句。它们也被称为条件语句或选择语句。

1. if 语句

if语句的语法格式如下。

```
if (条件表达式){
    语句块;
}
```

上述语法格式表达的意思是，如果if关键字后面的表达式成立，那么程序就执行语句块，其执行流程如图2-8所示。

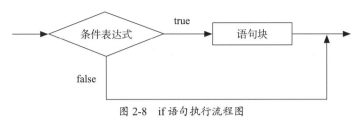

图 2-8　if语句执行流程图

当if后面的条件表达式为true时，则执行紧跟其后的语句块；如果条件表达式为false，则执行程序中if语句后面的其他语句。语句块中如果只有一个语句，可以不用{}括起来，但为了增强程序的可读性最好不要省略。

→【例2-15】通过键盘输入两个整数，输出其中较大的一个。

```
import java.util.Scanner; // 导入 Scanner 类
public class MaxNum {
    public static void main(String[] args) {
        Scanner input = new Scanner(System.in); // 构造 Scanner 对象
        int num1,num2,max;
        System.out.println("请输入两个整数：");
        num1 = input.nextInt(); // 从键盘输入一个整数
        num2 = input.nextInt();
        max = num1;
        if(num2 > max) {
            max = num2;
        }
        System.out.println(num1+" 和 "+num2+" 的最大值是："+max);
    }
}
```

程序执行结果如图2-9所示。

图 2-9　例 2-15 的运行结果

2. if-else 语句

if语句后面可以跟else语句，if-else语句的语法格式如下。

```
if (条件表达式) {
    语句块 1；
```

```
}else{
    语句块2;
}
```

上述语法表达的意思是，如果if关键字后面的表达式成立，那么程序就执行语句块1，否则执行语句块2。其执行流程如图2-10所示。

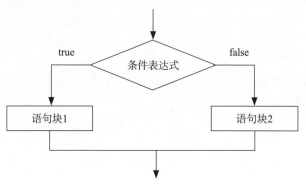

图 2-10 if-else 语句执行流程图

【例2-16】if-else应用举例。

功能实现： 通过键盘输入一个整数，判断该整数是否大于或等于18，如果大于或等于18输出"成年人"，否则输出"未成年人"。

```java
import java.util.Scanner;  //导入类
public class IfElseTest {
    public static void main(String[] args){
        System.out.println("请输入你的年龄: ");
        Scanner sc = new Scanner(System.in);
        int age = sc.nextInt();  //接收键盘输入的数据
        if (age>=18){
            System.out.println("成年人");
        }else{
            System.out.println("未成年人");
        }
    }
}
```

程序执行结果如图2-11所示。

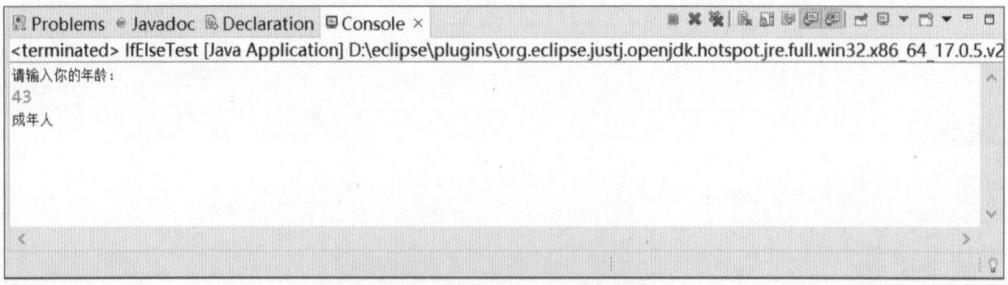

```
Problems  Javadoc  Declaration  Console ×
<terminated> IfElseTest [Java Application] D:\eclipse\plugins\org.eclipse.justj.openjdk.hotspot.jre.full.win32.x86_64_17.0.5.v2
请输入你的年龄:
43
成年人
```

图 2-11 例 2-16 的运行结果

3. if-else 嵌套语句

if-else嵌套语句是功能强大的分支语句，可以解决几乎所有的分支问题。if-else嵌套语句的语法格式如下。

```
if (条件表达式1) {
    if (条件表达式2) {
        语句块1;
    } else {
        语句块2;
    }
} else {
    if (条件表达式3) {
        语句块3;
    } else {
        语句块4;
    }
}
```

其执行流程如图2-12所示。

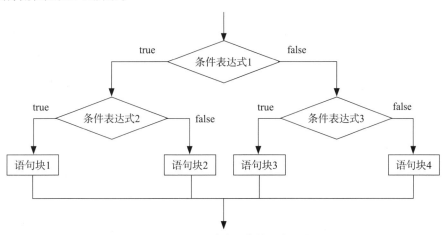

图 2-12　if-else 嵌套语句执行流程图

⊙【例2-17】通过键盘输入两个整数，比较它们的大小。

功能实现：通过嵌套的if-else语句判断两个整数的大小，并根据情况输出不同内容。

```java
import java.util.Scanner;  //导入包
public class IfElseNestTest {
    public static void main(String[] args){
        Scanner sc = new Scanner(System.in);
        System.out.println("请输入 x1:");
        int x1 = sc.nextInt();
        System.out.println("请输入 x2:");
        int x2 = sc.nextInt();
```

```
        if(x1>x2){
            System.out.println("结果是:" + "x1 > x2");
        }else{
            if(x1<x2){
                System.out.println("结果是:" + "x1 < x2");
            }else{
                System.out.println("结果是: " + "x1 = x2");
            }
        }
    }
}
```

程序执行结果如图2-13所示。

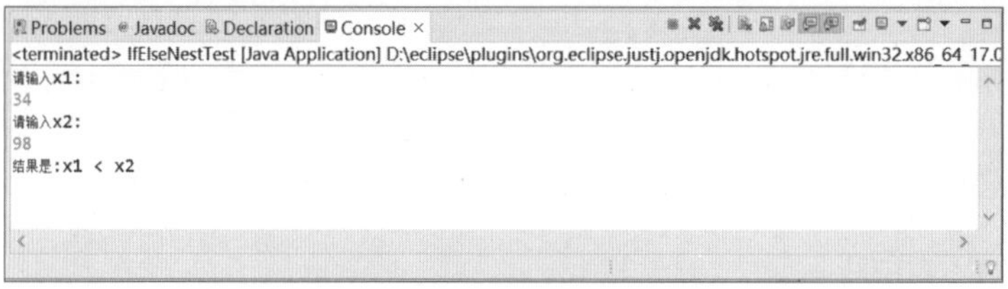

图 2-13　例 2-17 的运行结果

Java语言中除了嵌套的if语句可以实现多分支结构外，switch语句也可以实现多分支结构，也称为开关语句。

4. switch 语句

switch语句是多分支的开关语句。它的一般格式定义如下（其中break语句是可选的）。

```
switch (表达式) {
    case    值1:
            语句块1;
            break;
    case    值2:
            语句块2;
            break;
    ...
    case    值n:
            语句块n;
            break;
    default:
            语句块n+1;
}
```

其中，switch、case、break是Java的关键字。switch语句的功能是判断表达式的值与一系列值中某个值是否相等，每个值称为一个分支。

switch语句有如下几个规则。

- switch后面括号中表达式的值可以是byte、short、int或者char。从Java 7开始，表达式的值也可以是字符串String类型。

- switch语句可以拥有多个case语句。每个case后面跟一个要比较的值和冒号。

- case语句中的值的数据类型必须与变量的数据类型相同，而且只能是常量。

- 当变量的值与case语句的值相等时，case语句之后的语句开始执行，直到break语句出现才会跳出switch语句。

- 当遇到break语句时，switch语句终止。程序跳转到switch语句后面的语句执行。case语句不一定要包含break语句。如果没有break语句出现，程序会继续执行下一条case语句，直到出现break语句。

- switch语句可以包含一个default分支，该分支一般是switch语句的最后一个分支（可以在任何位置，但建议在最后一个）。default在没有case语句的值和变量值相等的时候执行。default分支不需要break语句。

→【例2-18】利用switch语句处理表达式中的运算符，并输出运算结果。

```java
public class SwitchTest {
    public static void main(String[] args){
        int x=6;
        int y=9;
        char op='+'; // 运算符
        switch(op){
            // 根据运算符，执行相应的运算
            case '+':    // 输出 x+y
                System.out.println("x+y="+ (x+y));
                break;
            case '-':    // 输出 x-y
                System.out.println("x-y="+ (x-y));
                break;
            case '*':    // 输出 x*y
                System.out.println("x*y="+ (x*y));
                break;
            case '/':    // 输出 x /y
                System.out.println("x/y="+ (x/y));
                break;
            default:
                System.out.println(" 输入的运算符不合适！");
        }
    }
}
```

程序执行结果如图2-14所示。

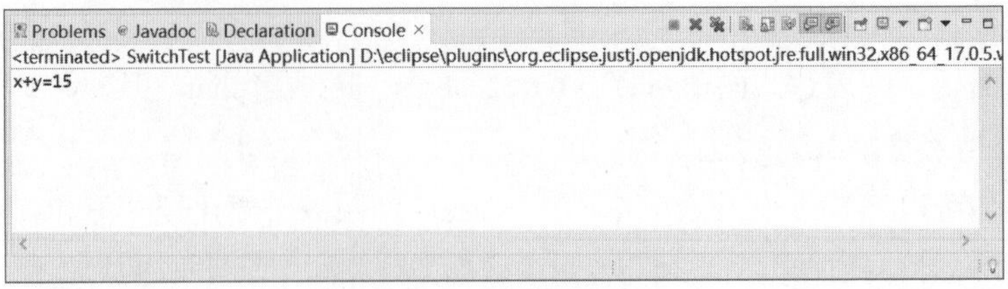

图 2-14　例 2-18 的运行结果

如果case语句块中没有break语句，匹配成功后，从当前case开始，后续所有case的值都会输出。

→【例2-19】case后面不带break的例子。

```
public class SwtichTest1 {
    public static void main(String[] args) {
        int i = 1;
        switch(i){
        case 0:
            System.out.println("0");
        case 1:
            System.out.println("1");
        case 2:
            System.out.println("2");
        default:
            System.out.println("default");
        }
    }
}
```

程序运行结果如图2-15所示。

图 2-15　例 2-19 的运行结果

2.6.2　循环语句

循环语句的作用是反复执行一段代码，直到满足特定条件为止。Java语言中提供的循环语句主要有三种，分别是while语句、do-while语句、for语句。在Java 5中引入了一种主要用于数组的增强型for循环，具体用法在介绍数组时讲解。

1. while 语句

while语句的语法格式如下。

```
while(条件表达式){
    语句块；
}
```

执行while循环时，首先判断"条件表达式"的值，如果为true，则执行语句块。每执行一次语句块，都会重新计算条件表达式的值。如果为true，则继续执行语句块，直到条件表达式的值为false时结束循环。

while语句执行流程如图2-16所示。

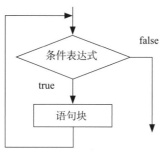

图 2-16　while 语句执行流程图

⊙【例2-20】利用while语句求10个整数的和，并输出运算结果。

```java
import java.util.Scanner;
public class WhileTest {
    public static void main(String[] args) {
        int sum=0;
        int i=1,number;
        Scanner input = new Scanner(System.in);
        System.out.println("请输入10个整数：");
        while(i <= 10){          // 循环条件是 i 不大于10
            number = input.nextInt();
            sum += number;
            i = i +1;            // 改变循环变量的值，防止死循环
        }
        System.out.println("sum = " + sum);
    }
}
```

程序执行结果如图2-17所示。

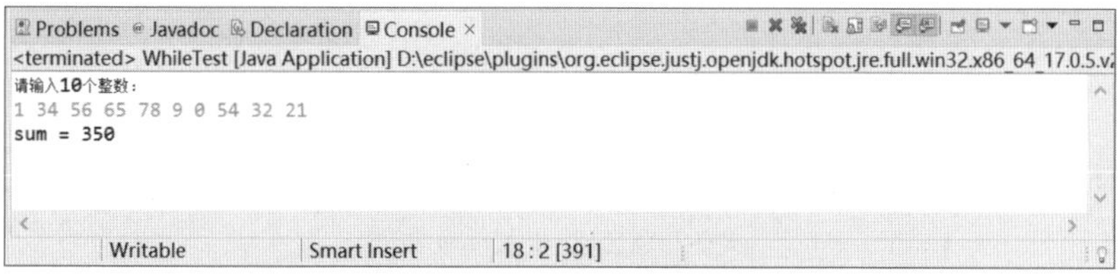

```
Problems  Javadoc  Declaration  Console ×
<terminated> WhileTest [Java Application] D:\eclipse\plugins\org.eclipse.justj.openjdk.hotspot.jre.full.win32.x86_64_17.0.5.v2
请输入10个整数：
1 34 56 65 78 9 0 54 32 21
sum = 350

Writable          Smart Insert          18:2 [391]
```

图 2-17　例 2-20 的运行结果

2. do-while 语句

do-while语句的格式如下。

```
do{
    语句块;
}while(条件表达式);
```

do-while循环与while循环的不同在于：它先执行语句块，然后再判断条件表达式的值。如果为true则继续执行语句块，直到条件表达式的值为false为止。因此，do-while语句至少要执行一次语句块。

do-while语句的执行流程如图2-18所示。

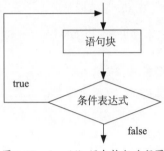

图 2-18　do-while 语句执行流程图

→【例2-21】利用do-while语句输出整数n的位数。

```java
import java.util.Scanner;
public class DoWhileTest {
    public static void main(String[] args) {
        int n,digits;
        digits = 0; // 位数初始化为 0
        Scanner input = new Scanner(System.in);
        System.out.println("请任意输入一个整数: ");
        n = input.nextInt();
        do {
            n /= 10;        // 扔掉 n 的个位数字
            digits ++;      // 位数加 1
        }while(n != 0);
        System.out.println("该整数的位数是: "+digits);
    }
}
```

程序执行结果如图2-19所示。

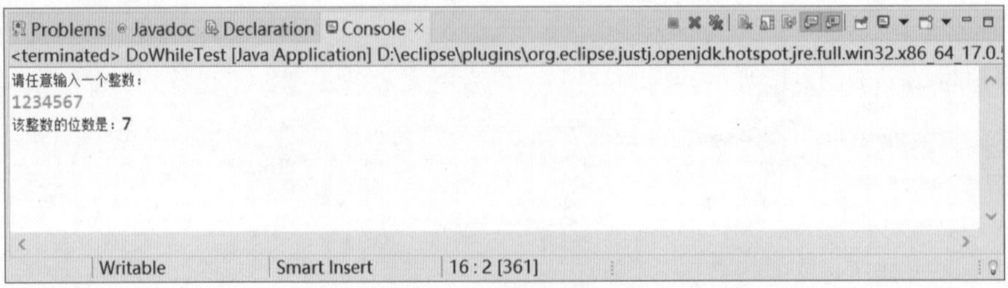

```
🔲 Problems  @ Javadoc  🔲 Declaration  🔲 Console ×              ▣ ✖ 🔧 | 🔝 🔝 🗗 🗗 🗗 | 🗗 ▾ 🗗 ▾ 🗗 ▾ 🗗
<terminated> DoWhileTest [Java Application] D:\eclipse\plugins\org.eclipse.justj.openjdk.hotspot.jre.full.win32.x86_64_17.0.
请任意输入一个整数：
1234567
该整数的位数是: 7




◁                                                                                   ▷
          Writable          Smart Insert          16 : 2 [361]
```

图 2-19　例 2-21 的运行结果

3. for 语句

for语句是一种功能最强、使用最广泛的循环语句。for语句的循环次数是在执行前就确定的。for语句的语法格式如下：

```
for(表达式1;表达式2;表达式3){
    语句块；
}
```

for语句中3个表达式之间用 ";" 分开，他们的具体含义如下。

表达式1：初始化表达式，通常用于给循环变量赋初值。

表达式2：条件表达式。它是一个布尔表达式，只有值为true时才会继续执行for语句中的语句块。

表达式3：更新表达式，用于改变循环变量的值，避免死循环。

for语句的执行流程如图2-20所示。

①循环开始时，首先计算表达式1，完成循环变量的初始化工作。

②计算表达式2的值，如表达式2的值为true，则执行语句块，否则不执行语句块，跳出循环语句。

③执行完一次循环后，计算表达式3，改变循环变量的状态。

④转入②继续执行。

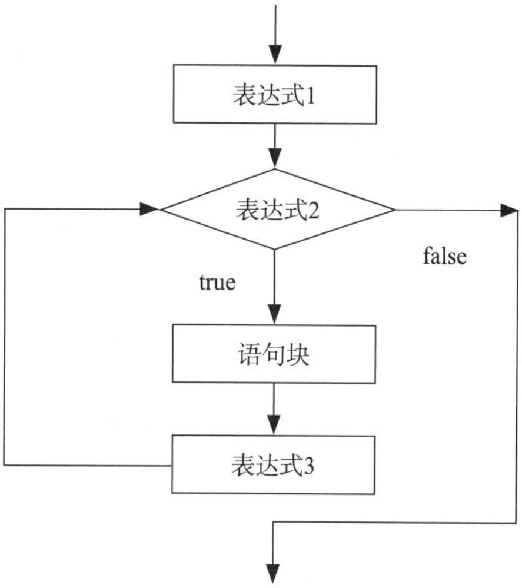

图 2-20 for 语句执行流程图

➔【例2-22】利用for语句求n个整数的最大值。

```java
import java.util.Scanner;
public class ForTest {
    public static void main(String[] args) {
        int number,n,max,i;
        Scanner input = new Scanner(System.in);
        System.out.println("请输入整数的个数：");
        n = input.nextInt();
        System.out.println("请输入"+n+"个整数：");
        max = input.nextInt(); // max 存储最大值,用第一个数作为当前最大值
        for(i = 1; i<= n-1; i++) {// 用 for 语句控制循环进行 n-1 次
            number = input.nextInt();
            if(number > max) {
                max = number;
            }
        }
        System.out.println("最大值为："+max);
    }
}
```

程序执行结果如图2-21所示。

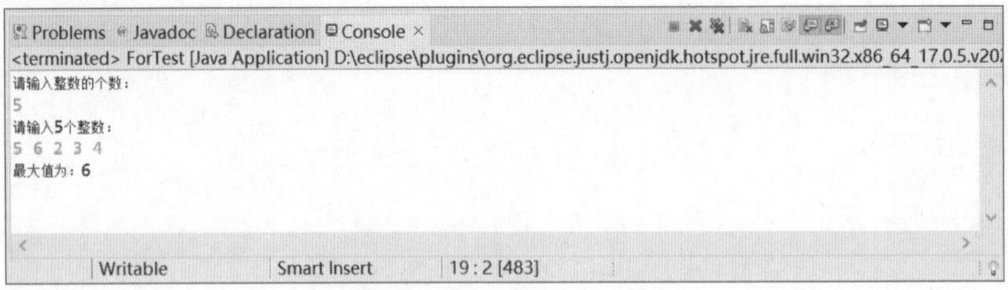

图 2-21　例 2-22 的运行结果

4. 循环语句嵌套

所谓循环语句嵌套就是循环语句的循环体中包含另外一个循环语句。Java语言支持循环语句嵌套，如for循环语句嵌套，while循环语句嵌套，也支持二者的混合嵌套。

➔【例2-23】利用for循环语句嵌套打印九九乘法表。

```
public class MulForTest {
    public static void main(String[] args){
        for(int i=1;i<=9;i++){// 第一重循环
            for(int j=1;j<=i;j++){// 第二重循环
                System.out.print(i+"*"+j+"=" + (i*j)+ "\t");
            }
            System.out.println();
        }
    }
}
```

程序执行结果如图2-22所示。

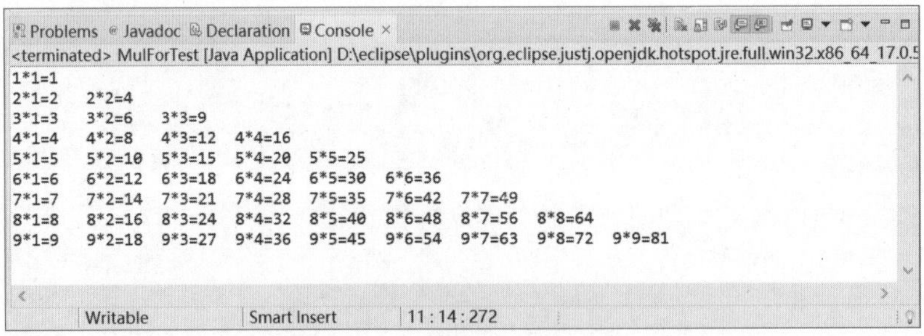

图 2-22　例 2-23 的运行结果

2.6.3　跳转语句

跳转语句用来实现循环语句中的执行流程转移。在前面学习switch语句时，用到的break语句就是一种跳转语句。在Java语言中，经常使用的跳转语句主要包括break语句和continue语句。

1. break 语句

在Java语言中，break用于强行跳出循环体，不再执行循环体中break后面的语句。如果break

语句出现在嵌套循环中的内层循环，则break的作用是跳出内层循环，即break每次只能跳出一层循环。

【例2-24】break语句应用举例。

功能实现： 利用for循环语句计算1到100之间的整数之和，当和大于500时，使用break跳出循环，并打印此时的求和结果。

```java
public class BreakTest {
    public static void main(String[] args){
        int sum=0;
        for(int i=1;i<=100;i++){
            sum = sum + i;
            if(sum>500)
                break;
        }
        System.out.println("sum = " + sum);
    }
}
```

程序执行结果如图2-23所示。

图2-23 例2-24的运行结果

从程序执行结果可以发现，当sum大于500时，程序执行break语句跳出循环体，不再继续执行求和运算。此时sum的值为528，而不是1~100的所有数之和5050。

2. continue 语句

continue语句只能用在循环语句中，否则将会出现编译错误。当程序在循环语句中执行到continue语句时，自动结束本轮次循环体的执行，回到循环的开始处重新判断循环条件，决定是否继续执行循环体。

【例2-25】输出1~10的所有不能被3整除的自然数。

```java
public class ContinueTest {
    public static void main(String[] args){
        for(int i=1;i<=10;i++){
            if(i%3==0){
                continue; //结束本轮次循环
            }
            System.out.println("i = " + i);
        }
```

```
        }
}
```

程序执行结果如图2-24所示。

从程序执行结果可以发现，1～10能被3整除的自然数在结果中均没有出现。这是因为当程序遇到能被3整除的自然数时，满足了if语句的判断条件，因执行continue语句，不再执行continue语句后面的输出语句，开始了新一轮次的循环，所以能被3整除的数没有出现在结果中。

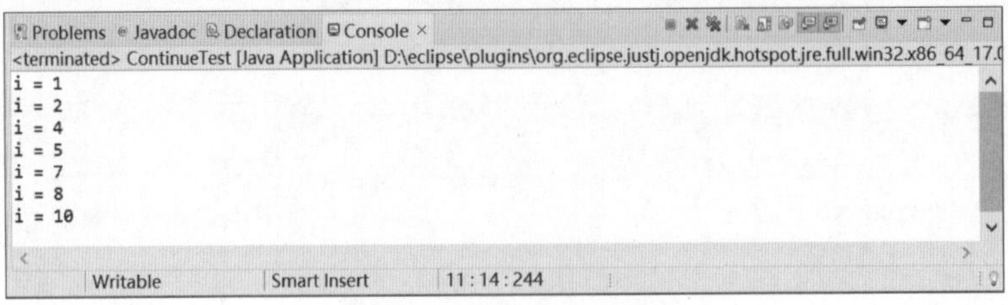

```
🔲 Problems  ◎ Javadoc  🔯 Declaration  🔲 Console ×          ■ ✖ ※ | ▩ ▥ ▦ ▧ ☑ | ⛶ ▾ 🗖 ▾ 🗗 ▾ ⬚
<terminated> ContinueTest [Java Application] D:\eclipse\plugins\org.eclipse.justj.openjdk.hotspot.jre.full.win32.x86_64_17.0
i = 1                                                                                              ▲
i = 2
i = 4
i = 5
i = 7
i = 8
i = 10
◁                                                                                                  ▷
     Writable          Smart Insert        11 : 14 : 244
```

图 2-24 例 2-25 运行结果

2.7 Java注释语句

使用注释可以提高程序的可读性，帮助程序员更好地阅读和理解程序。在Java源程序文件的任意位置都可添加注释语句。注释中的文字Java编译器不进行编译，所有代码中的注释对程序不产生任何影响。Java语言提供三种添加注释的方法，分别为单行注释、多行注释和文档注释。

1. 单行注释

"//"为单行注释标记。从符号"//"开始直到换行为止的所有内容均作为注释而被编译器忽略。

单行注释语法如下。

```
// 注释内容
```

例如，以下代码为声明的int型变量添加注释：

```
int age ;                       // 定义int型变量用于保存年龄信息
```

2. 多行注释

"/* */"为多行注释标记，符号"/*"与"*/"之间的所有内容均为注释内容。注释中的内容可以换行。

多行注释语法如下。

```
/*
注释内容1
注释内容2
...
```

```
*/
```

有时为了多行注释的美观，编程人员习惯在每行的注释内容前面加入一个"*"号，构成如下的注释格式。

```
/*
* 注释内容1
* 注释内容2
*...
*/
```

3. 文档注释

"/** */"为文档注释标记。符号"/**"与"*/"之间的内容均为文档注释内容。当文档注释出现在声明（如类的声明、类的成员变量的声明、类的成员方法声明等）之前时，会被Javadoc文档工具读取作为Javadoc文档内容。文档注释的格式与多行注释的格式相同。对于初学者而言，文档注释并不是很重要，了解即可。

文档注释语法如下。

```
/**
*      注释内容1
*      注释内容2
*      ...
*/
```

其注释方法与多行注释很相似，但它是以"/**"符号作为注释的开始标记。与单行、多行注释一样，被"/**"和"*/"符号注释的所有内容均会被编译器忽略。

2.8 数组

在解决实际问题的过程中，往往需要处理大量相同类型的数据，而且这些数据被反复使用。这种情况下，可以考虑使用数组来存储数据。数组就是相同类型的数据按顺序组成的一种复合型数据类型。数据类型可以是基本数据类型，也可以是引用数据类型。当数组元素的类型仍然是数组时，就构成了多维数组。

数组名可以是任意合法的Java标识符。通过数组名和下标来使用数组中的数据，下标从0开始。使用数组的最大好处是可以让一批相同性质的数据共用一个变量名，而不必为每个数据命名一个名字。使用数组不仅使程序书写大为简便清晰，可读性大大提高，而且便于用循环语句处理这类数据。

2.8.1 一维数组

一维数组是指维度为1的数组。它是数组最简单的形式，也是最常用的数组。

1. 声明数组

与变量一样，使用数组之前，必须先声明数组。声明一维数组的语法格式有以下两种形式。

```
数据类型  数组名 [ ];
数据类型 [ ] 数组名;
```

其中，数据类型可以是基本数据类型，也可以是引用数据类型。数组名可以是任意合法的Java标识符，例如如下代码。

```
int [] a1;        // 声明整型数组 a1
double b1[];  // 声明浮点型数组 b1
```

在声明数组时，不能指定数组的长度，否则编译无法通过。

2. 分配空间

声明数组仅为数组指定数组名和数组元素的类型，并没有为元素分配实际的存储空间。需要为数组分配空间才能使用。

分配空间就是告诉计算机在内存中为它分配几个连续的位置存储数据。在Java中使用new关键字为数组分配空间。其语法格式如下。

```
数组名 = new 数据类型 [ 数组长度];
```

其中，数组长度就是数组中能存放的元素个数，是大于0的整数，例如如下代码。

```
a1 = new int[10];       // 为数组 a1 分配能存放 10 个整数的空间
b1 = new double[20];   // 为数组 b1 分配能存放 20 个 double 型数据的空间
```

也可以在声明数组时就为它分配空间，语法格式如下。

```
数据类型  数组名 [ ] = new 数据类型 [ 数组长度];
```

例如：

```
int a2[] = new int[10];  // 声明数组的同时并分配空间
```

数组的大小一旦确定，就不能再修改。

3. 一维数组的初始化

初始化一维数组是指分别为数组中的每个元素赋值。可以通过以下两种方法进行数组的初始化。

（1）直接指定初值的方式

在声明一个数组的同时将数组元素的初值依次写入赋值号后的一对花括号内，给这个数组的所有元素赋初始值。这样，Java编译器可通过初值的个数确定数组元素的个数，为它分配足够的存储空间并将这些值写入相应的存储单元。

语法格式如下。

```
数据类型  数组名 [ ] =  {元素值1, 元素值2, 元素值3, ... , 元素值n};
```

例如：

```
int [ ] a1 = {23,-9,38,8,65};
double b1[] = {1.23, -90.1, 3.82, 8.0 ,65.2};
```

（2）通过下标赋值的方式

数组元素在数组中按照一定的顺序排列编号，首元素的编号规定为0，其他元素顺序编号。元素编号也称为下标或索引。因此，数组下标依次为0，1，2，3，…。数组中的每个元素可以通过下标进行访问，例如a1[0]表示数组的第一个元素。

通过下标赋值的语法格式如下。

```
数组名 [ 下标 ] = 元素值；
```

例如：

```
a1[0] = 13;
a1[1] = 14;
a1[2] = 15;
a1[3] = 16;
...
```

4. 一维数组的应用

下面通过一个实例，让读者对数组的应用有进一步的了解。

➡【例2-26】一维数组应用举例。

功能实现：在数组中存放4位同学的成绩，计算这4位同学的总成绩和平均成绩。

```
public class Array1Test {
    public static void main(String[] args){
        double score[]={76.5,88.0,92.5,65};
        double sum =0;
        for(int i=0;i<score.length;i++){
        sum = sum + score[i];
        }
        System.out.println("总成绩为：" + sum);
        System.out.println("平均成绩为：" + sum/score.length);
    }
}
```

程序执行结果如图2-25所示。

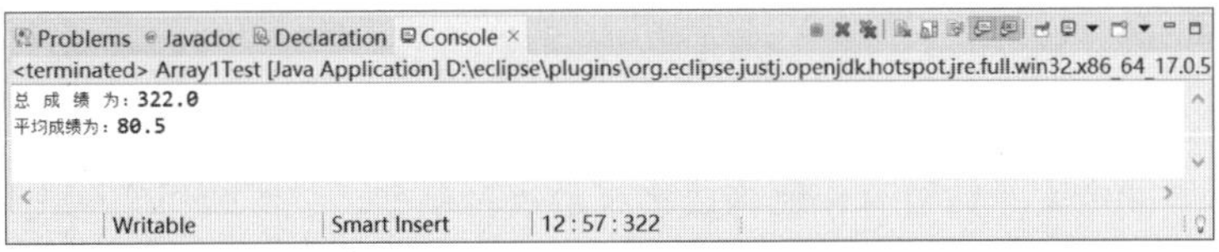

图 2-25 例 2-26 的执行结果

> **！注意事项** 在Java语言中，数组是一种引用类型，拥有方法和属性。例如在例子中出现的length就是它的一个属性，利用该属性可以获得数组的长度。

JDK 1.5引进了一种新的循环类型，被称为For-Each循环或者增强型循环。它能在不使用下标的情况下遍历数组。语法格式如下：

```
for(type element: array){
    System.out.println(element);
}
```

其中type是数组元素类型，element是一个局部变量，array是要遍历的数组。下面通过例子具体演示增强for循环的用法。

⊙【例2-27】使用增强for循环遍历数组中的元素。

```java
public class ForArray {
    public static void main(String[] args) {
        int[] numbers = { 10, 20, 30, 40, 50 };
        for (int x : numbers) {
            System.out.print(x);
            System.out.print(",");
        }
        System.out.print("\n");
        String[] names = { "James", "Larry", "Tom", "Lacy" };// 定义字符串数组
        for (String name : names) {
            System.out.print(name);
            System.out.print(",");
        }
    }
}
```

程序运行结果如图2-26所示。

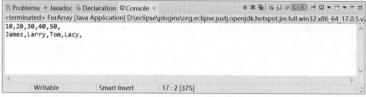

图 2-26 例 2-27 的执行结果

2.8.2 多维数组

在介绍数组基本概念时，已经给出这样的结论：数组元素可以是Java语言允许的任何数据类型。当数组元素的类型是数组时，就构成多维数组。例如，二维数组实际上就是每个数组元素是一个一维数组的一维数组。

1．声明多维数组

这里以二维数组为例。声明多维数组的语法格式有以下两种方式：

```
数据类型   数组名 [ ] [ ];
数据类型 [ ] [ ] 数组名 ;
```

例如：

```
int [][]matrix;          // 整型二维数组
double b1[][][];         // 浮点型三维数组
```

在声明数组时，不能指定数组的长度，否则编译无法通过。

2. 分配空间

声明数组仅为数组指定数组名和数组元素的类型，并没有为元素分配实际的存储空间。需要为数组分配空间才能使用。

分配空间就是告诉计算机在内存中为它分配几个连续的位置存储数据。在Java中使用new关键字为数组分配空间。为多维数组（这里以三维数组为例）分配空间的语法格式如下：

```
数组名 = new 数据类型 [ 数组长度1] [ 数组长度2] [ 数组长度3];
```

其中，数组长度1是第一维数组元素个数，数组长度2是第二维数组元素个数，数组长度3是第三维数组元素个数。

例如：

```
matrix = new int[3] [3];              // 为整型二维数组分配空间
b1[][][]= new double[3] [5] [5];      // 为浮点型三维数组分配空间
```

也可以在声明数组时，就为它分配空间，语法格式如下：

```
数据类型   数组名 [ ] [ ] [ ] = new 数据类型 [ 数组长度1] [ 数组长度2] [ 数组长度3];
```

例如：

```
int array3[][][] = new int[2] [2] [3];
```

该数组有2*2*3个元素，各元素在内存中的存储情况如表2-9所示。

表2-9　三维数组array3的元素存储情况

array3[0] [0] [0]	array3[0] [0] [1]	array3[0] [0] [2]
array3[0] [1] [0]	array3[0] [1] [1]	array3[0] [1] [2]
array3[1] [0] [0]	array3[1] [0] [1]	array3[1] [0] [2]
array3[1] [1] [0]	array3[1] [1] [1]	array3[1] [1] [2]

3. 多维数组的初始化

初始化多维数组是指分别为多维数组中的每个元素赋值。可以通过以下两种方法进行数组的初始化。

（1）直接指定初值的方式

在声明一个多维数组的同时将数组元素的初值依次写入赋值号后的一对花括号内，给这个数组的所有元素赋初始值。这样，Java编译器可通过初值的个数确定数组元素的个数，为它分配足够的存储空间并将这些值写入相应的存储单元。

这里以二维数组为例，其语法格式如下：

```
数据类型  数组名[ ][ ] =  { 数组1，数组2 };
```

例如：

```
int matrix2[][]  = {{1, 2, 3}, {4,5,6}};
```

（2）通过下标赋值的方式

例如：

```
int matrix3[][]  =  new int[2][3];
matrix3 [0] [0] = 0;
matrix3 [0] [1] = 1;
matrix3 [0] [2] = 2;
matrix3 [1] [0] = 3;
matrix3 [1] [1] = 4;
matrix3 [1] [2] = 5;
```

4. 多维数组的应用

以二维数组为例，可用length()方法测定二维数组的长度，即元素的个数。只不过使用"数组名.length"得到的是二维数组的行数，而使用"数组名[i].length"得到的是该行的列数。

下面通过一个实例对上述内容进行进一步的解释，首先声明一个二维数组

```
int[ ][ ] arr1={{3, -9},{8,0},{11,9} };
```

则arr1.length的返回值是3，表示数组arr1有3行。而arr1[1].length的返回值是2，表示arr1[1]对应的行（第二行）有2个元素。

⊙【例2-28】声明并初始化一个二维数组，然后输出该数组中各元素的值。

```
public class Array2Test {
    public static void main(String[] args){
        int i=0;
        int j=0;
        int ss[][] = {{1,2,3},{4,5,6},{7,8,9}};
        for(i=0;i<ss.length;i++){
            for (j=0;j<ss[i].length;j++){
```

```
            System.out.print("ss["+i+"]["+j+"]="+ss[i][j]+" ");
        }
        System.out.println();
    }
}
```

程序执行结果如图2-27所示。

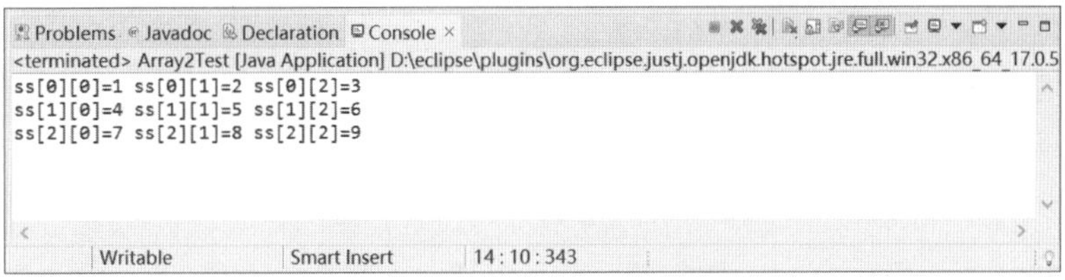

```
🗐 Problems @ Javadoc 🗟 Declaration 🖳 Console ×                    ■ ✖ 🔧 | 🗓 🗓 🖅 🗐 🗐 ▾ 📑 ▾ □ ▾ 🗕 □
<terminated> Array2Test [Java Application] D:\eclipse\plugins\org.eclipse.justj.openjdk.hotspot.jre.full.win32.x86_64_17.0.5
ss[0][0]=1 ss[0][1]=2 ss[0][2]=3
ss[1][0]=4 ss[1][1]=5 ss[1][2]=6
ss[2][0]=7 ss[2][1]=8 ss[2][2]=9

    Writable           Smart Insert         14 : 10 : 343
```

图 2-27　例 2-28 的执行结果

2.9　本章小结

　　本章首先对Java语言的标识符、关键字和数据类型进行了介绍，在此基础上讲解了变量、常量、运算符、表达式等基础知识。然后，重点介绍了结构化程序设计的三种结构（顺序结构、分支结构和循环结构）和流程控制语句。其中，分支语句重点介绍了if语句、if-else语句和switch语句，循环语句重点介绍了while语句、do-while语句和for语句。最后，介绍了一维数组和多维数组的声明、分配空间、初始化的方法，并通过一些简单的实例介绍了数组的应用方法和技巧。通过对本章内容的学习，读者可以对Java语言的语法规则以及程序流程控制有比较深入的理解，并能够和数组结合在一起开发一些Java应用程序。

2.10　课后练习

　　练习1： 编写一个程序，打印100~200的素数，要求每行按10个数（数与数之间有一个空格隔开）的形式对其输出。

　　练习2： 打印出所有的"水仙花数"。"水仙花数"是指一个三位数，其各位数字的立方和等于该数本身。例如153是一个"水仙花数"，因为153 = $1^3+5^3+3^3$。

　　练习3： 通过键盘输入年份和月份，根据输入的年份和月份判断该月份的天数，并输出结果。

　　练习4： 计算企业应发放奖金总数，奖金发放标准如下。

　　企业发放的奖金根据利润进行提成，利润低于或等于10万元时，奖金可提10%；利润高于10万元，低于20万元时，低于10万元的部分按10%提成，高于10万元的部分，可提成7.5%；20万到40万之间时，高于20万元的部分可提成5%；40万到60万之间时高于40万元的部分可提成3%；60万到100万之间时，高于60万元的部分可提成1.5%，高于100万元时，超过100万元的部分按1%提成。从键盘输入当月利润，求应发放奖金总数，并输出结果。

　　练习5： 编写程序，找出4×5矩阵中值最大的元素，显示其值以及其所在的行号和列号。

第3章
面向对象编程基础

内容概要

面向对象编程方法是以对象为基础，以事件或消息驱动对象执行处理的程序设计技术。本章对面向对象程序设计的基本概念、类的定义、对象的创建和使用、访问控制符等内容进行介绍。通过本章的学习读者可以了解面向对象程序设计的基本概念并能够掌握定义类、创建对象和使用对象的方法。

学习目标

- 了解面向对象编程的基本概念
- 掌握定义类的方法
- 掌握对象的创建和使用方法
- 掌握构造方法的用法
- 掌握main()的用法
- 了解访问说明符的作用
- 掌握this、static、final关键词的用法

3.1 基础知识

Java语言是基于面向对象编程的一种高级程序设计语言。面向对象编程方法强调在软件开发过程中面向客观世界或问题域中的事物，采用人类在认识客观世界的过程中普遍运用的思维方法，直观、自然地描述客观世界中的有关事物。

在面向对象编程语言出现之前，程序员主要使用面向过程的方法开发程序。面向过程的编程方法把密切相关、相互依赖的数据和对数据的操作相互分离。这种实质上的依赖与形式上的分离使得大量程序不但难于编写，而且难以调试和修改。面向对象编程技术是将数据结构和算法封装在一起形成对象，对象代表的是客观世界中的某个具体事物。面向对象编程的程序结构为：

```
对象 = （数据结构 + 算法）
程序 = 对象 + 对象 + 对象 + … + 对象
```

对象封装的目的在于将对象的使用者和设计者分开。使用者只需了解接口，而设计者的任务是决定如何封装一个类，哪些内容需要封装在类的内部及需要为类提供哪些接口。

总之，面向对象程序设计方法是一种以对象为中心的程序设计方式。它包括以下几个基本概念：抽象、对象、类和封装、继承、多态性、消息、结构与关联。

1. 抽象

人类在认识复杂现象的过程中使用的最强有力的思维工具是抽象。抽象就是抽出事物的本质特征而暂不考虑它们的细节。图3-1所示为抽象概念。

从现实世界存在的不同实体如长方形、正方形、椭圆形等抽取它们的共性——形状（Shape）的特性。

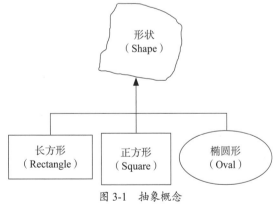

图 3-1　抽象概念

2. 对象

对象（Object）是客观世界存在的具体实体，具有明确定义的状态和行为。对象可以是有形的，如一本书、一辆车等。也可以是无形的规则、计划或事件，如记账单、一项记录等。

对象是封装数据结构及可以施加在这些数据结构上的操作的封装体。属性和操作是对象的两大要素。属性是对象静态特征的描述，操作是对象动态特征的描述，也称方法或行为，如图3-2所示学生对象。

3. 类

类（Class）是一组有共同特性的所有对象成员的抽象描述。例如一个学生类可以用来描述教务系统中所有注册学生的学生对象。一个类包含一组对象的共同属性和行为。类是在对象之上的抽象，对象则是类的具体化，是类的实例。它包括属性和方法，如图3-3显示的是学生类图。

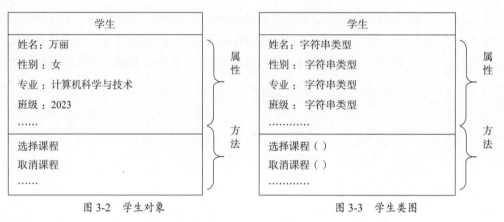

图 3-2　学生对象　　　　　　　　　图 3-3　学生类图

> **⚠ 注意事项**　面向对象程序设计的重点是类的设计，而不是对象的设计。

4. 封装

封装是一种信息隐蔽技术。它体现于类的说明，是对象的重要特性。通过封装把对象的实现细节对外界隐藏起来了。它具有两层含义。

①封装：把对象的属性和方法结合在一起，形成一个不可分割的独立单位。

②信息隐藏：尽可能隐蔽对象的内部细节，对外形成一个边界（或者说形成一道屏障），只保留有限的对外接口使之与外部发生联系。

5. 继承

继承是面向对象编程中的重要特征之一。它允许通过继承一个已经存在的类，编写一个新类。已有的类称为父类或基类，新类称为子类或派生类。子类自动共享父类的属性和方法。这些属性和方法不需要在子类中重复定义，大大提高了代码的复用性。同时，继承还具有传递性，例如B类继承了A类，C类继承了B类，则C类同时拥有A类和B类的属性和方法。继承关系如图3-4所示。

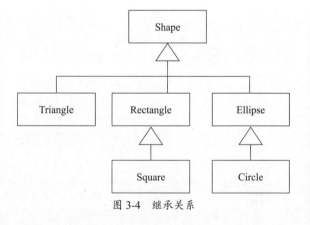

图 3-4　继承关系

图中子类Square继承了父类Rectangle的特性，同时又具有自身新的属性和方法。

子类和父类是相对而言的。如哺乳动物是一般类（称为基类、超类或父类），狗和猫是特殊类（也称子类）；在狗和黑狗之间，狗是一般类，黑狗是特殊类。

6. 多态性

多态性是指不同类型的对象接收相同的消息时产生不同的行为。这里的消息主要是对类中成员函数的调用，而不同的行为就是指类成员函数的不同实现。当对象接收发送给它的消息时，根据该对象所属的类动态选用在该类中定义的实现算法。

7. 消息

向某个对象发出的服务请求称作消息。对象提供服务的消息格式称作消息协议。

消息包括被请求的对象标识、被请求的服务标识、输入信息和应答信息。

例如，向正方形类（Square类）的对象square发送消息，要求调用drawShape()方法的代码为square.drawShape()。

8. 结构与关联

结构与关联体现系统中各个对象间的关系。主要包括部分/整体、一般/特殊、实例连接、消息连接等。

对象之间存在部分与整体的结构关系。该关系有两种方式：组合和聚集。组合关系中部分和整体的关系很紧密。聚集关系中则比较松散，一个部分对象可以属于几个整体对象。图3-5为组合关系。

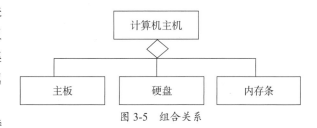

图 3-5　组合关系

一般/特殊：对象之间存在着一般和特殊的结构关系，也就是说它们存在继承关系。很多时候也称作泛化和特化关系，图3-5为继承关系。

实例连接：实例连接表现对象之间的静态联系。它通过对象的属性来表现对象之间的依赖关系；对象之间的实例连接称作链接，对象类之间的实例连接称作关联。

消息连接：消息连接表现对象之间的动态联系。它表现这样一种联系：一个对象发送消息请求另一个对象的服务，接收消息的对象响应消息，执行相应的服务。

3.2 类与对象

本节主要介绍类的定义、类的构成和对象的创建及使用。

3.2.1 类的定义

定义类就是要定义类的属性与方法。类可理解成Java中一种新的数据类型。它是Java程序设计的基本单位。Java定义类的语法格式如下。

```
[访问说明符] [修饰符]  class  类名

{

    成员变量声明    // 描述对象的状态
```

```
    成员方法声明     // 描述对象的行为
}
```

其中，第一行被称为类的头部，下面用{ }括起来的部分被称为类的主体。

头部中的[访问说明符]和[修饰符]是任选项，它们的用法将在后面章节中介绍；头部中的class是必选项，是定义类的关键词；头部中的类名也是必选项，用于标识新产生的数据类型；类的主体部分包括成员变量和成员方法的声明。

下面通过一个具体的例子介绍定义类的方法，具体代码如下。

```
// 定义职员类 Employee
class Employee // 类的头部
{ // 类的主体部分
    // 声明成员变量
    String employeeName;    // 职员姓名
    double salary;              // 薪水
    // 声明成员方法
    public void setEmployeeSalary(double d1){ // 该方法用于设置职员薪水
        Salary = d1;
    }
}
```

❶注意事项 一个类的主体部分可以包含多个成员变量和成员方法，也可以没有。

3.2.2　成员变量

成员变量的声明方式如下。

```
[访问说明符]  [修饰符]  数据类型   变量名;
```

其中，访问说明符和修饰符是任选项，可根据需要进行取舍；数据类型是必选项，用于设置变量存储的数据类型，可以是任何有效的Java数据类型。变量名也是必选项，用于标识被声明的变量。

例如，在职员类Employee中，声明成员变量employeeName，具体代码如下。

```
String employeeName;
```

3.2.3　成员方法

类的成员方法往往用来操作类的成员变量，实现类对外界提供的服务，也是类与外界交流的接口。成员方法包括两部分：方法头部和方法体。定义成员方法的语法格式如下。

```
[访问说明符] [修饰符] 返回值类型 方法名（参数列表） // 方法头部
{
```

```
    // 方法体
    局部变量声明；
    语句序列；
}
```

例如，职员类Employee中的setEmployeeSalary()方法。

```
// 该方法用于设置职员薪水
public void setEmployeeSalary(double d1){
    Salary = d1;
}
```

该方法使用的访问说明符是public，方法返回值的类型为void，方法的名称是setEmployee-Salary，参数列表是一个double类型的变量d1，方法的主体部分是把形参变量d1的值赋值给类的成员变量salary。

3.2.4 构造方法

类的成员方法简称方法，用来实现类的各种功能。在类中除了普通成员方法外，还有一种特殊的方法——构造方法，用来创建对象并完成新建对象的初始化任务。

1. 定义构造方法

定义构造方法的语法格式如下。

```
[访问说明符] 类名([参数列表])
{
    // 方法体
}
```

- **访问说明符：** 可以表示访问权限的修饰词（public、protected、private和默认值等）。
- **类名：** 类名即构造方法名。
- **参数列表：** 构造方法的参数可以有多个，也可以没有。
- **方法体：** 完成成员变量初始化工作的语句，也可以为空。

定义构造方法的示例代码如下。

```
// 无参数的构造方法
public Employee(){
}
// 有参数的构造方法
public Employee(String name){
    employeeName = name;
    System.out.println("带有姓名参数的构造方法被调用！");
}
```

> **⊘注意事项** 构造方法是一种特殊的方法，在定义时有两点需要注意：①构造方法的名称必须与类名一样；②构造方法没有返回类型，也不能定义为void。

2. 默认构造方法

Java的每个类至少有一个构造方法。如果程序员没有定义构造方法，系统会自动为这个类创建一个默认的构造方法。这个默认构造方法没有参数，而且方法体中也没有任何代码。

例如，下面定义类的两种写法效果完全一样。

```
// 开发人员在类中没有定义构造方法
class Customer{
}
// 开发人员在类中定义了一个无参的，并且方法体为空的构造方法
class Customer{
    public Customer(){
    }
}
```

对于第一种写法，开发人员虽然没有定义构造方法，但系统会自动添加一个无参的、方法体为空的构造方法。因此，上述两种写法效果完全一样。

3.2.5 main()方法

在Java应用程序中可以包含多个类，每个类可以有多个方法，但编译器首先运行的是main()方法。含有main()方法的类被称为主控类（主类），主类的类名必须与所在的文件名一致。

main()的语法格式如下。

```
public static void main(String args[]){
    ...
}
```

在main()方法的括号里面有一个形式参数args[]。args[]是一个字符串数组，可以接收系统传递的参数，而这些参数来自于命令行参数。

在命令行执行一个Java应用程序的语法格式如下。

```
java   类名   [参数列表]
```

其中，参数列表可以容纳多个参数，参数间以空格或制表符隔开，被称为命令行参数。系统传递给main()方法的实际参数正是这些命令行参数。

由于Java中数组的下标是从0开始的，所以形式参数中的args[0]，…，args[n-1]依次对应第1个，…，第n个参数。参数与args数组的对应关系如下所示。

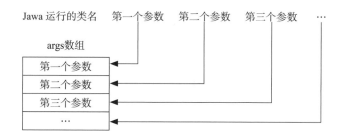

下面通过一个示例演示main()方法是如何接收命令行参数的。

➔【例3-1】命令行参数的使用。

功能实现：通过命令行向主方法传递两个参数，并输出参数的值。

```java
public class Test_CommandLine_Arguments {
    public static void main(String args[]){
        // 依次获取命令行参数，并输出
        System.out.println("第一个参数： " + args[0]);
        System.out.println("第二个参数： " + args[1]);
    }
}
```

在Eclipse运行程序之前，首先要在Eclipse的"Run Configurations"对话框中设置命令行参数的值，如图3-6所示。

命令行参数设置完毕后，单击Run按钮运行程序，结果如图3-7所示。

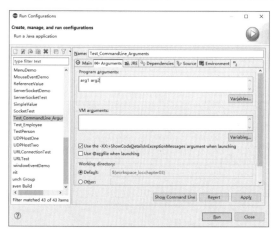

图 3-6　命令行参数设置

图 3-7　例 3-1 运行结果

> **❗注意事项** 在命令行参数中，所有参数都是以字符串形式传递的，各参数以空格分隔。

3.2.6　创建对象

1. 对象的声明

对象的声明就是确定对象的名称，并指明对象所属的类，语法如下。

```
类名 变量名列表；
```

示例代码如下。

```
Employee    employee;  // 声明成员变量
```

❶注意事项 变量名列表可包含一个对象名或多个对象名，如果含有多个对象名，对象名之间采用逗号分隔开。

2. 对象的创建

在声明对象时，并没有为对象分配内存空间。只有通过new运算符调用构造方法才能完成对象的创建，并为该对象分配内存空间。

对象创建的语法如下。

```
对象名 = new 构造方法 ([ 实参列表 ]);
```

示例代码如下。

```
employee = new Employee("100001");  // 创建工号为 100001 的员工
```

3. 对象的使用

声明并创建对象的目的就是为了使用它。对象的使用包括使用其成员变量和成员方法，运算符"."可以实现对成员变量的访问和成员方法的调用。成员变量和成员方法使用语法如下。

```
对象名 . 成员变量名;
对象名 . 成员方法名 ([ 实参列表 ]);
```

示例代码如下。

```
employee.employeeName =" 张三 ";   // 使用成员变量
employee. setEmployeeSalary(9600); // 调用成员方法
```

3.2.7 成员变量和方法的使用

1. 使用成员变量

一旦定义了成员变量，就能对其进行初始化和其他操作。

（1）在同一个类中使用成员变量

```
class Camera{
    int numOfPhotos;          // 照片数目
    public void incrementPhotos(){  // 增加照片的个数
        numOfPhotos++;        // 使用成员变量 numOfPhotos
    }
}
```

（2）在另外一个类中使用成员变量

通过创建类的对象，然后使用"."操作符指向该变量，例如：

```
class Robot{
    Camera camera;    // 声明 Camera 的对象
    public void  takePhotos(){   // 拍照功能的成员函数
        camera = new Camera();    // 给 camera 对象分配内存
        camera.numOfPhotos++;   // 使用 cameral 对象的成员变量 numOfPhotos
    }
}
```

2. 使用成员方法

调用成员方法必须是方法名后跟括号和分号，示例代码如下。

```
camera. incrementPhotos(); // 调用 camera 对象的成员函数
```

（1）调用同类的成员方法

```
class Camera{
    int numOfPhotos;          // 照片数目
    public void incrementPhotos(){   // 增加照片的个数
        numOfPhotos++;       // 使用成员变量 numOfPhotos
    }
    public void clickButton(){
        incrementPhotos();// 调用同类的成员方法 incrementPhotos()
    }
}
```

（2）调用不同类的成员方法

通过创建类的对象，然后使用"."操作符指向该方法。示例如下。

```
class Robot{
    Camera camera; // 声明 Camera 的对象
    public void  takePhotos(){   // 拍照功能的成员函数
        camera = new Camera(); // 给 camera 对象分配内存
        // 增加照片个数
        camera.clickButton();    // 使用 cameral 对象的成员函数 clickButton()
    }
}
```

3.2.8　方法中的参数传递

1. 传值调用

Java中所有基本数据类型的参数都是传值的，这意味着参数的原始值不能被调用的方法改变。下面通过一个例子演示传值调用的方法。

⊙【例3-2】自定义类SimpleValue，实现基本类型数据的参数传递。

```
class SimpleValue{
    public static void change(int x){
        x = 4;
    }
    public static void main(String [] args)   {
        int x = 5;
        System.out.println("方法调用前 x = "   +  x);
        change(x);
        System.out.println("change方法调用后 x = "   +  x);
    }
}
```

程序运行结果如图3-8所示。

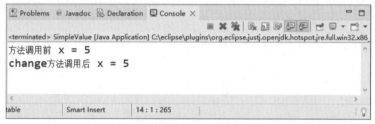

图 3-8　例 3-2 的运行结果

程序分析： 执行change()方法后，不会改变main()方法中传递过来的变量x的值，因此最后的输出结果仍然是5。由此可见，在传值调用过程中，参数值的一份拷贝传给了被调用方法，把它放在一个独立的内存单元。因此，当被调用的方法改变参数的值时，这个变化不会反映到调用方法里。

2. 引用调用

对象的引用并不是对象本身，它只是对象的一个句柄（名称）。一个对象可以有多个句柄，就好像一个人可以有多个姓名（如中文名、英文名等）。下面通过一个示例演示引用传递的方法。

⊙【例3-3】自定义类ReferenceValue，实现引用数据的参数传递。

```
class ReferenceValue{
    int x ;
    public static void change(ReferenceValue obj){
        obj.x=4;
    }
    public static void main(String [] args)   {
        ReferenceValue obj = new ReferenceValue();
        obj.x = 5;
        System.out.println("chang方法调用前的x =  "   + obj.x);
        change(obj);
```

```
        System.out.println("chang方法调用后的x = "  + obj.x);
    }
}
```

程序运行结果如图3-9所示。

图 3-9 例 3-3 的运行结果

程序分析：main()方法中首先生成obj对象，并给其成员变量x赋值为5。接下来调用类中定义的方法change()。在change()方法调用时把main()方法的obj的值赋给change()方法中的obj，使其指向同一内容。change()方法结束，change()中的obj变量被释放，但堆内存的对象仍然被main()方法中的obj引用，就会看到main()方法中的obj所引用的对象的内容被改变。

⊘注意事项 Java语言中基本类型数据传递是传值调用，对象的参数传递是引用调用。

3.2.9 对象使用举例

当一个对象被创建时，它的成员变量会按照表3-1所示的列表进行初始化赋值。

表3-1 对象的成员变量的初始值

成员变量类型	初始值	成员变量类型	初始值
Byte	0	double	0.0D
Short	0	char	'\u0000'（表示为空）
Int	0	boolean	false
long	0L	引用类型	Null
float	0.0F		

下面通过一个示例演示Employee类对象的创建及使用。

⊙【例3-4】职员类Employee类对象的创建及使用。

功能实现：定义一个职员类Employee，声明该类的三个对象，并输出这三个对象的具体信息。

```
// 定义职员类
class Employee {
    String employeeName;    // 职员姓名
    String employeeNo;      // 职员编号
    double employeeSalary;  // 职员的薪水
```

```java
    // 设置职员的姓名
    public void setEmployeeName(String name) {
        employeeName = name;
    }
    // 设置职员的编号
    public void setEmployeeNo(String no) {
        employeeNo = no;
    }

    // 设置职员的薪水
    public void setEmployeeSalary(double salary) {
        employeeSalary = salary;
    }
    // 获取职员姓名
    public String getEmployeeName() {
        return employeeName;
    }
    // 获取职员编号
    public String getEmployeeNo() {
        return employeeNo;
    }
    // 获取职员薪水
    public double getEmployeeSalary() {
        return employeeSalary;
    }
    public String toString() { // 输出员工的基本信息
        String s;
        s ="工号: " + employeeNo + "  姓名: " + employeeName + " 工资:  "
        + employeeSalary;
        return s;
    }
}

// 定义测试类
public class Test_Employee {
    public static void main(String args[]) {
        Employee employee1; // 声明 Employee 的对象 employee
        employee1 = new Employee(); // 为对象 employee 分配内存
        // 调用类的成员函数为该对象赋值
        employee1.setEmployeeName(" 王一 ");
        employee1.setEmployeeNo("100001");
        employee1.setEmployeeSalary(2100);
```

```
    System.out.println(employee1.toString()); // 输出该对象的数值
    Employee employee2 = new Employee(); // 构建 Employee 类的第二个对象
    System.out.println(employee2.toString()); // 输出成员变量初始值
    Employee employee3 = new Employee(); // 构建 Employee 类的第二个对象
    employee3.employeeName = " 王华 " + ""; // 直接给类的成员变量赋值
    System.out.println(employee3.toString()); // 输出成员变量初始值
    }
}
```

程序运行结果如图3-10所示。

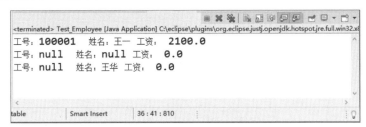

图 3-10   例 3-4 的运行结果

程序分析： 测试类Test_Employee包含一个main()方法，该方法实现对Employee类的对象的操作。在main()方法中声明和创建了三个Employee类的对象employee1、employee2和employee3。它们是完全独立的对象，每个对象都有自己的成员变量。成员变量的值可以通过方法修改，也可以使用默认值进行初始化。在对象调用某个方法时，该方法所访问的成员变量都是这个对象自身的成员变量。

3.3 方法重载

在Java语言中，允许同一个类中包含多个相同名称的方法，这种现象被称为方法的重载，又称为静态多态性。对于这些同名方法，Java语言规定用参数的类型、数量和顺序进行区分。因此重载的方法必须在参数类型、数量、顺序3个方面至少有一个方面是不相同的。

3.3.1 成员方法重载

方法重载有不同的表现形式。

1. 参数类型不同的重载

```
class C1{
    public String Sum(String para1, String para2) {
        // 两个 String 类型的参数
        return "";
    }
    public int Sum(int para1, int para2){
```

```
        // 两个 int 类型的参数
        return 0;
    }
}
```

2. 参数数量不同的重载

```
class C2{
    public int Sum(int para1, int para2) {
        // 参数数量为 2
        return 0;
    }
    public int Sum(int para1, int para2,int para3){
        // 参数数量为 3
        return 0;
    }
}
```

3. 参数排列顺序不同的重载

```
class C3{
    public double Sum(int para1, double para2) {
        // 参数类型的顺序是：int, double
        return 0.0;
    }
    public double Sum(double para1, int para2){
        // 参数类型的顺序是：double, int
        return 0.0;
    }
}
```

调用重载方法时，通过传递给它们的参数，由系统自动决定具体使用哪种方法，这就是所谓的多态性。

3.3.2　构造方法重载

在同一个类中，有时需要提供多个构造方法，分别完成不同的初始化任务。

【例3-5】在顾客类Customer中，创建3个构造方法。

功能实现：定义一个顾客类Customer，并定义3个构造方法；在主方法中调用不同的构造方法创建该类的三个对象，并输出对象的信息。

```
public class Customer {
    String id="默认编号";    // 顾客编号
    String name="默认姓名"; // 顾客姓名
```

```java
// 无参数的构造方法
public Customer(){
    System.out.println("无参数的构造方法被调用!");
}
// 带一个参数的构造方法
public Customer(String name){
    this.name = name;
    System.out.println("带1个参数的构造方法被调用!");
    }
// 带两个参数的构造方法
    public Customer(String id,String name){
        this.id = id;
        this.name = name;
        System.out.println("带两个参数的构造方法被调用!");
    }
    // 返回顾客基本信息
    public String toString() {
        String s = "顾客编号: " + id + "  顾客姓名: " + name;
        return s;
    }
    // 在主方法中创建3个对象, 分别调用不同的构造方法
    public static void main(String[] args) {
        // 调用无参数的构造方法
        Customer c1 = new Customer();
        System.out.println(c1.toString());
        // 调用带1个参数的构造方法
        Customer c2 = new Customer("张三");
        System.out.println(c2.toString());
        // 调用带两个参数的构造方法
        Customer c3 = new Customer("0001","李四");
        System.out.println(c3.toString());
    }
}
```

程序运行的结果如图3-11所示。

图 3-11 例 3-5 的运行结果

3.4 访问说明符

访问说明符主要用于限定类、类成员变量、类成员方法的作用域。Java语言支持的访问说明符包括public、protected、private和默认值（无关键字）。

1. public 访问说明符

public可以修饰类，也可以修饰成员变量和成员方法。如果一个类被声明为公共类（public），表明它可以被其他类访问和引用。这里的访问和引用是指这个类作为整体对外界是可见和可使用的。其他类中的程序可以创建这个类的对象、访问这个类内部可见的成员变量和调用它的可见方法。

一个类作为整体对其他类可见，并不能代表类内的所有属性和方法也同时对该类是可见的。前者只是后者的必要条件。类的属性和方法能否为其他类所访问，还要看这些属性和方法自己的访问说明符。

利用public修饰类、成员变量和成员方法的示例代码如下所示。

```java
// 定义公共类 Person
public class Person {
    // 声明 public 修饰的变量
    public String name;
    // 定义 public 修饰的方法
    public void setName(String xm) {
        name = xm;
    }
}
```

程序分析： 由于被声明为公共类，Person类可以被任意类进行访问和引用；Person类的成员变量name和方法setName()也是由public修饰的，那么其他类创建Person类的对象后，就可以利用该对象访问类的成员变量name和调用类的成员方法setName()。

下面通过示例演示其他类如何使用Person类以及类中的变量和方法。

⊙【例3-6】在TestPerson类中引用Person类。

功能实现： 在TestPerson类的主方法中创建Person类的对象，引用Person类的成员变量，调用Person类的成员方法。

```java
// 定义类 TestPerson
public class TestPerson {
    public static void main(String[] args) {
        // 在 TestPerson 类中，引用 Person 类
        Person person1;
        // 创建 Person 对象
        person1 = new Person();
        // 利用对象调用 Person 类的成员方法
        person1.setName(" 张三 ");
```

```
        // 利用对象引用 Person 类的成员变量
        String s1 = person1.name;
        // 输出 s1 的值
        System.out.println(s1);
    }
}
```

程序运行结果如图3-12所示。

图 3-12 例 3-6 的运行结果

程序可以正常执行并输出结果，说明公共类Person可以被其他类引用，类中的公共变量和公共方法也可以通过Perosn类的对象在其他类中使用。

2. protected 访问说明符

protected可以修饰成员变量和成员方法，但不能修饰顶层类。用protected修饰的变量和方法可以被该类自身、与它在同一个包中的其他类、其他包中该类的子类引用。

3. private 访问说明符

private可以修饰成员变量和成员方法，但不能修饰顶层类。用private修饰的成员变量和成员方法只能被该类自身使用，而不能被任何其他类使用。

4. 默认访问说明符

没有使用上述三个访问说明符修饰的类、成员变量、成员方法，说明它们使用的是默认的访问说明符（friendly）。这种默认的访问说明符规定该类只能被同一个包中的类访问和引用，而不可以被其他包中的类使用。

> **!注意事项** 在Java语言中，friendly不是关键字。它是在没有指定访问说明符时，指出访问级别。但不能用friendly来声明类、变量或方法。

访问说明符的访问等级如表3-2所示。

表3-2 访问说明符的访问等级

访问说明符	当前类	当前类的所有子类	当前类所在的包	所有类
private	✓			
默认	✓	✓		
protected	✓	✓	✓	
public	✓	✓	✓	✓

> **!注意事项** 成员方法中定义的变量不能有访问说明符，有关包的详细描述见第4章。

3.5 this关键字

this关键字用于表示本类当前的对象。当前对象不是已经被创建出来的对象，而是当前真正编辑的对象。this关键字只能在本类中使用。this关键字主要有两个使用场景。

1. 访问成员变量

访问成员变量的语法格式如下。

```
this.变量名
```

这种用法只能在本类中使用。使用this引用本类的成员变量可以有效地避免"名称冲突"问题。例如，下面的示例代码中构造方法的形参和类的成员变量名称相同，把形参的值赋给成员变量时，成员变量必须通过this关键字进行引用，否则无法实现赋值操作。

```java
class Customer{
    String name;
    public Customer(String name) {
        // 形参变量和成员变量名相同
        this.name = name;
    }
}
```

2. 调用构造方法

构造方法是在创建对象时由系统自动调用的，不能在代码中像调用其他方法一样调用构造方法。但可以在一个构造方法里调用其他构造方法，不是用构造方法名调用，而是用this(参数列表)的形式进行调用。通过this关键字调用构造方法的示例代码如下。

```java
public class Student{
    String name;
    int age;
    public Student (String name){
        this.name = name;
    }
    public Student (String name,int age){
        this(name); // 通过 this 关键字调用构造方法
        this.age = age;
    }
}
```

在类Student的第二个构造方法中，通过this(name)调用第一个构造方法。

3.6 static关键词

一般情况下，类的成员（变量或方法）必须通过该类的对象访问。但有的时候希望定义一个类的成员，可以独立于该类的任何对象。Java提供了这种机制，只需要在类成员的声明前面加上关键字static即可。

由static修饰的成员变量和成员方法被称为静态变量和静态方法，例如最常见的静态方法就是main()方法。因为在程序开始执行时必须首先调用main()方法，此时还没有实例化任何对象，无法通过对象调用，所以它被声明为静态方法被系统直接调用。

3.6.1 静态变量

如果一个类的成员变量被static修饰，那么这个成员变量就是静态成员变量，也可以简称为静态变量。

静态变量不属于类的某个具体对象，被该类所有的对象共享。该类的任何对象访问它时都会取得相同的值。如果一个对象修改了静态变量的值，其他对象读出的都是修改后的值。

静态变量既可以被对象调用也可以通过类名调用。调用静态变量的语法格式如下。

```
对象 . 静态变量
类名 . 静态变量
```

下面通过一个示例演示静态变量的调用方法。

⊙【例3-7】静态变量的调用。

功能实现： 在StaticTest1类中通过两种方法调用静态变量。

```java
public class StaticTest1 {
    static int count=1; //静态变量
    public static void main(String[] args) {
        StaticTest1 static1 = new StaticTest1();
        //通过对象调用静态变量 count
        int count1 = static1.count;
        System.out.println("通过对象调用静态变量的返回值:" +count1);
        //通过类名调用静态变量 count
        int count2 =StaticTest1.count;
        System.out.println("通过对象调用静态变量的返回值:" +count2);
    }
}
```

程序运行结果如图3-13所示。

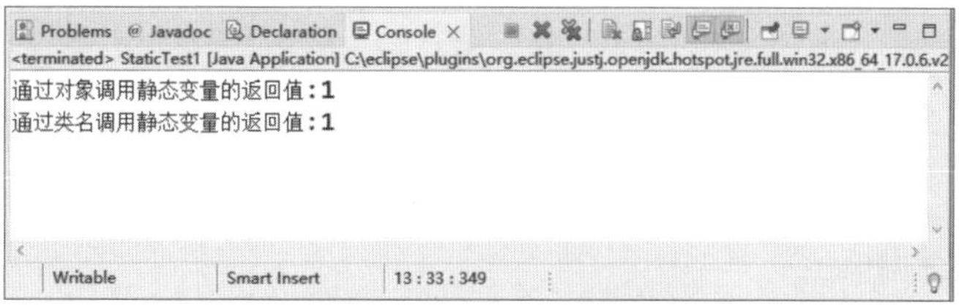

图 3-13　例 3-7 运行结果

程序可以正常执行，说明静态变量既可以通过对象调用也可以通过类名调用，而且返回值完全一样。

静态变量被类的所有对象共享，同一时间点它的值是唯一的，那就意味着如果有一个对象修改了静态变量的值，那么其他对象读出的都是修改后的值。下面通过一个示例演示这一特性。

⊙【例3-8】验证静态变量值的唯一性。

功能实现：在StaticTest2类中，通过不同的对象和类名调用静态变量，验证值的唯一性。

```java
public class StaticTest2 {
    static int count=1; // 静态变量
    public static void main(String[] args) {
        // 创建两个对象
        StaticTest2 static1 = new StaticTest2();
        StaticTest2 static2 = new StaticTest2();
        // 通过第一个对象修改静态变量的值
        static1.count=2;
        // 通过不同的对象调用静态变量
        System.out.println(" 通过对象1调用静态变量的返回值:" +static1.count);
        System.out.println(" 通过对象2调用静态变量的返回值:" +static2.count);
        // 通过类名调用静态变量
        System.out.println(" 通过类名调用静态变量的返回值:" +StaticTest2.count);
    }
}
```

程序运行结果如图3-14所示。

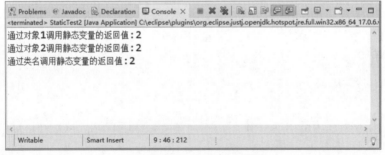

图3-14　例3-8的运行结果

程序分析：静态变量count的初始值为1。在main()方法中，通过对象static1把count的值修改为2，然后分别通过两个对象和类名调用静态变量，返回值都是修改后的值，证明了静态变量在同一时间点值是唯一的。

3.6.2　静态方法

由static关键词修饰的方法就是静态方法。静态方法既可以通过对象调用，也可以通过类名调用。

调用静态方法的语法格式如下。

```
对象.静态方法
类名.静态方法
```

下面通过一个示例演示静态方法的调用。

【例3-9】静态方法的调用。

功能实现：在StaticTest3类中通过两种方法调用静态方法。

```java
public class StaticTest3 {
    static int count =1; //静态变量
    //静态方法
    public static int getCount() {
        return count;
    }
    public static void main(String[] args) {
        //创建对象
        StaticTest3 static1 = new StaticTest3();
        //通过对象调用静态方法
        System.out.println("通过对象调用静态方法的返回值:" +static1.getCount());
        //通过类名调用静态方法
        System.out.println("通过类名调用静态方法的返回值:" +StaticTest3.getCount());
    }
}
```

程序运行结果如图3-15所示。

图 3-15 例 3-9 的运行结果

程序可以正常执行，说明静态方法既可以通过对象调用也可以通过类名调用，返回值一样。

静态方法和非静态方法的区别主要体现在以下两方面。

①调用静态方法时，既可以通过类名调用也可以通过对象调用，非静态方法只能通过对象调用。

②静态方法只允许使用类中的静态变量和静态方法，不能使用类中的非静态成员变量和成员方法，而非静态方法没有这方面的限制。

3.7 final关键词

关键词final可以用来修饰变量、方法和类。

1. final 变量

当final修饰基本数据类型时，该变量就成了常量，只能被赋值一次。当final修饰引用数据类型时，该变量的值不能改变，即该对象的内存地址不变，该变量不能再指向别的对象，但对象内的成员变量的值可以改变。下面通过一个示例演示final关键词修饰基本数据类型和引用数据类型的方法。

【例3-10】final关键词修饰基本数据类型和引用数据类型示例。

功能实现： 在FinalTest1类中使用final关键词修饰基本数据类型和引用数据类型。

```java
public class FinalTest1 {
    // final 修饰基本数据类型
    final static int count=100;
    public static void main(String[] args) {
        // 下面语句删除注释后，发生编译错误
        // count = 101; // 用 final 修饰的变量只能赋值一次
        // final 修饰引用数据类型
        final Person p1= new Person();
        Person p2= new Person();
        // 下面语句删除注释后，发生编译错误
        // p1=p2; // final 修饰的 p1 不能再指向其他对象

        // p1 的成员变量的值可以修改
        p1.name="zhangsan";
        System.out.println(p1.name);
    }
}
```

程序运行结果如图3-16所示。

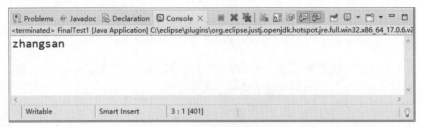

图 3-16 例 3-10 的运行结果

通过在Eclipse中编写上述代码可以发现final修饰的基本数据类型只能赋值一次。final修饰的引用数据类型不能再指向其他对象，但可以修改该对象的成员变量，例如这里把对象的成员变量name的值修改为zhangsan。

2. final 方法

final修饰的方法不能被其所在类的子类覆盖。

3. final 类

final修饰的类，称为最终类，该类不能被继承。

3.8 本章小结

本章首先介绍了面向对象程序设计的基本概念；然后详细介绍了在Java中定义类和创建对象的方法；接着着重介绍了构造方法和main()方法的用法；最后又介绍了访问说明符和几个主要关键字的使用方法。通过对本章的学习，读者会对面向对象程序设计方法有初步的认识。

3.9 课后练习

练习1：创建一个Point（点）类，并定义两个成员变量x和y，分别表示点的纵坐标和横坐标；定义一个构造方法，用于完成对象的初始化；定义一个移动点的方法，用于改变点的坐标位置；定义一个打印方法，用于输出点的坐标值；在主方法中创建一个Point对象，并利用该对象调用移动点的方法和打印信息的方法。

练习2：定义一个学生信息类Student，要求如下。

①成员变量。

sNO：学号。

sName：姓名。

sSex：性别。

sAge：年龄。

sJava：表示Java课程成绩。

②构造方法。

在构造方法中通过形参完成对成员变量的赋值操作。

③成员方法。

getNo()：获得学号。

getName()：获得姓名。

getSex()：获得性别。

getAge()：获得年龄。

getJava()：获得Java课程成绩。

④根据类Student的定义，创建5个该类的对象，输出每个学生的信息，计算并输出这5个学生Java语言成绩的平均值，以及计算并输出他们Java语言成绩的最大值。

练习3：定义一个类（账户类）模拟实现银行账户操作，类的成员变量包括"账号"和"存款余额"，成员方法有"存款""取款"和"查询余额"。在类中定义main()方法，并在main()方法中创建类的对象，然后调用成员方法模拟完成银行账号操作，最后输出操作后的存款余额。

第 **4** 章
面向对象编程高级实现

内容概要

　　Java是纯粹的面向对象的程序设计语言，继承和多态是它的两大特性；Java语言支持单一继承，不支持多重继承，但提供接口实现类的多重继承功能。本章主要介绍继承概念、继承的实现、多态概念及具体实现方式、抽象类、接口以及包等面向对象程序设计中的高级内容。通过本章的学习，读者将会采用面向对象程序设计思想开发具有可扩展性、灵活性较强的Java应用程序。

学习目标

- 了理解继承的概念
- 掌握Java中多态的实现方法
- 掌握接口的使用
- 掌握Java中包的应用
- 掌握Java继承的实现
- 理解抽象类
- 理解抽象类与接口的共同点和区别
- 理解内部类和匿名类

4.1 继承概述

在面向对象程序设计中，继承是不可或缺的一部分。通过继承可以实现代码的复用，提高程序的可维护性。

在现实世界中的对象存在很多如图4-1的关系。

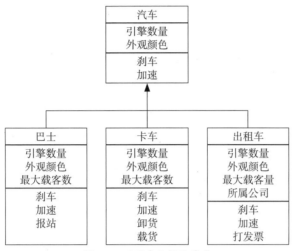

图 4-1 不同车之间的关系

巴士、卡车和出租车都是交通工具——汽车的一种，分别拥有相似的特性，如对所有的交通工具而言都具备引擎数量、外观的颜色，相似的行为如刹车和加速的功能。但每种不同的交通工具又有自己的特性，如巴士拥有和其他交通工具不同的特性和行为——最大载客数量和到指定站点要报站的特点，而卡车的主要功能是运送货物，也就是载货和卸货，因此拥有最大载重的特性。

面向对象的程序设计中该怎样描述现实世界中的这种情况呢？这就要用到继承的概念。

继承就是从已有的类派生出新的类。新的类能吸收已有类的数据属性和行为，并能扩展新的能力。已有的类一般称为父类（基类或超类）。由基类产生的新类称为派生类或子类。派生类同样也可以作为基类再派生新的子类，这样就形成了类间的层次结构。修改后的交通工具间的继承关系如图4-2所示。

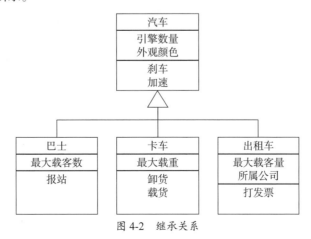

图 4-2 继承关系

汽车被抽象为父类（基类或超类），代表一般化属性。而巴士、卡车和出租车转化为子类，继承父类的一般特性包括父类的数据成员和行为，如外观颜色和刹车等特性，又产生自己独特的属性和行为，如巴士的最大载客数和报站。

继承的方式包括单一继承和多重继承。单一继承是最简单的方式：一个派生类只从一个基类派生。多重继承是一个派生类有两个或多个基类。这两种继承方式如图4-3所示。

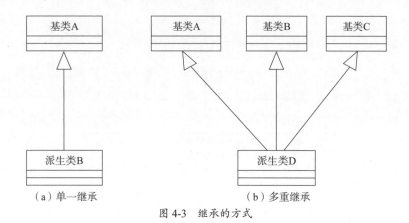

图 4-3　继承的方式

> **⚠ 注意事项** 图中箭头的方向，本书约定，箭头表示继承的方向，由子类指向父类。

通过上面介绍可以看出基类与派生类的关系。

①基类是派生类的抽象（基类抽象了派生类的公共特性）。

②派生类是对基类的扩展。

③派生类和基类的关系相当于"是一个（is a）"的关系，即派生类是基类的一个对象，而不是"有（has）"的组合关系，即类的对象包含一个或多个其他类的对象作为该类的属性，如汽车类拥有发动机、轮胎，这种关系称为类的组合。

> **⚠ 注意事项** Java语言只支持单一继承，不支持多重继承。

4.2 继承机制

本节主要介绍Java继承的定义和实现，类中属性和方法的继承和覆盖，以及继承关系中父类与子类的构造方法的关系。

4.2.1 继承的实现

例如现有如下需求。

设计并实现教师类，其中教师分为Java教师以及.NET教师，各自的要求如下。

Java教师

属性：姓名、所属部门

方法：授课（打开Eclipse、实施理论课授课）、自我介绍

.NET教师

属性：姓名、所属部门

方法：授课（打开Visual studio 2010、实施理论课授课）、自我介绍

根据要求我们分别定义Java教师类和.NET教师类，代码如下。

```java
public class JavaTeacher {
    private String name; // 教师姓名
    private String school; // 所在学校
    public JavaTeacher(String myName, String mySchool) {
        name = myName;
        school = mySchool;
    }
    public void giveLession(){// 授课方法的具体实现
        System.out.println(" 启动 MyEclipse");
        System.out.println(" 知识点讲解 ");
        System.out.println(" 总结提问 ");
    }
    public void introduction() {// 自我介绍方法的具体实现
        System.out.println("大家好! 我是"        + school + "的" + name + ".");
    }
}
public class DotNetTeacher {
    private String name; // 教师姓名
    private String school; // 所在学校
    public DotNetTeacher(String myName, String mySchool) {
        name = myName;
        school = mySchool;
    }
    public void giveLession(){
        System.out.println(" 启动 VS2010");
        System.out.println(" 知识点讲解 ");
        System.out.println(" 总结提问 ");
    }
    public void introduction() {
        System.out.println("大家好! 我是"        + school + "的" + name + ".");
    }
}
```

通过以上代码可以看到，JavaTeacher类和Dot Net Teacher类有很多相同的属性和方法，例如都有姓名、所在学校属性，都具有授课、上课功能。在实际开发中，一个系统中往往有很多类并且它们之间有很多相似之处，如果每个类都将这些相同的变量和方法定义一遍，不仅代码乱，工作量也很大。在这个例子中，可以将JavaTeacher类和Dot Net Teacher类的共同点抽取出

来，形成一个Teacher类，代码如下。

```java
public class Teacher {
    private String name;   // 教师姓名
    private String school; // 所在学校
    public Teacher(String myName, String mySchool) {
        name = myName;
        school = mySchool;
    }
    public void giveLesson(){  // 授课方法的具体实现
        System.out.println(" 知识点讲解 ");
        System.out.println(" 总结提问 ");
    }
        public void introduction() { // 自我介绍方法的具体实现
            System.out.println("大家好! 我是" + school + "的" + name + "。");
        }
}
```

然后让JavaTeacher类和Dot Net Teacher类继承Teacher类，在JavaTeacher类和Dot Net Teacher类中可以直接使用Teacher类中的属性和方法。

Java中，子类继承父类的语法格式如下。

```
【修饰符】class 子类名 extends 父类名 {
    // 子类的属性和方法的定义
};
```

修饰符：可选，用于指定类的访问权限，可选值public、abstract和final。

class子类名：必选，用于指定子类的名称。

extends父类名：必选，用于指定要定义的子类继承于哪个父类。

使用继承实现以上代码，如例4-1所示。

⊙【例4-1】 继承示例

功能实现：定义父类Teacher、子类JavaTeacher和子类DotNetTeacher，并进行测试。

```java
class Teacher {
    String name;   // 教师姓名
    String school; // 所在学校
    public Teacher(String myName, String mySchool) {
        name = myName;
        school = mySchool;
    }
    public void giveLesson(){  // 授课方法的具体实现
        System.out.println(" 知识点讲解 ");
        System.out.println(" 总结提问 ");
```

```
    }
    public void introduction() { // 自我介绍方法的具体实现
        System.out.println(" 大家好! 我是 "  + school + " 的 " + name + "。");
    }
}

class JavaTeacher extends Teacher {
    public JavaTeacher(String myName, String mySchool) {
        super(myName, mySchool);
    }
    public void giveLesson(){
        System.out.println(" 启动 Eclipse");
        super.giveLesson();
    }
}

class DotNetTeacher extends Teacher {
    public DotNetTeacher(String myName, String mySchool) {
        super(myName, mySchool);
    }
    public void giveLesson(){
        System.out.println(" 启动 VS2010");
        super.giveLesson();
    }
}
public class TesTeacher{
    public static void main(String args[]){
        // 创建 javaTeacher 对象
        JavaTeacher javaTeacher = new JavaTeacher(" 李伟 "," 郑州轻工业大学 ");
        javaTeacher.introduction();
        javaTeacher.giveLesson();
        System.out.println("\n");
        // 创建 dotNetTeacher 对象
        DotNetTeacher dotNetTeacher = new DotNetTeacher(" 王珂 "," 郑州轻工业大学
                                                    ");
        dotNetTeacher.introduction();
        dotNetTeacher.giveLesson();
    }
}
```

程序运行结果如图4-4所示。

图 4-4　例 4-1 的运行结果

　　程序分析：通过关键字extends分别创建父类Teacher的子类JavaTeacher和DotNetTeacher。子类继承父类所有的成员变量和成员方法，但不能继承父类的构造方法。在子类的构造方法中可使用语句super(参数列表)调用父类的构造方法。

　　TestTeacher的main()方法中声明两个子类对象。子类对象分别调用各自的方法进行授课和自我介绍。如语句javaTeacher.giveLesson()，就调用JavaTeacher子类的方法实现授课的处理，该子类的方法来自对父类Teacher方法giveLesson()的继承，语句super.giveLesson()代表对父类同名方法的调用。

4.2.2　继承的使用原则

1. 方法覆盖

　　在继承关系中，子类从父类中继承可访问的方法。但有时从父类继承的方法不能完全满足子类需要，这时就需要在子类的方法里修改父类的方法，即子类重新定义从父类继承的成员方法，这个过程称为方法覆盖或重写。例4-1中，父类Teacher中定义了giveLesson()方法，但是两个子类也各自定义了自己的giveLesson()方法。

　　在进行方法覆盖时，特别需要注意，子类在覆盖父类方法时应注意以下几点。

- 子类的方法不能缩小父类方法的访问权限。
- 父类的静态方法不能被子类覆盖为非静态方法。
- 父类的私有方法不能被子类覆盖。
- 父类的final不能被覆盖。

　　另外，需要注意方法重载与方法覆盖的区别。

　　第一，方法重载是在同一个类中，方法重写是在子类与父类中。

　　第二，方法重载要求方法名相同，参数列表不同；方法覆盖要求子类与父类的方法名、返回值和参数列表相同。

　　第三，方法重载解决了同一个类中，相同功能的方法名称不同的问题；方法覆盖解决子类继承父类之后，父类的某一个方法不满足子类的具体要求，此时需要重新在子类中定义该方法。

2. 成员变量覆盖

　　子类也可以覆盖继承的成员变量，只要子类中定义的成员变量和父类中的成员变量同名，子类就覆盖继承的成员变量。

总之，子类可以继承父类中所有可被子类访问的成员变量和成员方法，但必须遵循以下原则。

- 父类中声明为public和protected的成员变量和方法可以被子类继承，但声明为private的成员变量和方法不能被子类继承。
- 如果子类和父类位于同一个包中，则父类中由默认修饰符修饰的成员变量和方法可被子类继承。
- 子类不能继承父类中被覆盖的成员变量。
- 子类不能继承父类中被覆盖的成员方法。

下面通过一个示例演示继承的使用原则。

⊙【例4-2】继承使用原则示例。

功能实现：定义一个动物类Animal，包含两个成员变量live和skin以及两个成员方法eat()和move()；再定义Animal的子类Bird，在该类中隐藏父类的成员变量skin，覆盖父类的move()方法，并定义测试类进行测试。

```java
class Animal{
    public boolean live = true;
    public String skin = "";
    public void eat() {
        System.out.println("动物需要吃食物");
    }
    public void move() {
        System.out.println("动物会运动");
    }
}
class Bird extends Animal{
    public String skin = "羽毛";
    public void move() {
        System.out.println("鸟会飞翔");
    }
}
public class Zoo {
    public static void main(String[] args) {
        Bird bird = new Bird();
        bird.eat();
        bird.move();
        System.out.println("鸟有: "+bird.skin);
    }
}
```

程序分析：eat()方法是从父类Animal继承下来的方法，move()方法是Bird子类覆盖父类的成员方法，skin变量为子类自己定义的成员变量。

程序运行结果如图4-5所示。

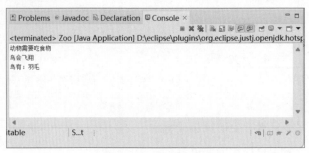

图4-5 例4-2的运行结果

4.2.3 继承的传递性

Java语言虽然不支持多重继承，但支持多层继承，即一个类的父类可以继承另外的类，这称为类继承的传递性。类的传递性对Java语言有重要的意义。如下代码演示了继承的传递性。

【例4-3】继承传递性示例。

功能实现： 定义三个类Vehicle、Trunk、SmallTruck，其中类Trunk继承Vehicle，类SmallTruck继承Trunk，并测试SmallTruck可以继承Vehicle的成员。

```java
public class Vehicle{
    void vehicleRun() {
        System.out.println("汽车在行驶！");
    }
}
public class Truck extends Vehicle{    // 直接父类为Vehicle
    void truckRun()    {
        System.out.println("卡车在行驶！");
    }
}
public class SmallTruck extends Truck{// 直接父类为Truck
    protected void smallTruckRun() {
        System.out.println("微型卡车在行驶！");
    }
    pbulic static void main(String[] args)    {
        SmallTruck smalltruck = new SmallTruck();
        smalltruck.vehicleRun(); //祖父类的方法调用
        smalltruck.truckRun();   //直接父类的方法调用
        smalltruck.smallTruckRun();  //子类自身的方法调用
    }
}
```

程序分析： 在该例中，SmallTruck继承了Truck，Truck继承了Vehicle，所以SmallTruck同时拥有Truck和Vehicle的所有可以被继承的成员。从本例可以看出，Java语言的继承关系既解决了代码复用的问题，又表示了一个体系，这是面向对象中继承真正的作用。运行该程序，执行结果如图4-6所示。

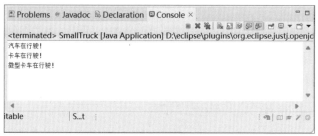

图 4-6　例 4-3 的运行结果

4.2.4　super关键字

super关键字主要用于在继承关系中实现子类对父类方法的调用，包括对父类构造方法和一般方法的调用。

（1）调用父类的构造方法

子类可以调用父类的构造方法，但是必须在子类的构造方法中使用super关键字调用，并且必须把super放在构造方法的第一个可执行语句。具体语法格式如下。

```
super([参数列表]);
```

如果父类的构造方法中包括参数，则参数列表为必选项，用于指定父类构造方法的入口参数。

例如，在例4-2中的Animal类中添加一个默认的构造方法和一个带参数构造方法。

```
public Animal(){
}
public Animal(String skin){
    this.skin = skin;
    }
```

这时，如果想在子类Bird中使用父类带参数的构造方法，则需要在Bird中的构造方法中通过以下代码实现。

```
public Bird(){
    super("羽毛");
}
```

（2）访问被隐藏的成员变量和成员方法

如果想在子类中操作父类中被隐藏的成员变量和成员方法，也可以使用super关键字。

语法格式如下。

```
super.成员变量
super.成员方法([参数列表])
```

在例4-2中，如果想在子类Bird中改变父类Animal的成员变量skin的值，可以使用如下代码。

```
super.skin = "羽毛";
```

如果想在子类Bird中调用父类Animal中的move()方法，可以使用如下代码。

```
super.move();
```

4.2.5　在子类中调用父类构造方法

子类不能继承父类的构造方法。

子类在创建新对象时，依次向上寻找其基类，直到找到最初的基类，然后开始执行最初基类的构造方法，再依次向下执行派生类的构造方法，直至执行完最终的扩充类的构造方法为止。

如果子类中没有显式地调用父类的构造方法，那么将自动调用父类中不带参数的构造方法，编译器不再自动生成默认构造方法。如果不在子类构造方法中调用父类带参构造方法，则编译器会因为找不到无参构造方法而报错。

为了解决以上错误，可以在子类显示地调用父类中定义的构造方法，也可以在父类中显示定义无参构造方法。

下面通过一个实例分析怎样在子类中调用父类构造方法。

⊙【例4-4】子类中使用父类构造方法示例。

功能实现：在程序中声明父类Employee和子类CommonEmployee。子类继承父类的非私有属性和方法，但父子类计算各自的工资的方法不同，如父类对象直接获取工资，而子类在底薪的基础上增加奖金数为工资总额。通过子类构造方法中super调用类初始化父类的对象，并调用继承父类的方法toString()输出员工的基本信息。

```
class Employee {        //定义父类：雇员类
    private String employeeName;            //姓名
    private double employeeSalary;          //工资总额
    static double mini_salary = 600;        //员工的最低工资
    public Employee(String name){           //有参构造方法
        employeeName = name;
        System.out.println("父类构造方法的调用。");
    }
    public double getEmployeeSalary(){      //获取雇员工资
        return employeeSalary;
    }
    public void setEmployeeSalary(double salary) {    //计算员工的薪水
        employeeSalary = salary + mini_salary ;
    }
    public String toString() {  //输出员工的基本信息
        return ( "姓名: " + employeeName +" :    工资: " );
```

```
        }
}
class CommonEmployee extends Employee {        // 定义子类：一般员工类
        private double bonus;                    // 奖金，新的数据成员
        public CommonEmployee(String name,double bonus ){
            super(name);     // 通过 super（ ）的调用，给父类的数据成员赋初值
            this.bonus = bonus;      // this 指当前对象
            System.out.println("子类构造方法的调用。");
        }
        public  void setBonus(double newBonus) { // 新增的方法，设置一般员工的薪水
            bonus = newBonus;
        }
        // 来自父类的继承，但在子类中重新覆盖父类方法，用于修改一般员工的薪水
        public double getEmployeeSalary(){
            return bonus + mini_salary;
        }
        public String toString() {
            String s;
            s = super.toString();   // 调用父类的同名方法 toString()
            // 调用自身对象的方法 getEmployeeSalary()，覆盖父类同名的该方法
            return ( s + getEmployeeSalary() +"   ");
        }
}
public class TestConstructor{    // 主控程序
    public static void main(String args[]){
        Employee employee = new Employee("李 平"); // 创建员工的一个对象
        employee.setEmployeeSalary(1200);
        // 输出员工的基本信息
        System.out.println("员工的基本信息为 :  " + employee.toString()+employee.
getEmployeeSalary());
        // 创建子类一般员工的一个对象
        CommonEmployee commonEmployee = new CommonEmployee("李晓云 ",500);
        // 输出子类一般员工的基本信息
        System.out.println("员工的基本信息为 :  " + commonEmployee.toString()) ;
    }
}
```

程序的运行结果如图4-7所示。

程序分析：在创建子类CommonEmployee对象时，父类的构造方法首先被调用，接下来才是子类构造方法的调用；子类对象创建时，为构建父类对象，就必须使用super()将子类的实参传递给父类的构造方法，为父类对象赋初值。

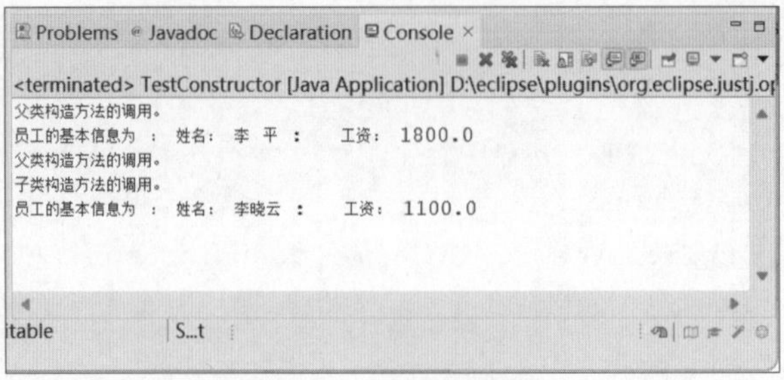

图 4-7 例 4-4 的运行结果

关于子类构造方法的使用总结如下。

● 构造方法不能继承，它们只属于定义它们的类。

● 创建一个子类对象时，先顺着继承的层次关系向上回溯到最顶层的类，然后向下依次
调用每个类的构造方法，最后才执行子类构造方法。

4.3 抽象类和接口

本节主要讲述Java中 抽象类和接口的定义以及使用方法。

4.3.1 抽象方法和抽象类

Java中可以定义一些不含方法体的方法。它的方法体的实现交给该类的子类自己去完成，
这样的方法就是抽象方法。包含抽象方法的类必须是抽象类。

Java中提供了abstract关键字，表示抽象的意思。用abstract修饰的方法，称为抽象方法。抽
象方法只有方法的声明，没有方法体。

任何包含抽象方法的类都必须声明为抽象类，但是抽象类不一定必须包含抽象方法。

定义抽象类和抽象方法的语法格式如下。

```
[修饰符] abstract class 类名 {
    [修饰符] abstract 方法返回值类型 方法名([参数列表]);
    // 其他类的成员
}
```

如：

```
abstract class Employee{
    public abstract earnings();
}
```

使用抽象类和抽象方法时要满足的规则如下。

● 抽象类必须用abstract关键字来修饰，抽象方法也必须用abstract来修饰。

● 抽象类不能被实例化，也就是不能用new关键字产生对象。

● 抽象方法只需声明，而不必实现。

● 含有抽象方法的类必须被声明为抽象类。抽象类的子类必须覆盖所有的抽象方法后才能被实例化,否则这个子类还是个抽象类。

4.3.2 抽象类的使用

下面给出一个抽象类的实例,体会一下抽象类和抽象方法的定义,以及子类如何实现父类抽象方法的重写。

⊙【例4-5】抽象类示例。

功能实现: Shape类是对现实世界形状的抽象,Rectangle和Circle是Shape类的两个子类,分别代表现实中两种具体的形状。在子类中根据不同形状的特点计算不同子类对象的面积。

```java
abstract class Shape {// 定义抽象类
    protected double length=0.0d;
    protected double width=0.0d;
    Shape(double len,double w){
        length = len;
        width = w;
    }
    abstract double area(); // 抽象方法,只有声明,没有实现
}


class Rectangle extends Shape {
    /**
     *@param num 传递至构造方法的参数
     *@param num1 传递至构造方法的参数
     */
    public Rectangle(double num, double num1){
        super(num,num1); // 调用父类的构造上函数,将子类长方形的长和宽传递给父类构造方法
    }
    /**
     * 计算长方形的面积.
     * @return double
     */
    double area(){// 长方形的 area 方法,重写父类 Shape 的方法
        System.out.print(" 长方形的面积为: ");
        return length * width;
    }
}
class Circle extends Shape {  // 圆形子类
    /**
     *@param num 传递至构造方法的参数
     *@param num1 传递至构造方法的参数
```

```
    *@param radius  传递至构造方法的参数
    */
    private double radius;
    public Circle(double num,double num1,double r){
        super(num,num1);  // 调用父类的构造上函数，将子类圆的圆心位置和半径传递
// 给父类构造方法
        radius = r;
        }
    /**
     * 计算圆形的面积 .
     * @return double
     */
    double area(){   // 圆形的 area 方法, 重写父类 Shape 的方法
        System.out.print("圆形位置在( " + length +","+ width +")的圆形面积为: ");
        return 3.14*radius*radius;
    }
}
public class TestShape{
        public static void main(String args[]){
        // 定义一个长方形对象，并计算长方形的面积
        Rectangle rec = new Rectangle(15,20);
        System.out.println( rec.area());
        // 定义一个圆形对象，并计算圆形的面积
        Circle circle = new Circle(15,15,5);
        System.out.println( circle.area());
        // 父类对象的引用指向不同的子类对象的实现方式
        Shape shape = new Rectangle(15,20);
        System.out.println( shape.area());
        shape = new Circle(15,15,5);;
        System.out.println( shape.area());
    }
}
```

程序运行结果如图4-8所示。

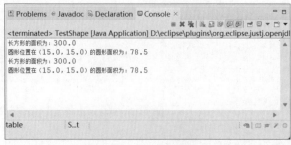

图 4-8　例 4-5 的运行结果

程序分析： 抽象类Shape是对现实世界中不同形状的抽象，其两个数据成员length和width代表通用形状的长和宽或某个点的位置坐标，并声明一个抽象的方法area()，语句如下。

```
abstract double area();
```

这是个抽象方法，只有声明，没有实现，代表该形状面积的计算，需在不同的子类——即各种具体形状中实现。

子类Rectangle代表长方形，长方形的长宽来自对父类的继承，方法area()重写父类抽象的方法area()，从而实现长方形对象面积的计算。下面代码显示方法area()的重写过程。

```
double area(){// 长方形的 area 方法，重写父类 Shape 的方法
    System.out.print(" 长方形的面积为： ");
    return length * width;
}
```

子类Circle代表圆形，圆形的坐标位置来自对父类中数据成员length和width的继承，方法area()重写父类抽象的方法area()，从而实现圆形对象面积的计算。下面代码显示方法area()的重写过程。

```
double area(){   // 圆形的 area 方法，重写父类 Shape 的方法
    System.out.print(" 圆形位置在 (" + length +", "+ width +") 的圆形面积为： ");
    return 3.14*radius*radius;
}
```

TestShape的main()方法中声明Rectangle和Circle类的对象，分别实现各自对象面积的计算。

4.3.3　接口

如果一个抽象类中的所有方法都是抽象的，就可以将这个类用另外一种方式来定义，也就是接口。接口是抽象方法和常量值的定义的集合。从本质上讲，接口是一种特殊的抽象类，这种抽象类中只包含常量和方法的定义，而没有变量和方法的实现。

1. 接口声明

接口声明的语法格式。

```
public interface 接口名 extends 父接口名字 {
    [public] [static] [final] 常量；
    [public] [abstract] 方法；

}
```

常量定义部分定义的常量均具有public、static和final属性。

接口中只能进行方法的声明，不提供方法的实现，在接口中声明的方法具有public和abstract属性。

```
public interface PCI {
    final int voltage ;
    public void start();
    public void stop();
}
```

2. 接口实现

接口不能进行实例化，即不能用new创建接口的实例。接口可以由类来实现，类通过关键字
implements声明使用一个或多个接口。所谓实现接口，就是实现接口中声明的方法。一个类可以
在继承另一个类的同时实现多个接口。语法格式如下。

```
class 类名 extends [基类] implements 接口,…,接口
{
    …… // 成员定义部分
}
```

接口中的方法默认是public，所以类在实现接口方法时，一定要用public来修饰。

如果某个接口方法没有被实现，实现类中必须将它声明为抽象的，该类当然也必须声明为
抽象的。

```
interface IMsg{
    void Message();
}
public abstract class MyClass implements IMsg{
    public abstract void Message();
}
```

4.3.4 接口的使用

⊙【例4-6】接口使用示例。

功能实现：模拟现实世界的计算机组装功能。定义计算机主板的PCI类，模拟主板的PCI
通用插槽，有两个方法：start（启用）和stop（停用）。声明具体的声卡类SoundCard和网卡类
NetworkCard，分别实现PCI接口中的start和stop方法，从而实现PCI标准的不同部件的组装和
使用。

```
interface PCI{// 这是Java接口，相当于主板上的PCI插槽的规范
    void start();
    void stop();
}

class SoundCard implements PCI{// 声卡实现了PCI插槽的规范，但行为完全不同
    public void start(){
```

```
        System.out.println("Du  du du ......");
    }
    public void stop(){
        System.out.println("Sound stop!");
    }
}
class NetworkCard implements PCI{// 网卡实现了 PCI 插槽的规范，但行为完全不同
    public void start(){
        System.out.println("Send ......");
    }
    public void stop(){
        System.out.println("Network stop!");
    }
}
class MainBoard{
    public void usePCICard(PCI p){ // 该方法可使主板插入任意符合 PCI 插槽规范的卡
        p.start();
        p.stop();
    }

}

public class Assembler{
    public  static void main(String args[]){
        PCI nc = new NetworkCard();
        PCI sc = new SoundCard();
        MainBoard mb = new MainBoard();
        // 主板上插入网卡
        mb.usePCICard(nc);
        // 主板上插入声卡
        mb.usePCICard(sc);
    }
}
```

程序运行结果如图4-9所示。

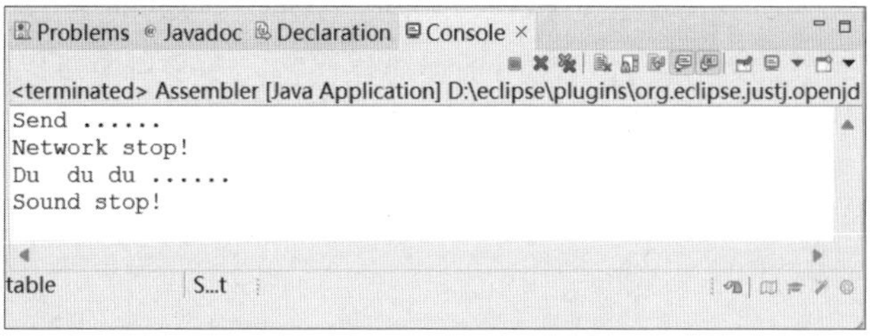

图4-9 例4-6的运行结果

接口只定义类应当遵循的规范，却不关心这些类的内部数据和功能的实现细节。从程序的角度上说，接口只规定类必须提供的方法，从而分离了规范和实现，增强了系统的可扩展性和可维护性。如上例中，主板提供了PCI插槽，只要一个声卡或者网卡遵循PCI规范，就可以插入PCI插槽中，并与主板正常通信。至于这个声卡或者网卡是哪个厂商生产的，内部是如何实现的，主板都不关心。这就是面向接口的编程。在开发系统时，主体构架使用接口，接口构成系统的骨架，这样就可以通过更换接口的实现类来更换系统的实现。

4.3.5　接口和抽象类的关系

抽象类与接口是Java语言对于抽象类定义进行支持的两种机制。二者非常相似，但抽象类是对源的抽象，而接口是对动作和规范的抽象。二者的区别可以归纳为以下五点。

- 一个类只能继承一个抽象类，但是可以同时实现多个接口。
- 接口中的方法都是抽象的，而抽象类中可以存在非抽象方法。
- 抽象类中的变量可以是任意数据类型的变量，而接口中的成员变量只能是静态常量。
- 抽象类中可以定义静态方法和静态代码块，接口中不可以。
- 接口可以继承另一个接口，并且可以继承多个接口；而抽象类只能继承一个非抽象类。

总体来说，抽象类和接口都用于为对象定义共同的行为，二者在很大程度上可以互相替换。但由于抽象类只允许单继承，所以当二者都可以使用时，优先考虑接口。只有当需要定义子类的行为，并为子类提供共性功能时，才考虑使用抽象类。

4.4　多态

多态是面向对象的一大特性，封装和继承是为实现多态性做准备的。多态是多种形态能力的特性。它可以提高程序的抽象程度和简洁性，最大限度降低类和程序模块间的耦合性。

4.4.1　多态性概述

Java语言中，多态性体现在两方面：由方法重载实现的静态多态性（编译时多态）和方法重写实现的动态多态性（也称动态联编）。

（1）静态多态性

在编译阶段，具体调用哪个被重载的方法，编译器会根据参数的不同来静态确定。

（2）动态多态性

由于子类继承了父类所有的属性（私有的除外），所以子类对象可以作为父类对象使用。代码中凡是使用父类对象的地方，都可以用子类对象代替。一个对象可以通过引用子类的实例来调用子类的方法。

4.4.2 多态实现

父类对象变量可指向子类对象形成多态，下面通过一个例子演示多态的实现。

➲【例4-7】多态实现示例。

功能实现：定义一个代表动物的类Animal，具有方法eat()，再定义Animal的两个子类Rabbit和Tiger，分别覆盖父类中的eat()方法，最后定义测试类进行测试。

```java
class Pet{
    public void eat() {
        System.out.println(" 宠物吃宠物粮 ");
    }
}
class Dog extends Pet{
    public void eat() {
        System.out.println(" 狗吃狗粮 ");
    }
}
class Cat extends Pet{
    public void eat() {
        System.out.println(" 猫吃猫粮 ");
    }
}
public class TestAnimal {
    public static void main(String[] args) {
        Pet a1 = new Dog();
        Pet a2 = new Cat();
        a1.eat();
        a2.eat();
    }
}
```

运行该程序，结果如图4-10所示。

图 4-10 例 4-7 的运行结果

程序分析：如Pet a1 = new Dog()和Pet a2 = new Cat()这两条代码所示，当Pet类型的变量指向其子类Dog和Cat对象，多态就产生了。此时，a1和a2都具有两种类型，即编译类型和运行类型。以a1为例，其编译类型为声明对象变量的类型Pet，其运行类型是指真实类型Dog。

变量a1引用的是Dog类对象，因此语句a1.eat()调用Dog类的eat()方法，同理，a2.eat()调用的是Cat类的eat()方法。从运行结果可以看出，虽然都是通过Pet类型的变量调用eat()方法，但是变量引用的对象不同，执行结果也不同，这就是多态的体现。由此可知多态的特点：将子类的对象赋值给父类变量，在运行时就会表现具体子类的特征。

针对上例，我们进行扩充，假如再定义宠物喂养者类，负责给宠物投喂食物，给狗投喂狗粮，给猫投喂猫粮，如果不使用多态，则具体程序实现如例4-8所示。

⊃【例4-8】不使用多态示例。

功能实现： 定义宠物喂养者类Feeder，分别给狗和猫进行食物投喂。

```java
class Feeder{
    public void feed(Dog d) {
        System.out.println(" 开始投喂: ");
        d.eat();
    }
    public void feed(Cat c) {
        System.out.println(" 开始投喂: ");
        c.eat();
    }
}
public class FeedWithoutPolymorphism {
    public static void main(String[] args) {
        Feeder f = new Feeder();
        // 投喂狗
        f.feed(new Dog());
        // 投喂猫
        f.feed(new Cat());
    }
}
```

程序执行结果如图4-11所示。

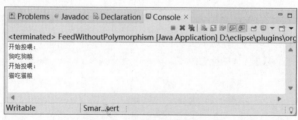

图 4-11　例 4-8 的运行结果

程序分析： 在此例中，宠物喂养者需要针对不同宠物定义不同的喂养方法。如果宠物类型比较多，那么就要定义大量的喂养方法，而且每个方法内容都相同，这明显违背了代码 "write once,only once" 的原则。如果使用多态，就可以在Feeder中只定义一个feed()方法，统一喂养所有类型的宠物，这时只需要修改feed()方法，变为如下代码所示。

```
public void feed(Pet p) {
    System.out.println(" 开始投喂: ");
    p.eat();
}
```

其他代码保持不变，再次运行程序，结果和例4-8结果一致。当调用feed()传递参数时，形参为父类类型，可以接收任意的子类对象，这就体现了多态。在实际开发中，也可以让接口类型作为形参，实参是任何实现了该接口的实现类，同样也可以体现多态，这种方式更加常见。

由此可见，只使用封装和继承的Java程序，可以称之为基于对象编程，而只有把多态加进来才能称之为面向对象编程。

4.4.3　父类与子类间的类型转化

根据之前实现多态的例子可以看出，Java语言允许某个类型的引用变量引用其子类的实例。这如同第2章介绍的数据类型转换，引用数据类型也可以进行类型转换。

假设B类是A类子类或间接子类，当我们用子类B创建一个对象，并把这个对象的引用赋给A类的对象：

```
A a;
B b = new B();
a = b;
```

称这个A类对象a是子类对象b的上转型对象。

上转型对象可以操作子类继承或覆盖成员变量，也可以使用子类继承的或重写的方法。但上转型对象不能操作子类新增的成员变量，不能使用子类新增的方法。

可以将对象的上转型对象再强制转换到一个子类对象，该子类对象又具备了子类所有属性和功能。

同样地，也可以把一个父类对象赋值给一个子类变量，这叫作向下转型，但这时需要进行强制类型转换。

```
b= (B) a;
```

向下转型可以调用子类类型中所有的成员。不过需要注意的是，如果父类对象指向的是子类对象，那么向下转型的过程是安全的，也就是编译也运行都不会出错。但是如果父类对象是父类本身，那么向下转型的过程是不安全的，即编译不会报错，但是运行时会出现Java强制类型转换异常，所以一般不建议进行向下转型。

下面通过一个例子说明子类与父类之间类型转换的使用原则。

⊙【例4-9】子类与父类之间类型转换使用示例。

功能实现：定义父类Mammal和子类Monkey，在主方法中定义上转型对象，并测试上转型对象调用父子类中相关方法的权限。

```
class  Mammal{    //哺乳动物类
    private int n=50;
    void crySpeak(String s) {
        System.out.println(s);
    }
}
public class Monkey extends Mammal{    //猴子类
    void computer(int aa,int bb) {
        int cc=aa*bb;
        System.out.println(cc);
    }
    void crySpeak(String s) {
        System.out.println("**"+s+"**");
    }
    public static void main(String args[]){
        // mammal 是 Monkey 类对象的上转型对象
        Mammal mammal=new Monkey();
        Mammal mammal1=new Mammal();
        mammal.crySpeak("I love this game");
        mammal.computer(10,10); // 编译报错，因为上转型对象不能操作子类新增成员
        Monkey monkey = mammal;// 编译报错，向下转型必须进行强制类型转换
        // 把上转型对象强制转化为子类的对象
        Monkey monkey=(Monkey)mammal;
        monkey.computer(10,10);
        monkey=(Monkey)mammal1;
        monkey.computer(10,10);
    }
}
```

上述代码中，如果注释掉编译报错的两条语句，再执行程序，结果如图4-12所示。

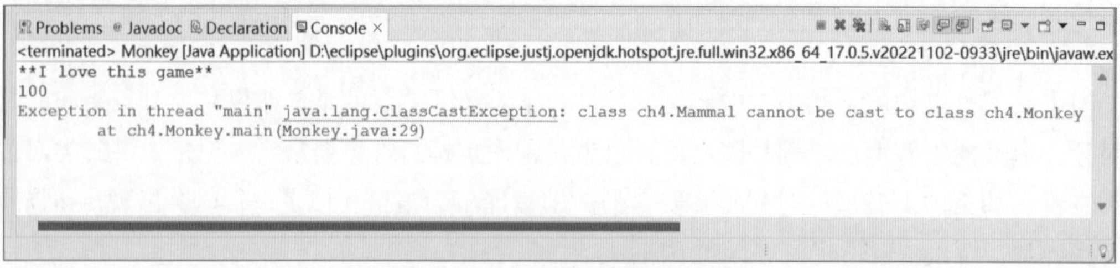

图4-12　例4-9修改后的运行结果

　　程序分析：mammal是个上转型对象，实际引用的是子类Monkey对象，所以语句mammal.crySpeak("I love this game");实际调用的是Monkey中的重写的crySpeak()方法。因为computer()方法是子类新增的方法，无法通过上转型对象调用该方法，所以语句mammal.computer(10,10);编译报错。Monkey monkey=(Monkey)mammal；该语句把上转型对象强制转换为子类对象

后，可以操作子类新增方法，原因是mammal实质上指向的是子类对象，而monkey=(Monkey) mammal1；该语句也是强制把父类对象赋给子类变量，但是mammal1实质上指向的是父类对象，所以通过mammal调用子类新增方法，运行时报错。

总之，父类对象和子类对象的转化需要注意如下原则。

- 子类对象可被视为是其父类的一个对象。
- 父类对象不能被当作是其某一个子类的对象。
- 如果一个方法的形式参数定义的是父类对象，那么调用这个方法时，可以使用子类对象作为实际参数。

4.5 包

包是Java提供的一种区别类的名字空间的机制，是类的组织方式，是一组相关类和接口的集合，提供访问权限和命名的管理机制。

4.5.1 包定义及使用

标准Java库被分类成许多的包，其中包括java.io、javax.swing和java.net等等。标准Java包是分层次的。就像在硬盘上嵌套有各级子目录一样，可以通过层次嵌套组织包。所有的Java包都在Java和Javax包层次内。

声明包使用package语句，语法格式如下。

```
package  pkg[.pkg1[.pkg2]];
```

声明包时需要注意以下几点。

- 包名中的字母一般使用小写。
- 自定义的包名不能以"java"开头。因为以"java"开头的包名是JDK中的包名，为了防止修改Java源码，Java的安全机制禁止自定义包名以"java"开头。
- 包名的命名规则：一般包名的形式为"域名倒写.模块名.组件名"。
- package语句必须是程序代码中的第一行可执行代码。
- 一个Java源文件中，package语句最多只有一个。

如下是创建包的语句。

```
package  employee ;
package employee.commission ;
```

包与文件目录类似，创建包就是在当前文件夹下创建一个子文件夹，以便存放这个包中包含的所有类的 .class文件。上面的第二个创建包的语句中的符号"."代表了目录分隔符，即这个语句创建了两个文件夹。第一个是当前文件夹下的子文件夹employee；第二个是employee下的子文件夹commission，当前包中的所有类就存放在这个文件夹里。

要把类放入一个包中，必须把此包的名字放在源文件头部，并且放在对包中的类进行定义的代码之前。例如，在文件Employee.java的开始部分如下。

```
package myPackage;
public class Employee{
......
}
```

则创建的Employee类编译后生成的Employee.class存放在子目录myPackage下。

4.5.2 包引用

通常一个类只能引用与它在同一个包中的类。如果需要使用其他包中的public类，则可以使用如下的几种方法。

1. 直接使用包名、类名前缀

一个类要引用其他的类，无非是继承这个类或创建这个类的对象，并使用它的域，调用它的方法。对于同一包中的其他类，只需在要使用的属性或方法名前加上类名作为前缀即可；对于其他包中的类，则需要在类名前缀的前面再加上包名前缀。例如：

```
employee.Employee ref = new  employee.Employee(); // employee 为包名
```

2. 加载包中单个类

用import语句加载整个类到当前程序中，在Java程序的最前方加上下面的语句。

```
import  employee.Employee;
Employee ref = new  Employee(); // 创建对象
```

3. 加载包中多个类

用import语句引入整个包，此时这个包中的所有类都会被加载到当前程序中。加载整个包的import语句可以写为

```
import  employee.*;    // 加载用户自定义的 employee 包中的所有类
```

Java的类库是JDK提供的已实现的标准类的集合，是Java编程的API。它可以帮助开发者方便、快捷地开发Java程序，具体参见第5章。

4.6 内部类

在Java中，可以将一个类定义在另一个类里面或者一个方法里面，这样的类称为内部类。根据内部类的位置、修饰符和定义的方式，可将内部类分为四种：成员内部类、局部内部类、静态内部类和匿名内部类。

内部类有三个共性。

● 内部类与外部类经Java编译器编译后生成的两个类是独立的。

- 内部类是外部类的一个成员，因此能访问外部类的任何成员（包括私有成员），但外部类不能直接访问内部类成员。
- 内部类可为静态，可用protected和private修饰。

1. 成员内部类

成员内部类可以看成是外部类的一个成员，能直接访问外部类的所有成员，但在外部类中访问内部类，则需要在外部类中创建内部类的对象，使用内部类的对象访问内部类的成员。同时，若要在外部类外访问内部类，则需要外部类对象去创建内部类对象，在外部类外创建内部类对象的语法格式如下。

```
外部类名 . 内部类名 引用变量名 = new 外部类名 ().new 内部类名 ();
```

下面通过一个例子演示成员内部类的使用原则。

→ 【例4-10】成员内部类使用示例。

功能实现： 定义一个外部类Grade和一个成员内部类，通过测试类测试外部类和内部类的使用原则。

```java
class Grade{
    private int count;
    class Student{
        private String name;
        Student(String name){
            this.name = name;
        }
        public void addGrage() {
            count++;
        }
    }
    public void add() {
        Student s = new Student("John");
        s.addGrage();// 在外部类内使用内部类成员，需要通过创建内部类对象来访问
        System.out.println(" 欢迎 "+s.name+" 加入班级！目前班级人数："+count);
    }
}
public class TestInnerClass {
    public static void main(String[] args) {
        Grade g = new Grade();
        // 在外部类外使用内部类
        Grade.Student john = g.new Student("John");
        g.add();
    }
}
```

运行该程序，结果如图4-13所示。

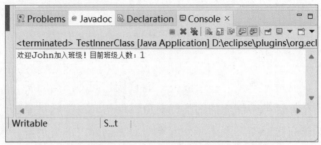

图 4-13　例 4-10 的运行结果

2. 局部内部类

局部内部类的使用和成员内部类的使用基本一致，只是局部内部类定义在外部类的方法中，就像局部变量一样，并不是外部类的成员。局部内部类在方法外是无法访问到的，但它的实例可以从方法中返回，并且实例在不再被引用之前会一直存在。局部内部类也可以访问所在方法的局部变量、方法参数等，限制是局部变量或方法参数只有在声明为final时才能被访问。

⊙【例4-11】局部内部类使用示例。

功能实现： 定义外部类TestInnerClass1和内部类MInner，并测试外部类和内部类相互访问的原则。

```java
public class TestInnerClass1{
    public void show(){ // 外部类中的方法
        final int a = 20;
        int b = 15;
        // 方法内部类
        class MInner{
            int c = 2;// 内部类中的变量
            public void print() {
                System.out.println("访问外部类的方法中的常量a:" + a);
                System.out. println("访问内部类中的变量c:" + c);
            }
        }
        MInner mi = new MInner();//创建方法内部类的对象
        mi.print();//调用内部类的方法
    }
    public static void main(String[] args){
        TestInnerClass1 test = new TestInnerClass1();//创建外部类的对象
        test.show();//调用外部类的方法
    }
}
```

程序的结果如图4-14所示。

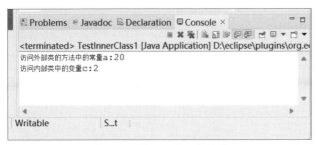

图 4-14　例 4-11 的运行结果

3. 静态内部类

如果不需要外部类对象与内部类对象之间有联系，可以将内部类声明为static，称为静态内部类。静态内部类可以定义实例成员和静态成员，可以直接访问外部类的静态成员，但如果要访问外部类的实例成员，必须通过外部类对象访问。另外，如果在外部类外访问静态内部类成员，则不需要创建外部类对象，只需要创建内部类对象即可。下面通过实例演示静态内部类的使用。

⊙【例4-12】静态内部类使用示例。

功能实现： 定义类Outter，并在其内部定义静态类Inner，在测试类TestStaticInner中测试访问静态内部类的原则。

```java
class Outter{
    // 定义类静态成员
    private static String name = "Outter";
    private static int id ;
    // 定义静态内部类
    public static class Inner {
        public static String name = "Outter.inner";
        public void print() {
            System.out.print(Outter.name);
            System.out.println(":"+id);
        }
    }
}
public class TestStaticInner {
    public static void main(String[] args) {
        // 访问静态内部类的静态成员
        String s = Outter.Inner.name;
        System.out.println(s);
        // 创建静态内部类对象
        Outter.Inner inner = new Outter.Inner();
        inner.print();
    }
}
```

运行程序，结果如图4-15所示。

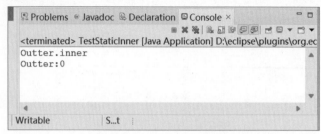

图 4-15　例 4-12 的运行结果

4. 匿名内部类

如果某个类的实例只使用一次，则可以将类的定义与类对象的创建，放到一起完成，或者说在定义类的同时就创建一个类对象。语法格式如下。

```
new className(){
// 匿名内部类的类体
}
```

这种形式的new语句声明一个新的匿名类，它对一个给定的类进行扩展，或者实现一个给定的接口。它还创建那个类的一个新实例，并把它作为语句的结果而返回。要扩展的类和要实现的接口是new语句的操作数，后跟匿名类的主体。下面通过一个例子演示匿名类的使用。

⊙【例4-13】匿名类使用示例。

功能实现： 定义抽象类Bird，在测试类TestAnonyClass中定义匿名类实现Bird类，重写Bird类中的抽象方法。

```
abstract class Bird {
    private String name;
    public String getName() {
        return name;
    }
    public void setName(String name) {
        this.name = name;
    }
    public abstract int fly();
}


public class TestAnonyClass {
    public void test(Bird bird){
        System.out.println(bird.getName() + " 能够飞  " + bird.fly() + " 米 ");
    }
    public static void main(String[] args) {
        TestAnonyClass test = new  TestAnonyClass();
        test.test(new Bird() {   // 匿名内部类
```

```
        public int fly() {
            return 10000;
        }
        public String getName() {
            return "大雁";
        }
    });
    }
}
```

程序运行结果如图4-16所示。

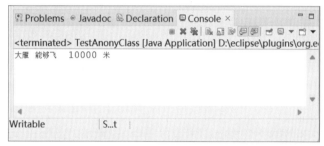

图 4-16 例 4-13 的运行结果

程序分析：在TestAnonyClass类中，test()方法接收一个Bird类型的参数，同时我们知道一个抽象类是没有办法直接new的，所以在main()方法中直接使用匿名内部类来创建一个Bird实例。

在使用匿名内部类的过程中，应注意以下几点：

①使用匿名内部类时，必须是继承一个类或者实现一个接口，但是两者不可兼得。

②匿名内部类中是不能定义构造函数的。

③匿名内部类中不能存在任何的静态成员变量和静态方法。

④匿名内部类为局部内部类，所以局部内部类的所有限制同样对匿名内部类生效。

⑤匿名内部类不能是抽象的，它必须要实现继承的类或者实现的接口的所有抽象方法。

4.7 本章小结

本章首先介绍了Java中继承的定义和如何实现，子类继承了父类的功能，并根据具体需要来添加新的功能；其次重点介绍了Java中多态性的定义和实现。多态性也是面向对象程序设计的另一个特性。它与封装性和继承性一起构成了面向对象程序设计的三大特性。最后介绍了Java中抽象类、接口、包以及内部类的概念，重点讲解了如何通过继承、接口、方法覆盖等实现Java中的多态，这是进行面向对象程序设计时最核心的技术。

4.8 课后练习

练习1：继承（抽象类）的实例

下面给出一个根据员工类型利用抽象方法和多态性完成工资单计算的程序。Employee是抽象（abstract）父类，Employee的子类有经理Boss，每星期发给他固定工资，而不计工作时间；普通雇员CommissionWorker，除基本工资外还根据销售额发放浮动工资；对计件工人PieceWorker，按其生产的产品数发放工资；对计时工人HourlyWorker，根据工作时间长短发放工资。该例的Employee的每个子类都声明为final，因为不需要再由它们生成子类。类间的结构关系如图4-17所示。

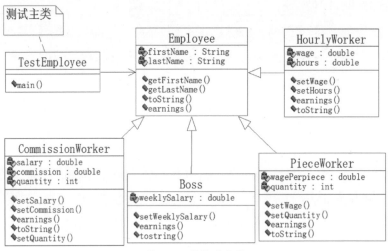

图 4-17　结构关系图

设计要求如下。

根据面向对象程序设计中多态性的特点，用Java实现上述类的关系。

设计思路如下。

①对所有员工类型都使用earnings方法，但是每个人挣的工资按他所属的员工类计算，所有员工的类都是从父类Employee继承的。

②如果一个子类是从一个具有abstract方法的父类继承的，子类也是一个abstract类并且必须被显式声明为abstract类。

③一个abstract类可以有实例数据和非abstract方法，而且它们遵循一般的子类继承规则。

④现在分析一下Employee类，其中public方法包括构造函数和一个abstract方法——earnings。为什么earnings方法应是abstract呢？因为在Employee类中为这个方法提供实现是没有意义的，谁也不能为一个抽象的员工发工资，而必须先知道是哪种员工。因此该方法声明为abstract的原因表示在每个子类中提供他的实现，而不是在父类。

⑤Boss类是从Employee中继承出来的，其中public方法包括一个以名、姓和每周工资作为参数的构造函数。

⑥CommissionWorker类从Employee中继承出来，有私有属性salary（每周底薪），Commission（每周奖金），quantity（销售额）。

⑦PieceWorker类，也是从Employee继承，有私有属性wagePerPiece（生产量），（格式）quantity（工作周数）。

⑧HourlyWorker类亦从Employee继承，有私有属性wage（每小时工资），hours（每周工作时间）。

⑨Test应用程序的main()方法首先声明了ref为Employee引用。

系统类的结构扫描二维码下载。

练习2：家用电器遥控系统的实现

已知某企业欲开发一家用电器遥控系统，即用户使用一个遥控器即可控制某些家用电器的开与关。遥控器如下图所示。该遥控器共有4个按钮，编号分别是0至3，按钮0和2能够遥控打开电器1（卧室电灯）和电器2（电视，并选择相应的频道），按钮1和3则能遥控关闭电器1（卧室电灯）和电器2（电视）。由于遥控系统需要支持形式多样的电器，因此，该系统的设计要求具有较高的扩展性。 现假设需要控制客厅电视和卧室电灯，对该遥控系统进行设计所得类图如图4-18所示。

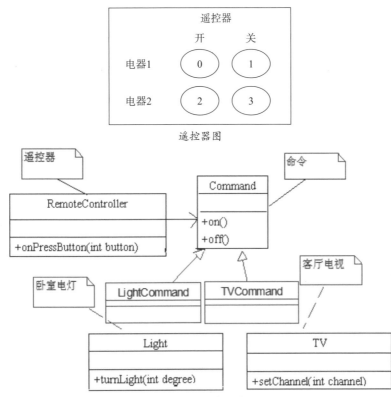

图 4-18　设计类图

类RemoteController的方法onPressButton(int button)表示当遥控器按键按下时调用的方法，参数为按键的编号(0,1,2,3)；类Command接口中on和off方法分别用于控电器的开与关；类Light中turnLight(int degree)方法用于调整电灯灯光的强弱，参数degree值为0时表示关灯，值为100时表示开灯并且将灯光亮度调整到最大；类TV中setChannel(int channel)方法表示设置电视播放的频道，参数channel值为0时表示关闭电视，为1时表示开机并将频道切换为第1频道。

类的参考结构扫描二维码下载。

第 5 章
Java 常用类

内容概要

　　Java提供了大量的类和接口，存放在不同的包中。这些包的集合称为基础类库，简称"类库"，即应用程序接口（API）。本章对java.lang和java.util两个包中的一些基础类进行介绍，主要包括包装类、字符串类、数学类、日期类和随机数类等。通过本章的学习，读者认识并掌握Java API的使用方法；掌握字符串类、数学类、日期类和随机数类的常用方法；明确基本数据类型与包装类的关系，并能利用这些常用类提高编程效率、增强程序的可读性、灵活性和健壮性。

学习目标

- 掌握Java API的使用方法
- 掌握字符串类的常用方法
- 掌握数学类和日期类的常用方法
- 理解基本数据类型和包装类的关系
- 掌握用Java提供的常用类编写程序的方法

5.1 Java API介绍

Java中的API指的是JDK提供的各种功能的Java类，这些类将底层的实现封装了起来，我们不需要关心这些类是如何实现的。根据这些类实现的功能不同，把它们放入不同集合中，每个集合组成一个包，称为类库。Java提供了大量的类库供程序开发者使用，了解类库的结构不但可以帮助开发者提高编程效率，而且可以使得编写的程序功能更加丰富而实用。

Java API一些常见的包如下。

（1）java.lang包

java.lang包是java语言的核心，提供Java中的基础类。包括基本Object类、Class类、String类、基本类型的包装类、基本的数学类等最基本的类。

（2）java.util包

java.util包包含集合框架、日期和时间相关类等。

（3）java.io包

java.io包主要包含与输入输出相关的类，这些类提供对不同的输入和输出设备读写数据的支持。

（4）javax.swing和java.awt包

javax.swing和java.awt这两个包提供创建图形用户界面元素的类。通过这些元素，开发者可以设计应用程序的界面以及实现用户和界面元素的交互功能。

（5）java.net包

java.net包提供和网络编程相关的类，如Socket、URL等类。

本章主要讲解java.lang包和java.util包中一些常用类，其他包中的类会在后续章节陆续介绍。

5.2 Object类

Object是所有类的祖先，所有类都直接或者间接继承该类。

1. Object 类的说明

（1）Object类是所有Java类的根父类。

（2）如果在类的声明中未使用extends关键字指明其父类，则默认父类为java.lang.Object类。示例代码如下。

```
pulic class Person{
...
}
```

等价于：

```
public class Person extends Object{
...
}
```

（3）Object类中的功能（属性、方法）具有通用性。Object没有属性，方法如表5-1所示。

（4）Object类中声明了一个无参的构造方法。

（5）Object可以接收任何类型作为其参数。示例代码如下。

```
void method(object obj){    // 可以接收任何类型作为实参
...
}
Person p = new Person();
method(p);
```

Object类的常见方法如表5-1所示。

表5-1　Object方法列表

方法	功能描述
public Boolean equals(Object obj)	比较两个变量指向的是否是同一对象，是则返回true
public final Class getClass()	获取当前对象所属类的信息，返回Class对象
public String toString()	将调用该方法的对象转换成字符串
protected Object clone()	生成当前对象的一个副本并返回
public int hashCode()	返回该对象的散列码值
public final void notify()	唤醒在此对象监视器上等待的单个线程
pPublic final void notifyAll()	唤醒在此对象监视器上等待的所有线程
public final void wait()	导致当前线程等待
protected void finalize()	当垃圾回收器确定不存在该对象的更多引用时，由对象的垃圾回收器调用该方法

2. 主要方法使用

（1）equals()方法

equals()方法是Object类中的一个方法，而非运算符，所以只要声明了一个类就可以调用equals()。但只能适用于引用数据类型。

Object类中equals()的定义如下。

```
public boolean equals(Object obj) {
    return (this == obj);
}
```

可以看出Object类中定义的equals()和==的作用是相同的：比较两个对象的地址值是否相同，即两个引用是否指向同一个对象实体。通常情况下，我们自定义的类如果使用equals()的话，主要是比较两个对象的"实体内容"是否相同。那么，我们就需要对Object类中的equals()进行重写。重写的原则：比较两个对象的实体内容是否相同。

【例5-1】重写equals()方法，判断两个对象的内容是否相等。

```
public class User {
    String name;
    int age;
    public User(String name,int age) {
        this.name = name;
        this.age = age;
    }
    public boolean equals(Object obj) {
        if(obj == this) {
            return true;
        }
        if(obj instanceof User) {
        User u = (User)obj;
        return this.age == u.age && this.name.equals(u.name);
        }
        return false;
    }
    public static void main(String[] args) {
        User u1 = new User("zhangsan",20);
        User u2 = new User("lisi",21);
        User u3 = new User("zhangsan",20);
        System.out.println("u1 和 u2 内容相同 ?"+u1.equals(u2));
        System.out.println("u1 和 u3 内容相同 ?"+u1.equals(u3));
    }
}
```

程序执行结果如图5-1所示。

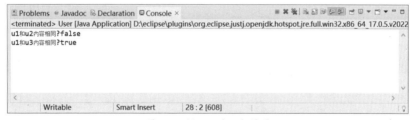

图 5-1 例 5-1 的运行结果

（2）toString()方法

该方法返回对象的描述信息，即对象的类名和对象地址引用。下面通过例子演示toString()方法的使用。

【例5-2】toString方法的使用。

```
package chapter5;
```

```
public class ToStringDemo {
    public static void main(String[] args) {
        Person p = new Person();
        String s = "java";
        System.out.println(p);
        System.out.println(p.toString());
        System.out.println(s);
        System.out.println(s.toString());
    }
}
class Person{
}
```

程序执行结果如图5-2所示。

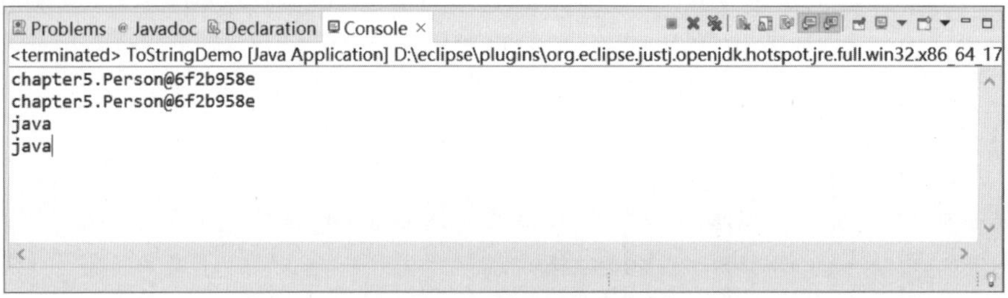

图 5-2　例 5-2 的运行结果

程序分析：

根据运行结果发现，直接输出对象和调用toString()方法后再输出对象是一样的功能。也就是说，在输出一个对象时不管是否调用toString()，最后都是调用toString()将对象信息转换为String进行输出。Object类的toString()默认返回对象的编码，但是String类覆写了toString()方法，所以输出的是字符串的的内容。如果想要输出自己类的内容，重写toString()方法即可，此处不再演示。

5.3 基本类型包装类

Java是一种面向对象的语言，Java中的类把方法与数据连接在一起，构成了自包含式的处理单元。但是Java中的基本数据类型却不是面向对象的，这在实际使用时存在很多不便之处。为了弥补这个不足，Java为每个基本类型都提供了相应的包装类，可以把这些基本类型转换为对象来处理。

Java语言提供八种基本数据类型，其中包含六种数字类型（四个整数型，两个浮点型），一种字符类型，还有一个布尔类型。这八种基本类型对应的包装类都位于java.lang包中，包装类和基本数据类型的对应关系如表5-2所示。

表5-2 基本数据类型和包装类的对应关系

基本数据类型	包装类	基本数据类型	包装类
byte	Byte	char	Character
short	Short	float	Float
int	Integer	double	Double
long	Long	boolean	Boolean

从表5-2可以看出，除了int和char之外，其他基本数据类型的包装类都是将其首字母变为大写。包装类的用途主要包含两种：第一，作为和基本数据类型对应的类型存在，方便涉及对象的操作；第二，包含每种基本数据类型的相关属性如最大值、最小值等，以及相关的操作方法。

基本数据类型和对应的包装类可以相互转换，具体转换规则如下。

● 由基本类型向对应的包装类转换称为装箱，例如把int包装成Integer类的对象。

● 包装类向对应的基本类型转换称为拆箱，例如把Integer类的对象重新简化为int。

由于包装类的用法非常相似，本节以Integer包装类为例介绍包装类的使用方法。

（1）构造方法

Integer有两个构造方法。

方法1：以int类型变量作为参数创建Integer对象。

例如，

```
Integer number = new Integer(7);
```

方法2：以String型变量作为参数创建Integer对象。

例如，

```
Integer number = new Integer("7");
```

（2）int和Integer类之间的转换

通过Integer类的构造方法将int装箱，通过Integer类的intValue()方法将Integer拆箱。

❥【例5-3】创建类，实现int和Integer之间的转换，并通过屏幕输出结果。

```
public class IntTranslator {
    public static void main(String[] args) {
        int number1=100;
        Integer obj1=new Integer(number1);
        int number2=obj1.intValue();
        System.out.println("number2="+number2);
        Integer obj2=new Integer(100);
        System.out.println("obj1 等价于 obj2?"+obj1.equals(obj2));
    }
}
```

程序执行结果如图5-3所示。

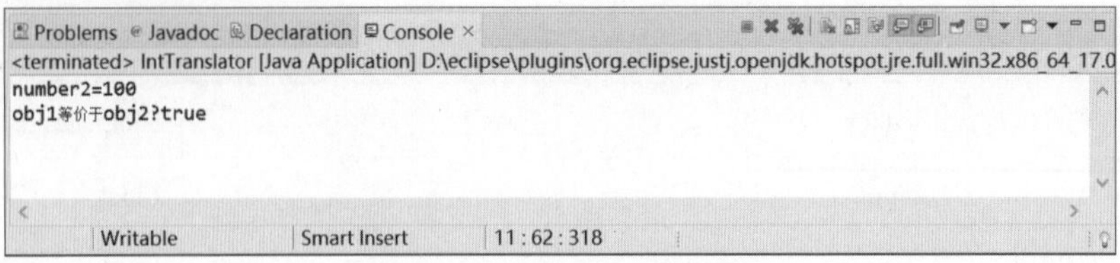

图 5-3　例 5-3 的运行结果

（3）整数和字符串之间的转换

Java提供了便捷的方法可以在数字和字符串间进行轻松转换。

Integer类中的parseInt()方法可以将字符串转换为int数值，该方法的原型如下。

```
public static int parseInt(String s)
```

其中，s代表要转换的字符串，如果字符串中有非数字字符，则程序执行将出现异常。

另一个将字符串转换为int数值的方法，其原型如下。

```
public static parseInt(String s,int radix)
```

其中，radix参数代表指定的进制（如二进制、八进制等），默认为十进制。

另外，Integer类中有一个静态的toString()方法，可以将整数转换为字符串，原型如下。

```
public static String toString(int i)
```

⊙【例5-4】创建类，实现整数和字符串之间的相互转换，并输出结果。

```java
public class IntStringTrans {
    public static void main(String[] args) {
        String s1="123";
        int n1=Integer.parseInt(s1);
        System.out.println(" 字符串 \""+s1+"\""+" 按十进制可以转换为 "+n1);
        int n2=Integer.parseInt(s1, 16);
        System.out.println(" 字符串 \""+s1+"\""+" 按十六进制可以转换为 "+n2);
        String s2=Integer.toString(n1);
        System.out.println(" 整数 123 可以转换为字符串 \""+s2+"\"");
    }
}
```

程序执行结果如图5-4所示。

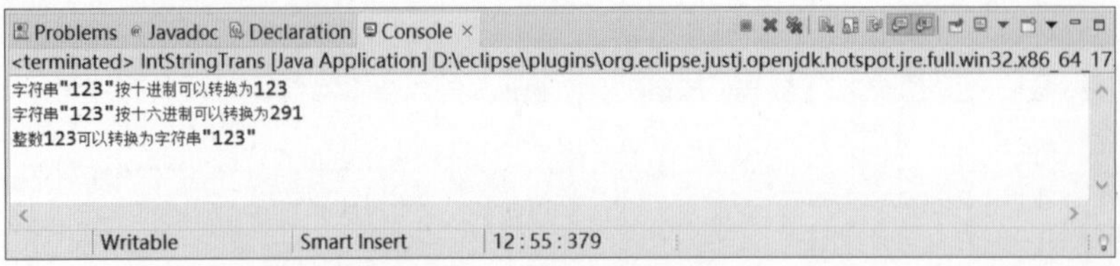

图 5-4　例 5-4 的运行结果

上面两个例子中都需要手动实例化一个包装类，这称之为手动拆箱装箱。为了方便使用和性能优化，JDK 5.0之后可以实现自动拆箱装箱，即在进行基本数据类型和对应包装类的转换时自动进行，这大大方便程序员的代码编写。下面通过例子演示自动拆箱装箱的过程。

⊙【例5-5】创建类，在int和Integer间进行自动转换。

```java
public class AutoTrans {
    public static void main(String[] args) {
        int m = 500;
        Integer obj = m;  // 自动装箱
        int n = obj;  // 自动拆箱
        System.out.println("n = " + n);
        Integer obj1 = 500;
        System.out.println("obj 等价于 obj1? " + obj.equals(obj1));
    }
}
```

程序执行结果如图5-5所示。

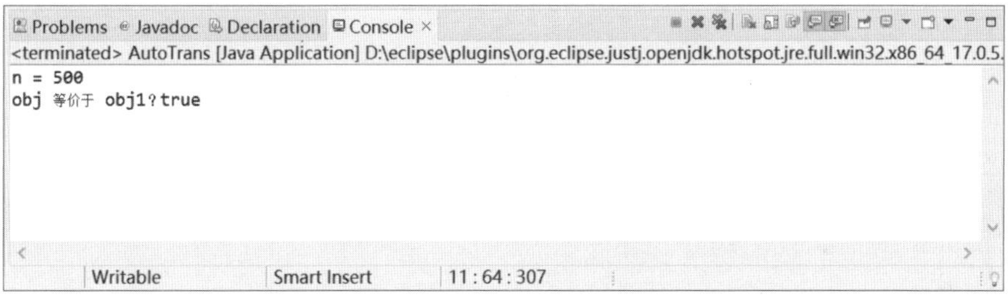

图 5-5 例 5-5 的运行结果

5.4 字符串类

在Java中字符串是作为内置对象进行处理的。在java.lang包中有两个专门处理字符串的类，分别是String和StringBuffer。这两个类提供了十分丰富的功能特性，以方便处理字符串。由于String类和StringBuffer类都定义在java.lang包中，因此可以自动被所有程序利用。这两个类都被声明为final，意味着两者均没有子类，也不能被用户自定义的类继承。本节介绍String和StringBuffer这两个类的用法。

5.4.1 String类

String类表示了定长、不可变的字符序列。Java程序中所有的字符串常量（如"abc"）都作为此类的实例来实现。它的特点是一旦赋值便不能改变其指向的字符串对象，如果更改则会指向一个新的字符串对象。下面介绍String中常用的一些方法。

（1）创建字符串

String类的构造方法，共有13个，如下所示。

```
String()
String(byte[]bytes)
String(byte[] ascii, int hibyte)
String(byte[] bytes, int offset, int length)
String(byte[] ascii, int hibyte, int offset, int count)
String(byte[]bytes, int offset, int length, String charsetName)
String(byte[] bytes, String charsetName)
String(char[] value)
String(char[] value, int offset, int count)
String(int[] codePoints, int offset, int count)
String(String original)
String(StringBuffer buffer)
String(StringBuilder builder)
```

在初始化一个字符串对象的时候，可以根据需要调用相应的构造方法。参数为空的构造方法是String类默认的构造方法，例如下面的语句。

```
String str=new String();
```

此语句创建一个String对象，该对象中不包含任何字符。

如果希望创建含有初始值的字符串对象，可以使用带参数的构造方法。

```
char[] chars={'H','I'};
String s=new String(chars);
```

这个构造方法用字符数组chars中的字符初始化s，结果s中的值就是"HI"。

使用下面的构造函数可以指定字符数组的一个子区域作为初始化值。

```
String(char[] value, int offset, int count)
```

其中，offset指定区域的开始位置，count表示区域的长度即包含的字符个数。例如在程序中有如下两条语句。

```
char chars[]={'W','e','l','c','o','m'};
String s=new String(chars,3,3);
```

执行以上两条语句后s的值就是com。

用下面的构造方法可以构造一个String对象，该对象包括与另一个String对象相同的字符序列。

```
String(String original);
```

此处original是一个字符串对象。

⊙【例5-6】使用不同的构造方法创建String对象。

```java
public class CloneString {
    public static void main(String args[]){
        char c[]={'H','e','l','l','o'};
        String str1=new String(c);
        String str2=new String(str1);
        System.out.println(str1);
        System.out.println(str2);
    }
}
```

程序执行结果如图5-6所示。

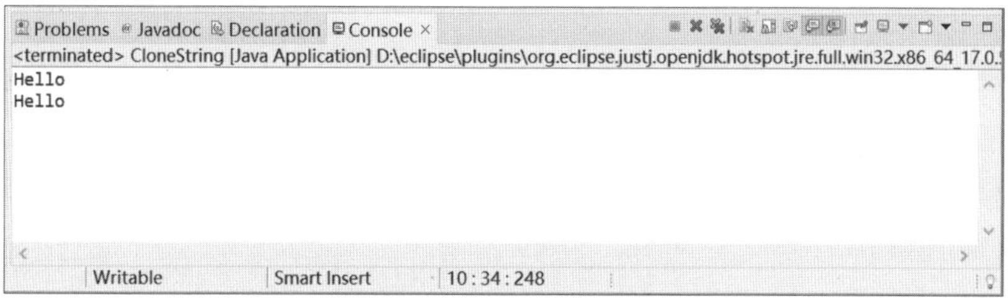

图 5-6 例 5-6 的运行结果

这里需要注意的是，当从一个数组创建一个String对象时，数组的内容将被复制。在字符串被创建以后，如果改变数组的内容，String对象不会随之改变。

上面的例子说明了如何使用不同的构造方法创建一个String对象，但是这些方法在实际的编程中并不常用。对于程序中的每一个字符串常量，Java会自动创建string对象。因此，可以使用字符串常量初始化String对象。例如，下面的程序代码段创建两个相等的字符串。

```java
char chars[]={'W', 'a', 'n', 'g'};
String sl=new String(chars);
String s2="Wang";
```

执行此代码段，则s1和s2的内容相同。

需要区分，字符串常量创建的对象存储在字符串池中，而new创建的字符串对象在存储在堆区。示例代码如下。

```java
String s1 = "hello"; // 字符串常量直接创建
String s2 = "hello"; // 字符串常量直接创建
String s3 = s1; // 相同引用
String s4 = new String("Runoob"); // String 对象创建
String s5 = new String("Runoob"); // String 对象创建
```

上述代码对应的内存状态图如图5-7所示。

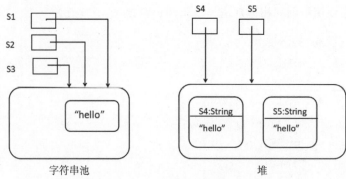

图 5-7　两种方式创建字符串的内存状态图

由于对应每一个字符串常量都有一个String对象被创建，因此在使用字符串常量的任何地方都可以使用String对象。使用字符串常量创建String对象最为常见。

（2）字符串长度

字符串的长度是指其所包含的字符的个数，调用String的length()方法可以得到这个值。

（3）字符串连接

"+"运算符可以连接两个字符串，产生一个String对象。也允许使用多个"+"运算符，把多个字符串对象连接成一个字符串对象，如例5-7所示。

→【例5-7】使用"+"运算符进行String对象的连接。

```
public class BookDetails{
    final String name="《流浪地球》";
    final String author=" 张慈欣 ";
    final String publisher=" 清华大学出版社 ";
    public static void main(String args[]){
        BookDetails oneBookDetail =new BookDetails();
        System.out.println("the book datail:"+ oneBookDetail .name +
            " - " + oneBookDetail.author + " - " + oneBookDetail. publisher);
    }
}
```

程序执行结果如图5-8所示。

图 5-8　例 5-7 的运行结果

（4）字符串与其他类型数据的连接

字符串除了可以连接字符串以外，还可以和其他基本类型数据连接，连接以后成为新的字符串。示例代码如下。

```
int age=43;
String s="He is "+age+"years old.";
System.out.println(s);
```

执行此段程序，输出结果为He is 43 years old.

（5）利用charAt()方法截取一个字符

从一个字符串中截取一个字符，可以通过charAt()方法实现。其形式如下。

```
char charAt(int where)
```

这里，where是想要获取的字符的下标，其值必须非负。它指定该字符在字符串中的位置。例如下面两条语句。

```
char ch;
ch="abc".charAt(1);
```

执行以上两条语句，则ch的值为'b'。

（6）getChars()方法

如果想一次截取多个字符，可以使用getChar()方法。它的形式如下。

```
void getChars(int sourceStart,int sourceEnd,char targte[],int targetStart)
```

其中，sourceStart表示子字符串的开始位置，sourceEnd是子字符串中最后一个字符的下一个字符位置，因此截取的子字符串包含了从sourceStart到sourceEnd-1的字符。字符串存放在字符数组target中从targetStart开始的位置，在此必须确保target应该足够大，能容纳所截取的子串。下面通过一个案例演示此方法的使用。

⊙【例5-8】getChars()方法的应用。

```
public class GetCharsDemo {
    public static void main(String[] args) {
        String s="hello world";
        int start=6;
        int end=11;
        char buf[]=new char[end-start]; // 定义一个长度为 end-start 的字符数组
        s.getChars(start, end, buf, 0);
        System.out.println(buf);
    }
}
```

程序执行结果如图5-9所示。

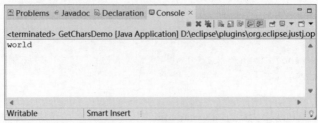

图 5-9　例 5-8 的运行结果

（7）getBytes()方法

byte[] getBytes()方法使用平台的默认字符集将此字符串编码为byte序列，并将结果存储到一个新的byte数组中。也可以使用指定的字符集对字符串进行编码，把结果存到字节数组中。String类中提供了getBytes()的多个重载方法。在进行java io操作的过程中，此方法是很有用处的。使用本方法，还可以解决中文乱码问题。

（8）利用toCharArray()方法实现将字符串转换为一个字符数组

如果想将字符串对象中的字符转换为一个字符数组，最简单的方法就是调用toCharArray()方法。其一般形式为char[] toCharArray()。此方法是为了便于使用而提供的，也可以使用getChars()方法获得相同的结果。

（9）对字符串进行各种形式的比较操作

String类中包括了几个用于比较字符串或其子串的方法，下面分别介绍它们的用法。

①equals()和equalsIgnoreCase()方法。

使用equals()方法可以比较两个字符串是否相等，一般形式如下。

```
public boolean equals(Object obj)
```

如果两个字符串具有相同的字符和长度，返回true，否则返回false。这种比较是区分大小写的。

为了执行忽略大小写的比较，可以使用equalsIgnoreCase()方法，其形式如下。

```
public boolean equalsIgnoreCase(String anotherString)
```

说明演示了这两个方法的具体使用。

⊙【例5-9】equals()和equalsIgnoreCase()的应用。

功能实现：创建四个字符串，分别调用equals()和equalsIgnoreCase() 方法判断字符串是否相等。

```
public class EqualDemo {
        public static void main(String[] args) {
            String s1="hello";
            String s2="hello";
            String s3="Good-bye";
            String s4="HELLO";
            System.out.println(s1+" equals "+s2+"->"+s1.equals(s2));
```

```
            System.out.println(s1+" equals "+s3+"->"+s1.equals(s3));
            System.out.println(s1+" equals "+s4+"->"+s1.equals(s4));
            System.out.println(s1+
                        " equalsIgnoreCase "+s4+"->"+s1.equalsIgnoreCase(s4));
    }
}
```

程序执行结果如图5-10所示。

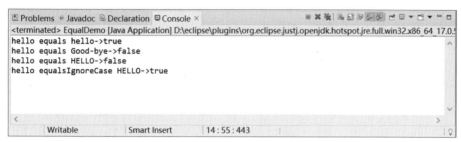

图 5-10 例 5-9 的运行结果

②startsWith()和endsWith()方法。

startsWith()方法判断该字符串是否以指定的字符串开始，而endsWith()方法判断该字符串是否以指定的字符串结尾。它们的形式如下。

```
public boolean startsWith(String prefix)
public boolean endsWith(String suffix)
```

此处，prefix和suffix是被测试的字符串，如果字符串匹配，则这两个方法返回true，否则返回false。例如，"Foobar".endWith("bar")和"Foobar".startsWith("Foo")的结果都是true。

③equals()与"=="的区别。

equals()方法与"=="运算的功能都是比较是否相等，但它们的具体含义却不同，理解它们之间的区别很重要。如上面解释的那样，equals()方法比较字符串对象中的字符是否相等，而"=="运算符则比较两个对象引用是否指向同一个对象。例5-10说明这一点。

➡【例5-10】equals()与"=="的区别。

```
public class EqualsDemo1 {
    public static void main(String[] args) {
        String s1="book";
        String s2=new String(s1);
        String s3=s1;
        System.out.println("s1 equals s2->"+s1.equals(s2));
        System.out.println("s1 == s2->"+(s1==s2));
        System.out.println("s1 == s3->"+(s1==s3));
    }
}
```

程序执行结果如图5-11所示。

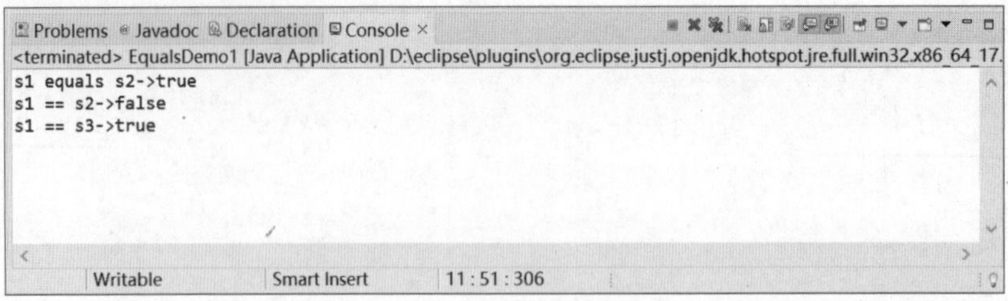

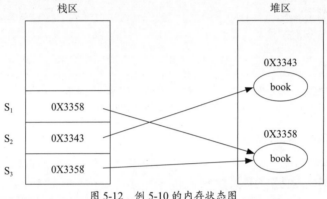

图 5-11　例 5-10 的运行结果

上述程序在内存中的状态如图5-12所示。

栈区　　　　　　　　　　　　　　　　　　堆区

0X3343

book

S_1　0X3358

0X3358

S_2　0X3343

book

S_3　0X3358

图 5-12　例 5-10 的内存状态图

④compareTo()方法

通常，仅知道两个字符串是否相同是不够的。对于实现排序的程序来说，必须知道一个字符串是大于、等于还是小于另一个。字符串的大小关系是指它们在字典中出现的先后顺序，先出现的小，后出现的大。而compareTo()方法则实现了这样的功能。它的一般形式如下。

```
public int compareTo(String anotherString)
```

这里anotherString是被比较的对象，此方法的返回值有三个，分别代表不同的含义。

● **值小于0**：调用字符串小于anotherString。

● **值大于0**：调用字符串大于anotherString。

● **值等于0**：调用字符串等于anotherString。

（10）字符串搜索

String类提供两个方法实现在字符串中搜索指定的字符或子字符串。其中indexOf()方法用来搜索字符或子字符串首次出现的位置，而lastIndexOf()方法用来搜索字符或子字符串最后一次出现的位置。

indexOf()方法有4种形式，分别如下。

```
int indexOf(int ch)
int indexOf(int ch, int fromIndex)
int indexOf(String str)
int indexOf(String str, int fromlndex)
```

第一个方法返回指定字符在字符串中首次出现的位置，其中ch代表指定的字符；第二个方法返回从指定搜索位置起，指定字符在字符串中首次出现的位置，其中指定字符由ch表示，指定位置由fromIndex表示；第三个方法返回指定子字符串在字符串中首次出现的位置，其中指定子字符串由str给出；第四个方法返回从特定搜索位置起，特定子字符串在字符串中首次出现的位置，其中特定的子字符串由str给定，特定搜索位置由fromIndex给定。

lastIndexOf方法也有4种形式，分别如下。

```
int lastIndexOf(int ch)
int lastIndexOf(int ch,int fromIndex)
int lastIndexOf(String str)
int lastIndexOf(String str,int fromIndex)
```

其中每个方法中参数的具体含义和indexOf()方法类似。

（11）字符串修改

字符串的修改包括获取字符串中的子串、字符串之间的连接、替换字符串中的某字符、消除字符串的空格等功能。在String类中有相应的方法来提供这些功能。

```
String substring(int startIndex)
String substring(int startIndex, int endIndex)
String concat(String str)
String replace(char original, char replacement)
String replace(CharSequence target, CharSequence replace ment)
String trim()
```

substring()方法用来得到字符串中的子串，这个方法有两种形式，这里startIndex指定开始下标，endIndex指定结束下标。第一种形式返回从startIndex开始到该字符串结束的子字符串的拷贝，第二种形式返回的字符串包括从开始下标直到结束下标的所有字符，但不包括结束下标对应的字符。

concat()方法用来连接两个字符串。这个方法会创建一个新的对象，该对象包含原字符串，同时把str的内容跟在原来字符串的后面。concat()方法与"+"运算符具有相同的功能。

replace()方法用来替换字符串，这个方法也有两种形式。第一种形式中，original是原字符串中需要替换的字符，replacement是用来替换original的字符。第二种形式在编程中不是很常用。

trim()方法是用来去除字符串前后多余的空格。

在此需要注意，因为字符串是不能改变的对象，因此调用上述修改方法对字符串进行修改都会产生新的字符串对象，原来的字符串保持不变。

（12）valueOf()方法

valueOf()方法是定义在String类内部的静态方法。利用这个方法，可以将几乎所有的Java简单数据类型转换为String类型。这个方法是String类型和其他Java简单类型之间的一座转换桥梁。除了把Java中的简单类型转换为字符串之外，valueOf()方法还可以把Object类和字符数组转换为字符串。valueOf()方法共有9种形式。

```
static String valueOf(boolean b)
static String valueOf(char c)
static String valueOf(char[]data)
static String valueOf(char[]data, int offset, int count)
static String valueOf(double d)
static String valueOf(float f)
static String valueOf(int i)
static String valueOf(long 1)
static String valueOf(Object obj)
```

（13）toString()方法

当Java在使用连接运算符"+"将其他类型数据转换为字符串形式时，是通过调用字符串中定义的valueOf()的重载方法来完成的。对于简单类型，valueOf()方法返回一个字符串，该字符串包含了相应参数的可读值。对于对象，valueOf()方法调用toString()方法。

toString()方法在Object中定义，所以任何类都有这个方法。然而toString()方法的默认实现是不够的。对于用户所创建的大多数类，通常都希望用自己提供的字符串表达式覆盖toString()方法。

下面的例子在Person类中覆盖toString()方法说明了这点。当Person对象在连接表达式中使用或在调用println()方法中时，Person类的toString()方法被自动调用。

➔ 【例5-11】toString()方法的覆盖。

功能实现：定义类Student，重写toString()方法。在主方法中创建Student对象，调用对象的toString()方法，输出该对象的详细信息。

```
public class Student{
    String name;
    int age;
    Student(String n,int a){
        this.name=n;
        this.age=a;
    }
    public String toString(){    // 覆盖超类的 toString() 方法，返回自己的字符串对象
        return " 姓名是 "+name+", 年龄是 "+age+" 岁 ";
    }
    public static void main(String[] args) {
        Student s = new Student(" 王红 ",18);
        System.out.println(s);
    }

}
```

程序执行结果如图5-13所示。

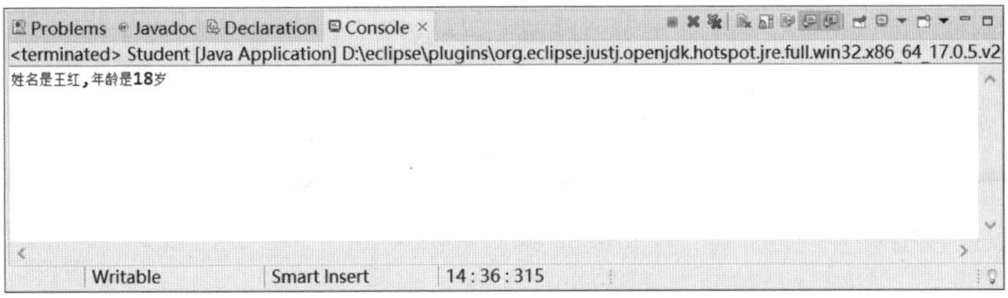

图 5-13　例 5-11 的运行结果

5.4.2　StringBuffer类

在实际应用中，经常会遇到对字符串进行动态修改。String类的功能无法满足这些要求，而StringBuffer类可以完成字符串的动态添加、插入和替换等操作。StringBuffer表示变长且可写的字符序列。

（1）StringBuffer的构造方法

```
StringBuffer()
StringBuffer(int capacity)
StringBuffer(String str)
StringBuffer(CharSequence seq)
```

第一种形式的构造方法预留16个字符的空间，该空间不需再分配；第二种形式的构造方法接收一个整数参数，用以设置缓冲区的大小；第三种形式的构造方法接收一个字符串参数，设置StringBuffer对象的初始内容，同时多预留16个字符的空间；第4种形式的构造方法在实际编程中使用的次数很少。当没有指定缓冲区的大小时，StringBuffer类会分配16个附加字符的空间，这是因为再分配在时间上代价很大，且频繁地再分配会产生内存碎片。

（2）append()方法

可以向已经存在的StringBuffer对象追加任何类型的数据，StringBuffer类提供相应的append()方法，如下所示。

```
StringBuffer append(boolean b)
StringBuffer append(char c)
StringBuffer append(char[]str)
StringBuffer append(char[]str, int offset, int len)
StringBuffer append(CharSequence s)
StringBuffer append(CharSequence s, int start, int end)
StringBuffer append(double d)
StringBuffer append(float f)
StringBuffer append(int i)
StringBuffer append(long lng)
StringBuffer append(Object obj)
StringBuffer append(String str)
StringBuffer append(StringBuffer sb)
```

可以使用append()方法追加各种类型的数据，包括String、char、boolean、各种基本类型的包装类（如Integer、Double等），以及其他StringBuffer或StringBuilder对象。如果添加的字符超出字符串缓冲区的长度，Java将自动进行扩充。示例代码如下。

```java
String question = new String("1+1=");
int answer = 3;
boolean result = (1+1==3);
StringBuffer sb = new StringBuffer();
sb.append(question);
sb.append(answer);
sb.append('\t');
sb.append(result);
System.out.println(sb);
```

执行上述代码段，则输出结果为：

```
1+1=3     false
```

（3）length()和capacity()方法

每一个StringBuffer对象有两个很重要的属性，分别是长度和容量。通过调用length()方法可以得到当前StringBuffer的长度，而通过调用capacity()方法可以得到总的分配容量。它们的一般形式如下。

```java
int length()
int capacity()
```

请看下面的示例。

```java
StringBuffer sb=new StringBuffer("Hello");
System.out.println("buffer=" +sb);
System.out.println("length=" +sb.length());
System.out.println("capacity=" +sb. capacity ());
```

执行上述代码，则输出结果如下所示：

```
buffer=Hello
length=5
capacity=21
```

通过这个例子很好地说明StringBuffer是如何为另外的处理预留额外空间的。

（4）ensureCapacity()和setLength()方法

ensureCapacity方法的一般形式如下。

```java
void ensureCapacity(int minimumCapacity)
```

　　其功能是确保字符串容量至少等于指定的最小值。如果当前容量小于minimumCapacity参数，则分配一个具有更大容量的、新的内部数组。新容量的大小应大于minimumCapacity与（2*旧容量+2）中的最大值。如果minimumCapacity为非正数，此方法不进行任何操作，直接返回。

　　使用setLength()方法可以设置字符序列的长度，其一般形式如下。

```
void setLength(int len)
```

　　这里len指定新字符序列的长度，这个值必须是非负的。如果len小于当前长度，则长度将被改为指定的长度，如果len大于当前长度，则增加缓冲区的大小。空字符将被加在现存缓冲区的后面，下面两段代码是这两个方法的应用。

```
StringBuffer sb1 = new StringBuffer(5);
StringBuffer sb2 = new StringBuffer(5);
sb1.ensureCapacity(6);
sb2.ensureCapacity(100);
System.out.println( "sb1.Capacity: " + sb1.capacity() );
System.out.println( "sb2.Capacity: " + sb2.capacity() );
```

　　执行此段代码，则输出结果为

```
sb1.Capacity: 12
sb2.Capacity: 100
```

　　接着有如下代码段：

```
StringBuffer sb = new StringBuffer("0123456789");
sb.setLength(5);
System.out.println( "sb: " + sb );
```

　　执行上述代码，则结果为：

```
sb: 01234
```

（5）insert()方法

insert()方法主要用来将一个字符串插入另一个字符串中。和append()方法一样，insert()方法被重载以接收所有简单类型的值，以及Object、String和CharSequence对象的引用。

首先调用String类的valueOf()方法，得到相应的字符串表达式，随后这个字符串被插入所调用的StringBuffer对象中。insert()方法有如下几种形式。

```
StringBuffer insert(int offset,boolean b)
StringBuffer insert(int offset,cbar c)
StringBuffer insert(int offset,char[]str)
StringBuffer insert(int index,char[]str,int offset,int len)
StringBuffer insert(int dstOffset,CharSequence s)
StringBuffer insert(int dstOffset,CharSequence s,int start,int end)
```

```
StringBuffer insert(int offset,double d)
StringBuffer insert(int offset,float f)
StringBuffer insert(int offset,int i)
StringBuffer insert(int offset,long l)
StringBuffer insert(int offset,Object obj)
StringBuffer insert(int offset,String str)
```

（6）reverse()方法

可以使用reverse()方法将StringBuffer对象内的字符串进行翻转，一般形式如下。

```
StringBuffer reverse()
```

例如下面的程序段：

```
StringBuffer s=new StringBuffer("abcdef");
System.out.println(s);
s.reverse();
System.out.println(s);
```

代码执行后，输出结果为

```
abcdef
fedcba
```

5.5 数学类

Java的Math类包含用于执行基本数学运算的属性和方法。Math类的方法都被定义为static形式，通过Math类可以直接调用。

5.5.1 Math类的属性和方法

在Math类中定义了最常用的两个double型常量E和PI。Math类定义的方法非常多，按功能可以分为三角函数和反三角函数、指数函数、各种不同的舍入函数以及其他函数。

Math类的常用方法如表5-3所示。

表5-3 Math类常用方法列表

方法	功能描述
static int abs(int arg)	返回arg的绝对值
static long abs(long arg)	返回arg的绝对值
static float abs(float arg)	返回arg的绝对值
static double abs(double arg)	返回arg的绝对值

（续表）

方法	功能描述
static double ceil(double arg)	返回最小的（最接近负无穷大）double 值，该值大于等于参数，并等于某个整数
static double floor(double arg)	返回最大的（最接近正无穷大）double 值，该值小于等于参数，并等于某个整数
static int max(int x,int y)	返回x和y中的最大值
static long max(long x,long y)	返回x和y中的最大值
static float max(float x, float y)	返回x和y中的最大值
static double max(double x, double y)	返回x和y中的最大值
static int min(int x,int y)	返回x和y中的最小值
static long min(long x,long y)	返回x和y中的最小值
static float min(float x, float y)	返回x和y中的最小值
static double min(double x, double y)	返回x和y中的最小值
static double rint(double arg)	返回最接近arg的整数值
static int round(float arg)	返回arg的只入不舍的最近的整型(int)值
static long round(double arg)	返回arg的只入不舍的最近的长整型(long)值

另外还有一个产生随机数的方法也比较常用，此方法的定义如下。

```
public static double random()
```

这个方法返回带正号的double值，该值大于等于0.0且小于1.0。返回值是一个伪随机数，在该范围内（近似）均匀分布。第一次调用该方法时，将创建一个新的伪随机数生成器，之后，新的伪随机数生成器可用于此方法的所有调用，但不能用于其他地方。

5.5.2　Math类的应用

本节通过一个具体的实例演示Math中常用方法的使用。

⊙【例5-12】Math常用方法应用实例。

```
public class MathDemo {
    public static void main(String[] args) {
        double a=Math.random();
        double b=Math.random();
        System.out.println(Math.sqrt(a*a+b*b));
        System.out.println(Math.pow(a, 8));
        System.out.println(Math.round(b));
```

```
            System.out.println(Math.log(Math.pow(Math.E, 5)));
            double d=60.0,r=Math.PI/4;
            System.out.println(Math.toRadians(d));
            System.out.println(Math.toDegrees(r));
        }
    }
```

程序执行结果如图5-14所示。

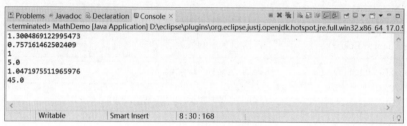

图 5-14　例 5-12 的运行结果

5.6 日期类

Java中与日期和时间相关的类位于java.util包中。利用日期时间类提供的方法可以获取当前的日期和时间、计算和比较时间。本节主要介绍几个常用的时间日期类，熟悉它们的使用方法，对我们进行程序开发会有很大的帮助。

5.6.1　Date类

Date类封装当前的日期和时间。JDK中有两个同名的Date，一个在java.util包中，一个在java.sql包中。前者从JDK 1.0开始出现，但它里面的一些方法逐渐被弃用（被Calendar的相应方法所取代），而后者是前者的子类，用来描述数据库中的时间字段。

（1）Date类的常用构造方法

● **public Date()**：分配Date对象并初始化此对象，以表示分配给它的时间（精确到毫秒）。

● **public Date(long date)**：分配Date对象并初始化此对象，表示自从标准基准时间（称为"历元（epoch）"，即1970年1月1日00:00:00 GMT）以来的指定毫秒数。

（2）Date类的常用方法

Date类中有很多方法，可以对时间日期进行操作，但是有许多方法从JDK 1.1以后已过时，其相应的功能也由Calendar中的方法取代。在此只介绍其中几个比较常用的方法，如表5-4所示。

表5-4　Date类的常用方法

方法	描述
boolean after(Date when)	测试此日期是否在指定日期之后

（续表）

方法	描述
boolean before(Date when)	测试此日期是否在指定日期之前
Object clone()	返回此对象的副本
int compareTo(Date anotherDate)	比较两个日期的顺序，如果参数anotherDate等于此Date，则返回0；如果此Date在参数anotherDate之前，则返回小于0的值；如果此Date在参数anotherDate之后，则返回大于0的值
boolean equals(Object obj)	比较两个日期的相等性。当且仅当参数不为null，并且是一个表示与此对象相同的时间点（到毫秒）的Date对象时，结果才为true
long getTime()	返回自1970年1月1日00:00:00 GMT以来此Date对象表示的毫秒数
void setTime(long time)	设置Date对象，以表示1970年1月1日00:00:00 GMT以后time（毫秒）的时间点
String toString()	把Date对象转换为字符串形式

下面通过一个例子演示Date类中相关方法的使用。

【例5-13】Date类的应用。

功能实现： 定义一个Date对象，代表当前时间点，输出该对象的字符串表示形式，同时输出该时间点与1970年1月1日零点零分相隔的毫秒数。

```java
import java.util.*;
public class DeteDemo {
    public static void main(String[] args) {
        Date date=new Date();// 实例化一个 Date 对象，代表当前时间点
        System.out.println(date);// 用 toString() 方法显示时间和日期
        long msec=date.getTime();// 得到日期的毫秒数
        System.out.println("1970-1-1 到现在的毫秒数是 "+msec);
    }
}
```

程序执行结果如图5-15所示。

图 5-15　例 5-13 的运行结果

5.6.2　Calendar类

Calendar是一个抽象类，提供一组方法可以将以毫秒为单位的时间转换成一组有用的分量。Calendar没有公共的构造方法，要得到其对象，不能使用构造方法，要调用其静态方法

getInstance()，然后调用相应的对象方法。Calendar类的常用方法如表5-5所示。

表5-5　Calendar类的常用方法

方法	描述
boolean after(Object calendarObj)	如果调用Calendar对象所包含的日期晚于由calendarObj指定的日期，则返回true，否则返回false
boolean before(Object calendarObj)	如果调用Calendar对象所包含的日期早于由calendarObj指定的日期，则返回true，否则返回false
final int get(int calendarField)	返回调用对象的一个分量的值。该分量由calendarField指定。可以被请求的分量示例有Calendar.YEAR、Calendar.MONTH、Calendar.MINUTE等
static Calendar getInstance()	对默认的地区和时区返回一个Calendar对象

下面通过一个例子演示Calendar类中相关方法的使用。

➔【例5-14】Calendar的用法举例。

功能实现：使用一个Calendar对象表示当前时间，分别输出不同格式的时间值，然后重新设置该Calendar的时间值，输出更新后的时间。

```java
import java.util.*;
public class CalendarTest {
    public static void main(String[] args) {
        String[] months={"Jan","Feb","Mar","Apr","May","jun","Jul",
                        "Aug","Sep","Oct","Nov","Dec"};
        // 获得一个 Calendar 实例，表示当前时间
        Calendar calendar=Calendar.getInstance();
        System.out.print("Date:");
        // 输出当前时间的年月日格式，注意 Calendar.MONTH 的取值为 0 ~ 11
        System.out.print(months[calendar.get(Calendar.MONTH)]+" ");
        System.out.print(calendar.get(Calendar.DATE)+" ");
        System.out.println(calendar.get(Calendar.YEAR));
        System.out.print("Time:");
        // 输出当前时间的时分秒格式
        System.out.print(calendar.get(Calendar.HOUR)+":");
        System.out.print(calendar.get(Calendar.MINUTE)+":");
        System.out.println(calendar.get(Calendar.SECOND));
        // 重新设置该 Calendar 的时分秒值
        calendar.set(Calendar.HOUR,20);
        calendar.set(Calendar.MINUTE,57);
        calendar.set(Calendar.SECOND,20);
        System.out.print("Upated time: ");
        // 输出更新后的时分秒格式
        System.out.print(calendar.get(Calendar.HOUR)+":");
```

```
        System.out.print(calendar.get(Calendar.MINUTE)+":");
        System.out.println(calendar.get(Calendar.SECOND));
    }
}
```

程序执行结果如图5-16所示。

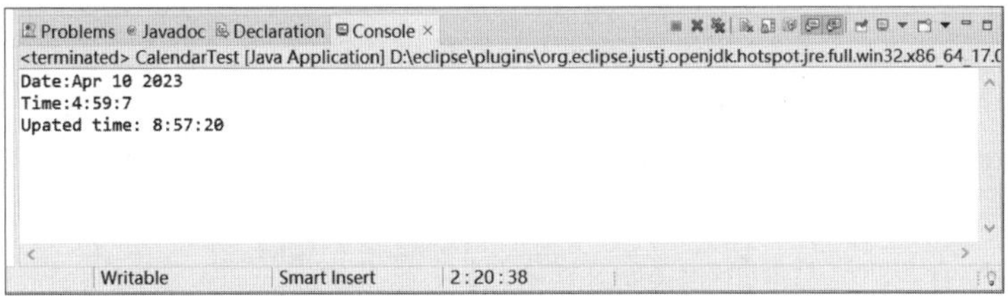
Problems Javadoc Declaration Console
<terminated> CalendarTest [Java Application] D:\eclipse\plugins\org.eclipse.justj.openjdk.hotspot.jre.full.win32.x86_64_17.0
Date:Apr 10 2023
Time:4:59:7
Upated time: 8:57:20
Writable
Smart Insert
2:20:38

图 5-16　例 5-14 的运行结果

5.6.3 DateFormat类

DateFormat是对日期/时间进行格式化的抽象类，该类位于java.text包中。

DateFormat类提供很多方法，利用它们可以获得基于默认或者给定语言环境和多种格式化风格的默认日期/时间格式。格式包括FULL、LONG、MEDIUM和SHORT。示例如下。

```
DateFormat.SHORT:11/4/2009
DateFormat.MEDIUM:Nov 4,2009
DateFormat.FULL: Wednesday ,November 4, 2009
DateFormat.LONG: Wednesday 4,2009
```

因为DateFormat是抽象类，所以实例化对象时不能用new，而是通过工厂类方法返回DateFormat的实例。例如：

```
DateFormat df=DateFormat.getDateInstance();
DateFormat df=DateFormat.getDateInstance(DateFormat.SHORT);
DateFormat df=DateFormat.getDateInstance(DateFormat.SHORT,
Locale.CHINA);
```

使用DateFormat类型可以在日期时间和字符串之间进行转换。例如，把字符串转换为一个Date对象，可以使用DateFormat的parse()方法，其代码片段如下所示。

```
DateFormat  df = DateFormate.getDateTimeInstance();
Date date=df.parse(“2011-05-28”);
```

还可以使用DateFormat的format()方法把一个Date对象转换为一个字符串，例如：

```
String  strDate=df.format(new Date());
```

另外，使用getTimeInstance可获得该国的时间格式，使用getDateTimeInstance可获得日期和时间格式。

5.6.4 SimpleDateFormat类

SimpleDateFormat是DateFormat的子类。它的format方法可将Date转为指定日期格式的String，parse方法将String转换为Date。

➲【例5-15】 按照指定的格式把字符串解析为Date对象。

```java
import java.text.*;
import java.util.*;
public class DateFormatDemo {
    public static void main(String[] args) {
            time();// 调用 time() 方法
            time2();// 调用 time2() 方法
            time3();// 调用 time3() 方法
    }
    // 获取现在的日期（24 小时制）
    public static void time() {
        SimpleDateFormat sdf = new SimpleDateFormat();// 格式化时间
        sdf.applyPattern("yyyy-MM-dd HH:mm:ss a");// a 为 am/pm 的标记
        Date date = new Date();// 获取当前时间
        // 输出已经格式化的当前时间（24 小时制）
        System.out.println(" 现在时间: " + sdf.format(date));
    }
    // 获取当前时间（12 小时制）
    public static void time2() {
        SimpleDateFormat sdf = new SimpleDateFormat();// 格式化时间
        sdf.applyPattern("yyyy-MM-dd hh:mm:ss a");
        Date date = new Date();
        // 输出格式化的当前时间（12 小时制）
        System.out.println(" 现在时间: " + sdf.format(date));
    }
    // 获取 5 天后的日期
    public static void time3() {
        SimpleDateFormat sdf = new SimpleDateFormat();// 格式化时间
        sdf.applyPattern("yyyy-MM-dd HH:mm:ss a");
        Calendar calendar = Calendar.getInstance();
        calendar.add(Calendar.DATE, 5);// 当前日期加上 5 天
        Date date = calendar.getTime();
        // 输出五天后的时间
        System.out.println(" 五天后的时间: " + sdf.format(date));
    }
}
```

程序执行结果如图5-17所示。

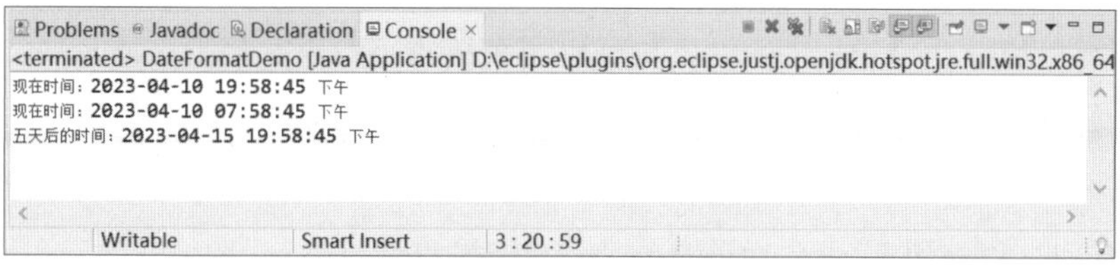

图 5-17 例 5-15 的运行结果

时间模式字符串用来指定时间格式。在此模式中，所有的ASCII字母被保留为模式字母，常见字母含义如表5-6所示。

表5-6 模式字母的含义

字母	描述	示例
G	纪元标记	AD
y	四位年份	2001
M	月份	July or 07
d	一个月的日期	10
h	A.M./P.M.（1-12）格式小时	12
H	一天中的小时（0-23）	22
m	分钟数	30
s	秒数	55
S	毫秒数	234
E	星期几	Tuesday
D	一年中的日子	360
F	一个月中第几周的周几	2(second Wed.in July)
w	一年中的第几周	40
W	一个月中的第几周	1
a	A.M./P.M.标记	PM
k	一天中的小时（1-24）	24
K	A.M./P.M.（0-11）格式小时	10
z	时区	Eastern Standard Time

5.7 Scanner类

java.util.Scanner可以通过Scanner类获取用户的输入。本节重点讲解相关方法的用法。下面是创建Scanner对象的基本语法。

```
Scanner s = new Scanner(System.in);
```

5.7.1 字符串的输入

Scanner类中的next()与nextLine()方法可以用来接收字符串。接下来演示一个最简单的数据输入，并通过next()与nextLine()方法获取输入的字符串，在读取前通常需要使用hasNext()与hasNextLine()判断是否还有输入的数据。

⊙【例5-16】使用Scanner类的next()方法接收字符串。

```java
import java.util.*;
public class ScannerDemo {
    public static void main(String[] args) {
        Scanner scan = new Scanner(System.in);
        // next 方式接收字符串
        System.out.println("next 方式接收: ");
        // 判断是否还有输入
        if (scan.hasNext()) {
            String str1 = scan.next();
            System.out.println(" 输入的数据为: " + str1);
        }
        scan.close();
    }
}
```

程序执行结果如图5-18所示。

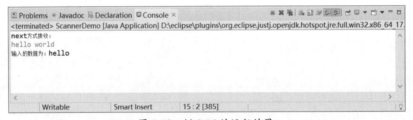

图 5-18　例 5-16 的运行结果

运行程序，当从键盘输入hello world字符串时，可以看到world字符串并未输出，接下来我们看nextLine方法。

⊙【例5-17】使用Scanner类的nextLine()方法接收字符串。

```java
import java.util.Scanner;
public class ScannerDemo1 {
    public static void main(String[] args) {
        Scanner scan = new Scanner(System.in);
        // nextLine 方式接收字符串
        System.out.println("nextLine 方式接收: ");
        // 判断是否还有输入
        if (scan.hasNextLine()) {
```

```
            String str2 = scan.nextLine();
            System.out.println(" 输入的数据为: " + str2);
        }
        scan.close();
    }
}
```

程序执行结果如图5-19所示。

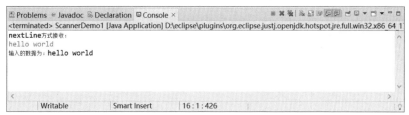

图 5-19　例 5-17 的运行结果

由图5-19可知，字符串world也输出了。next()和nextLine()的区别如下。

1. next()

● 一定要读取有效字符后才可以结束输入。

● 对输入有效字符之前遇到的空白，next() 方法会自动将其去掉。

● 只有输入有效字符后才将其后面输入的空白作为分隔符或者结束符。

● next()不能得到带有空格的字符串。

2. nextLine()

● 以Enter键为结束符，即nextLine()方法返回的是Enter键之前的所有字符。

● 可以获得空格字符。

5.7.2　其他类型数据的输入

如果要输入int或float等类型的数据，调用相应的nextXxx()即可。但是在输入之前最好先使用hasNextXxx()方法进行验证，再使用nextXxx()读取。

【例5-18】使用Scanner类的nextXxx()方法接收其他类型数据。

```
import java.util.Scanner;
public class ScannerDemo3 {
    public static void main(String[] args) {
        Scanner scan = new Scanner(System.in);
        int i = 0;
        float f = 0.0f;
        System.out.print(" 输入整数: ");
        // 判断输入的是否是整数
        if (scan.hasNextInt()) {
```

```
        // 接收整数
        i = scan.nextInt();
        System.out.println("整数数据: " + i);
    }
    else {
        // 输入错误的信息
        System.out.println("输入的不是整数! ");
    }
    System.out.print("输入小数: ");
    // 判断输入的是否小数
    if (scan.hasNextFloat()) {
        // 接收小数
        f = scan.nextFloat();
        System.out.println("小数数据: " + f);
    }
    else {
        // 输入错误的信息
        System.out.println("输入的不是小数! ");
    }
    scan.close();
    }
}
```

程序执行结果如图5-20所示。

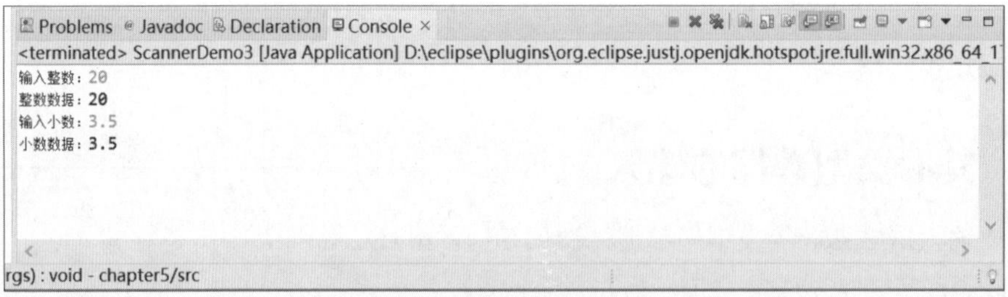

图 5-20　例 5-18 的运行结果

5.8 随机数处理类Random

　　利用Math类中的random方法可以生成随机数，但该方法只能生成0.0～1.0的随机实数，要想生成其他类型和区间的随机数必须对得到的结果进行进一步的加工和处理。而java.util包中的Random类可以生成任何类型的随机数。

　　Random类中实现的随机算法是伪随机，也就是有规则的随机。随机算法的起源数字称为种子数（seed），在种子数的基础上进行一定的变换，从而产生需要的随机数。

　　Random类包含两个构造方法，下面依次进行介绍。

（1）public Random()

该构造方法使用一个和当前系统时间对应的相对时间有关的数字作为种子数，然后使用这个种子数构造Random对象，示例如下。

```
Random r = new Random();
```

（2）public Random(long seed)

该构造方法可以通过制定一个种子数进行创建，示例如下。

```
Random r1 = new Random(10);
```

Random类的常用方法如表5-5所示。

表5-5　Random类的常用方法列表

方法	功能描述
public boolean nextBoolean()	生成一个随机的boolean值，生成true和false的值概率相等
public double nextDouble()	生成一个随机的double值，数值介于[0,1.0)
public int nextInt()	生成一个介于 (-2^{31}) ~ $(2^{31}-1)$ 的int值
public int nextInt(int n)	生成一个位于[0,n)的区间int值，包含0而不包含n
public void setSeed(long seed)	重新设置Random对象中的种子数

相同种子数的Random对象，相同次数生成的随机数字是完全相同的。也就是说，两个种子数相同的Random对象，第一次生成的随机数字完全相同，第二次生成的随机数字也完全相同。这一点在生成多个随机数字时需要特别注意。下面通过一个示例来验证这一结论。

➔【例5-19】利用种子数相同的Random对象生成相同的随机数。

```
import java.util.*;
public class RandomDemo {
    public static void main(String[] args) {
        Random r1 = new Random(10);
        Random r2 = new Random(10);
        for(int i = 0;i < 3;i++){
            System.out.println(r1.nextInt());
            System.out.println(r2.nextInt());
        }
    }
}
```

程序执行结果如图5-21所示。

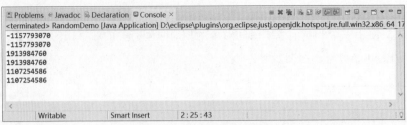

图 5-21　例 5-19 的运行结果

5.9　本章小结

本章首先介绍了Java类库的基本概念及其重要性；然后重点介绍了几种常用的基础类，主要包括包装类、字符串类、数学类、日期类和随机数类等。

熟练使用Java的常用基础类，不仅可以提高程序的可读性，还可以提高编程效率，增强程序的可读性、灵活性和健壮性。读者可以自行练习以下操作，亲身体验利用Java中的常用基础类编程带来的乐趣。

5.10　课后练习

练习1：编写一个字符串功能类StringFunction，有如下方法。

（1）public int getWordNumber(String s) throws Exception

参数s是一个英文句子，函数的功能是取得此英文句子的单词个数。如果参数为空或为空字符串，抛出异常，异常信息为"字符串为空"。

（2）public int getWordNumber(String s1, String s2) throws Exception

返回字符串s2在字符串s1中出现的次数。

练习2：编写一个日期功能类DateFunction，有如下方法。

①public static Date getCurrentDate()：获取当前日期。

②public static String getCurrentShortDate()：返回当前日期，格式为yyyy-mm-dd。

③public static Date covertToDate(String currentDate) throws Exception：将字符串日期转换为日期类型，字符串格式为yyyy-mm-dd。如果转换失败，抛出异常。

编写测试类Test，对上述所有方法进行测试。

练习3：编写程序输出某年某月的日历页，通过main()方法的参数将年和月传递到程序中。

第6章
泛型与集合

内容概要

集合框架是为表示和操作集合而规定的一种统一的标准体系结构，它包含三块内容：对外的接口、接口的实现和对集合运算的算法。集合框架包括装载数据的集合类、操作集合的工具类，如迭代器（用于遍历集合）等，此外，还提供操作集合类的算法。本章主要介绍Java集合框架中常用集合类的具体使用方法，以及泛型的相关概念。掌握这些常用集合类将有助于快速构建功能相对复杂的程序。

学习目标

- 了解集合框架的基本概念
- 掌握有序列表集合类的常用方法
- 掌握无序列表集合类的常用方法
- 掌握映射型集合类的常用方法
- 掌握遍历集合的常用方法
- 掌握泛型的用法
- 会应用集合框架中的相关类对数据进行处理

泛型

Java泛型是JDK 5.0之后才引入的一个新特性，允许类、接口和方法在定义时使用一个或多个类型参数。这些类型参数在调用时会被实际类型替换，从而增强代码的重用性和类型安全性。通过使用泛型，可以编写更加通用的代码，同时减少代码中的强制类型转换操作，提高代码的可读性和可维护性。

6.1.1 泛型简介

在Java泛型中，可以使用符号<T>、<E>和<K, V>来定义泛型。其中，<T>表示定义一个类型参数T，可以是任何标识符，通常用大写字母表示；<E>表示定义一个元素类型参数E，通常用于集合类中；<K, V>表示定义一个键值对类型参数K和V，通常用于Map类中。

在Java中，泛型通过类型擦除技术实现，即在编译时将泛型类型转换为原始类型，避免类型检查的开销和运行时的类型转换。泛型在Java集合框架中尤其重要，例如List和Map等集合类可以存储任意类型的对象，通过使用泛型可以确保集合中元素的类型安全。

6.1.2 泛型类

可以使用class名称<泛型列表>声明一个类：

```
Class 类名 <E>
```

E是其中的泛型，并没有指定E是何种类型的数据。它可以是任何对象或接口，但不能是基本类型数据。下面代码定义了一个泛型类。

```
public class Pair<T>{
    private T first;
    private T second;
    public Pair(){first=null; second=null;}
    public Pair(T first,T second){this.first=first; this.second=second;}
    public T getFirst(){return first;}
    public T getSecond(){return second;}
    public void setFirst(T newValue){first=newValue;}
    public void setSecond(T newValue){second=newValue;}
}
```

Pair类引入了一个类型变量T，用< >括起来，并放在类名的后面。泛型类可以有多个类型变量。例如，可以定义Pair类，其中第一个成员变量和第二个成员变量使用不同的类型。

```
public class Pair<T ,U>{…}
```

类定义中的类型变量指定方法的返回类型以及成员变量和局部变量的类型。例如：

```
private T first;
```

用具体的类型替换类型变量就可以实例化泛型类型，例如：Pair<String>可以将结果想象成带有构造器的普通类。下面通过一个实例演示泛型类的使用。

【例6-1】定义一个PairTest类，测试泛型类Pair的用法。

```
public class PairTest {
    public static void main(String[] args) {
        Pair<String> pair=new Pair<String>("Hello","Java");
        System.out.println("first="+pair.getFirst());
        System.out.println("second="+pair.getSecond());
    }
}
```

程序执行结果如图6-1所示。

图 6-1 例 6-1 的运行结果

程序分析：上述程序的第3行创建了一个泛型类对象pair，指定该对象的成员变量的类型为String类型，并调用其带String类型参数的构造方法对其进行初始化，将pair对象的第一个成员变量first的值设置为"Hello"，第二个成员变量second的值设置为"Java"。第4、5行分别调用pair对象的getFirst()、getSecond()方法获得成员变量first、second的值并输出到控制台。

6.1.3 泛型方法

前面已经介绍了如何定义一个泛型类。实际上，还可以定义一个带有参数类型的方法即泛型方法。泛型方法使得该方法能够独立于类而产生变化，泛型方法所在的类可以是泛型类，也可以不是泛型类。创建一个泛型方法常用的形式如下。

```
[访问修饰符] [static] [final] <参数类型列表> 返回值 方法名（[形式参数列表]）
```

【例6-2】泛型方法应用举例。

功能实现：创建一个GenericMethod类，在其中声明一个f()泛型方法，用于返回调用该方法时所传入的参数类型的类名。

```
class GenericMethod{
    public<T> void f(T x){
        System.out.println(x.getClass().getName());
    }
```

```
    }
public class GenericMethodTest {
    public static void main(String[] args) {
        GenericMethod gm=new GenericMethod();
        gm.f("");
        gm.f(1);
        gm.f(1.0f);
        gm.f('c');
        gm.f(gm);
    }
}
```

程序执行结果如图6-2所示。

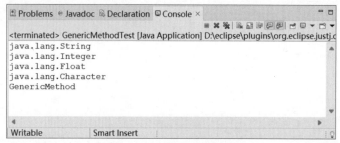

图 6-2　例 6-2 的运行结果

程序分析： 上述程序的第8行创建了一个GenericMethod类型的对象gm。第9行调用该对象的f()方法，传入参数为""。f()方法通过getClass()方法获取传入参数""的类别，并通过getName()方法获取该类别的名字，然后输出到控制台。同理，第10~13行分别将1、1.0f、'c'、gm所属类别的名字输出到标准控制台。

🛇**注意事项** 当使用泛型类时，必须在创建对象的时候指定类型参数的值。而使用泛型方法的时候，通常不必指明参数类型，因为编译器会为我们找出具体的类型，这称为类型参数推断。因此我们可以像调用普通方法一样调用f()，编译器会将调用f()时传入的参数类型与泛型类型进行匹配。

6.1.4　通配类型参数

泛型已经可以解决大多数的实际问题，但在某些特殊情况下，仍然会有一些问题无法轻松地解决。例如，一个名为Stats的类，假设在其中存在一个名为doSomething()的方法，这个方法有一个形式参数，也是Stats类型，代码如下所示。

```
class Stats<T extends Number>{
    T [ ] nums;
    Stats (T [ ] obj){
        nums=obj;
    }
    double average(){
```

```
        double sum = 0.0;
        for (int i=0; i<nums.length; ++i)
            sum += nums[i].doubleValue();
        return sum / nums.length;
    }
    void doSomething(Stats <T> ob){
        System.out.println(ob.getClass().getName());
    }
}
```

下面通过例子测试Stats类的使用情况。

➡️ 【例6-3】测试带通配类型参数的类。

```
public class StasTest {
    public static void main(String[] args) {
        Integer  inums[] = {1,2,3,4,5};
        Stats <Integer>  iobj = new Stats<Integer>(inums);
        Double  dnums[] = {1.1,2.2,3.3,4.4,5.5};
        Stats <Double>  dobj = new Stats<Double>(dnums);
        dobj.doSomething(iobj);      // iobj 和 dobj 的类型不相同
    }
}
```

程序分析：该程序编译时出错，因为在StatsTest类中，"dobj.doSomething(iobj);"这条语句有问题。dobj是Stats<Double>类型，iobj是Stats<Integer>类型，由于实际类型不同，而声明时用的是void doSomething(Stats <T> ob)，它的类型参数也是T，与声明对象时的类型参数T相同。于是在实际使用中，要求iobj和dobj的类型必须相同。

解决这个问题的办法是使用Java提供的通配符"?"，使用形式如下。

```
genericClassName <?>
```

现将上面Stats类当中的doSomething()声明如下。

```
void doSomething(Stats <?> ob)
```

参数ob可以表示任意的Stats类型。调用该方法的对象就不必和实际参数对象类型一致。

注意：由于泛型类Stats的声明中T是有上界的，故

```
void doSomething(Stats <?> ob)   // 这里使用了类型通配符
```

其中，通配符"?"有一个默认的上界，就是Number。可以改变这个上界，但改变后的上界必须是Number类的子类。例如：

```
Stats <? extends Integer> ob
```

但是不能写成这样：

```
Stats <? extends String> ob
```

因为Integer是Number的子类，而String不是Number的子类，所以通配符无法将上界改变得超出泛型类声明时的上界范围。最后读者需要注意一点，通配符是用来声明一个泛型类的变量的，它不能创建一个泛型类。例如下面这种写法是错误的。

```
class Stats<? extends Number>{……}
```

6.2 集合简介

集合可理解为一个容器，该容器主要指映射（map）、集合（set）、列表（list）、散列表（hashtable）等抽象数据结构。容器可以包含多个元素，通常是一些Java对象。针对上述抽象数据结构所定义的一些标准编程接口称为集合框架。集合框架主要由一组精心设计的接口、类和隐含在其中的算法所组成。通过它们可以采用集合的方式完成Java对象的存储、获取、操作以及转换等功能。集合框架的设计是严格按照面向对象的思想进行设计的，对抽象数据结构和算法进行封装。封装的好处是提供一个易用的、标准的编程接口，使得在实际编程中不需要再定义类似的数据结构，直接引用集合框架中的接口即可，提高了编程的效率和质量。此外还可以在集合框架的基础上完成如堆栈、队列和多线程安全访问等操作。

在集合框架中有几个基本的集合接口，分别是Collection接口、List接口、Set接口和Map接口，构成的层次关系如图6-3所示。

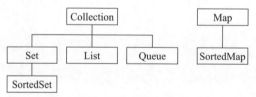

图6-3 集合框架图

其中，Collection接口存储一组不唯一、无序的对象；Set接口继承Collection，存储唯一、无序的对象；List接口继承Collection，允许集合中有重复，并引入位置索引存储不唯一、有序（插入顺序）的对象；Map接口与Collection接口无任何关系，存储一组键值对象，提供key到value的映射。

Collection接口是所有集合类型的根接口，其中定义了一些通用的方法，主要分为三类：基本操作、批量操作和数组操作。

1. 基本操作

实现基本操作的方法有：size()方法返回集合中的元素个数；isEmpty()方法返回集合是否为空；contains()方法返回集合中是否包含指定的对象；add()方法和remove()方法分别实现向集合

中添加元素和删除元素的功能；iterator()方法用来返回Iterator对象。

通过基本操作可以检索集合中的元素。检索集合中的元素有两种方法：使用增强的for循环和使用Iterator迭代对象。

（1）使用增强的for循环

使用增强的for循环不但可以遍历数组的每个元素，还可以遍历集合的每个元素。下面的代码输出集合的每个元素。

```
for (Object o : collection)
    System.out.println(o);
```

（2）使用迭代器

迭代器是一个可以遍历集合中每个元素的对象。通过调用集合对象的iterator()方法可以得到Iterator对象，再调用Iterator对象的方法就可以遍历集合中的每个元素。

Iterator接口的定义如下。

```
public interface Iterator<E> {
    boolean hasNext();
    E next();
    void remove();
}
```

该接口的hasNext()方法返回迭代器中是否还有对象；next()方法返回迭代器中下一个对象；remove()方法删除迭代器中的对象，同时从集合中删除对象。

假设c为一个Collection对象，要访问c中的每个元素，可以按下列方法实现。

```
Iterator it = c.iterator();
while (it.hasNext()){
    System.out.println(it.next());
}
```

2. 批量操作

实现批量操作的方法有：containsAll()方法返回集合中是否包含指定集合中的所有元素；addAll()方法和removeAll()方法分别实现将指定集合中的元素添加到集合中和从集合中删除指定的集合元素；retainAll()方法删除集合中不属于指定集合中的元素；clear()方法删除集合中的所有元素。

3. 数组操作

toArray()方法可以实现集合与数组的转换。该方法可以实现将集合元素转换成数组元素。无参数的toArray()方法实现将集合转换成Object类型的数组。有参数的toArray()方法将集合转换成指定类型的对象数组。

例如，假设c是一个Collection对象，下面的代码将c中的对象转换成一个新的Object数组，数组的长度与集合c中的元素个数相同。

```
Object[] a = c.toArray();
```

假设c中只包含String对象，可以使用下面代码将其转换成String数组，长度与c中元素个数相同。

```
String[] a = c.toArray(new String[0]);
```

6.3 Set接口及其实现类

Set接口是Collection的子接口。Set接口对象类似于数学上的集合概念，其中不允许有重复的元素，并且元素在表中没有顺序要求，所以Set集合也称为无序列表。

Set接口没有定义新的方法，只包含从Collection接口继承的方法。Set接口有几个常用的实现类，层次关系如图6-4所示。

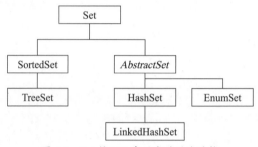

图 6-4　Set 接口及实现类的层次结构

Set接口常用的实现类有HashSet类、TreeSet类和LinkedHashSet类。

（1）HashSet类与LinkedHashSet类

HashSet类是抽象类AbstractSet的子类，实现了Set接口。HashSet类使用哈希方法存储元素，具有最好的性能，但元素没有顺序。

HashSet类的构造方法有以下几种。

- **HashSet()：** 创建一个空的哈希集合，装填因子(load factor)是0.75。
- **HashSet(Collection c)：** 用指定的集合c的元素创建一个哈希集合。
- **HashSet(int initialCapacity)：** 创建一个哈希集合，并指定的集合初始容量。
- **HashSet(int initialCapacity, float loadFactor)：** 创建一个哈希集合，并指定的集合初始容量和装填因子。

LinkedHashSet类是HashSet类的子类，与HashSet类的不同之处是它对所有元素维护一个双向链表，该链表定义了元素的迭代顺序，这个顺序是元素插入集合的顺序。

⊙【例6-4】HashSet类应用举例。

功能实现： 创建一个类HashSetDemo，测试HashSet类的用法。

```
import java.util.HashSet;
public class HashSetDemo {
    public static void main(String[] args) {
```

```
    boolean r;
    HashSet<String> s=new HashSet<String>();
    r=s.add("Hello");
    System.out.println("添加单词Hello,返回为 "+r);
    r=s.add("Kitty");
    System.out.println("添加单词Kitty,返回为 "+r);
    r=s.add("Hello");
    System.out.println("添加单词Hello,返回为 "+r);
    r=s.add("java");
    System.out.println("添加单词java,返回为 "+r);
    System.out.println("遍历集合中的元素: ");
    for(String element:s)
        System.out.println(element);
    }
}
```

程序执行结果如图6-5所示。

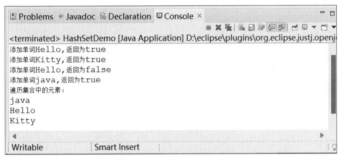

图 6-5 例 6-4 的运行结果

程序分析: 在上述程序中，首先创建一个存放String类型的HashSet集合对象s。然后分别向其中添加了"Hello"、"Kitty"、"Hello"、"java"4个字符串。由于Set类型的集合不能存放重复的数据，故第二次向集合当中存放"Hello"字符串时，返回结果为false。最后使用增强的for循环输出集合当中的元素。由于HashSet集合当中的元素是无序的，故使用for循环输出集合当中的元素时，输出结果也是随机的。该程序每次运行时，结果或许都不一样。另外，因为使用了HashSet类，并不保证集合中元素的顺序。

（2）SortedSet接口与TreeSet类

SortedSet接口是有序对象的集合，其中的元素排序规则按照元素的自然顺序排列。为了能够使元素排序，要求插入SortedSet对象中的元素必须是相互可以比较的。

SortedSet接口中定义了下面几个方法。

- **E first():** 返回有序集合中的第一个元素。
- **E last():** 返回有序集合中的最后一个元素。
- **SortedSet <E> subSet(E fromElement, E toElement):** 返回有序集合中的一个子有序集合，元素从fromElement开始到toElement结束（不包括最后元素）。

- **SortedSet <E> headSet(E toElement)：**返回有序集合中小于指定元素toElement的一个子有序集合。
- **SortedSet <E> tailSet(E fromElement)：**返回有序集合中大于或等于fromElement元素的子有序集合。
- **Comparator<? Super E> comparator()：**返回与该有序集合相关的比较器，如果集合使用自然顺序则返回null。

TreeSet类是SortedSet接口的实现类，使用红黑树存储元素排序，基于元素的值对元素排序，操作要比HashSet类慢。

TreeSet类的构造方法有以下几种。

- **TreeSet()：**创建一个空的树集合。
- **TreeSet(Collection c)：**用指定集合c中的元素创建一个新的树集合，集合中的元素是按照元素的自然顺序排序。
- **TreeSet(Comparator c)：**创建一个空的树集合，元素的排序规则按给定的c的规则排序。
- **TreeSet(SortedSet s)：**用SortedSet对象s中的元素创建一个树集合，排序规则与s的排序规则相同。

⊙【例6-5】TreeSet类应用举例。

功能实现：创建一个TreeSetDemo类，测试TreeSet类的用法。

```java
import java.util.TreeSet;
public class TreeSetDemo {
    public static void main(String[] args) {
        boolean r;
        TreeSet<String> s=new TreeSet<String>();
        r=s.add("Hello");
        System.out.println("添加单词Hello,返回为 "+r);
        r=s.add("Kitty");
        System.out.println("添加单词Kitty,返回为 "+r);
        r=s.add("Hello");
        System.out.println("添加单词Hello,返回为 "+r);
        r=s.add("java");
        System.out.println("添加单词java,返回为 "+r);
        System.out.println("遍历集合中的元素: ");
        for(String element:s)
            System.out.println(element);
    }
}
```

程序执行结果如图6-6所示。

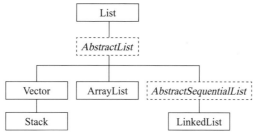

图 6-6 例 6-5 的运行结果

程序分析：与例6-4不同的是，本例采用TreeSet类集合，实现了集合元素的有序输出，但这种实现是有代价的，即集合中的元素需要具有可比性。

6.4 List接口及其实现类

List接口也是Collection接口的子接口，实现一种顺序表的数据结构，有时也称为有序列表。存放在List中的所有元素都有一个下标（从0开始），可以通过下标访问List中的元素。List中可以包含重复元素。List接口及其实现类的层次结构如图6-7所示。

```
                    List
                     |
              [ AbstractList ]
          ┌──────────┼──────────────────┐
       Vector    ArrayList    [ AbstractSequentialList ]
          |                              |
        Stack                        LinkedList
```

图 6-7 List 接口及其实现类的层次结构

List接口除了继承Collection的方法外，还定义了一些自己的方法。使用这些方法可以实现定位访问、查找、链式迭代和范围查看。List接口的定义如下。

```java
public interface List<E> extends Collection<E> {
    // 定位访问
    E get(int index);
    E set(int index, E element);
    boolean add(E element);
    void add(int index, E element);
    E remove(int index);
    abstract boolean addAll(int index, Collection<? extends E> c);
    // 查找
    int indexOf(Object o);
    int lastIndexOf(Object o);
    // 迭代
    ListIterator<E> listIterator();
```

```
    ListIterator<E> listIterator(int index);
    // 范围查看
    List<E> subList(int from, int to);
}
```

在集合框架中，实现列表接口（List<E>）的是ArrayList类和LinkedList类。这两个类定义在java.util包中。ArrayList类通过数组方式实现，相当于可变长度的数组。LinkedList类则通过链表结构来实现。这两个类的实现方式不同，使得相关操作方法的代价也不同。一般说来，若对一个列表结构的开始和结束处有频繁地添加和删除操作时，选用LinkedList类所实例化的对象表示该列表。

（1）ArrayList类

ArrayList类是最常用的实现类，通过数组实现的集合对象。ArrayList类实际上实现了一个变长的对象数组，其元素可以动态地增加和删除。它的定位访问时间是常量时间。

ArrayList类的构造方法如下。

● **ArrayList()：** 创建一个空的数组列表对象。

● **ArrayList(Collection c)：** 用集合c中的元素创建一个数组列表对象。

● **ArrayList(int initialCapacity)：** 创建一个空的数组列表对象，并指定初始容量。

⊙【例6-6】ArrayList类应用举例。

功能实现： 创建一个ArrayListDemo类，在其中创建一个ArrayList类集合，向集合中添加元素，然后输出所有元素。

```
import java.util.*;
public class ArrayListDem {
    public static void main(String[] args) {
        ArrayList<String> list=new ArrayList<String>();
        list.add("collection");
        list.add("list");
        list.add("ArrayList");
        list.add("LinkedList");
        for(String s:list)
            System.out.println(s);
        list.set(3,"ArrayList");
        System.out.println("修改下标为 3 的元素后，列表中元素为：");
        for(String s:list)
            System.out.println(s);
    }
}
```

程序执行结果如图6-8所示。

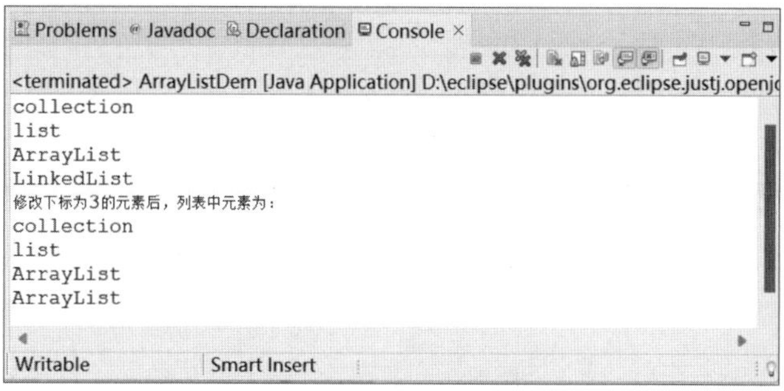

图 6-8　例 6-6 的运行结果

（2）LinkedList类

如果需要经常在List类接口的头部添加元素，在List类接口的内部删除元素，就应该考虑使用LinkedList类。这些操作在LinkedList类中是常量时间，在ArrayList类中是线性时间。但定位访问在LinkedList类中是线性时间，而在ArrayList类中是常量时间。

LinkedList类的构造方法如下。

- **LinkedList()**：创建一个空的链表。

- **LinkedList(Collection c)**：用集合c中的元素创建一个链表。

通常利用LinkedList类对象表示一个堆栈（stack）或队列（queue）。对此LinkedList类中特别定义了一些方法，而这是ArrayList类所不具备的。这些方法用于在列表的开始和结束处添加和删除元素，其方法定义如下。

- **public void addFirst(E element)**：将指定元素插入此列表的开头。

- **public void addLast(E element)**：将指定元素添加到此列表的结尾。

- **public E removeFirst()**：移除并返回此列表的第一个元素。

- **public E removeLast()**：移除并返回此列表的最后一个元素。

⊙【例6-7】LinkList类应用举例。

功能实现：创建类LinkedListDemo，在其中创建一个LinkedList类集合，对其进行各种操作。

```java
import java.util.LinkedList;
public class LinkedListDemo {
    public static void main(String[] args) {
        LinkedList<String> queue=new LinkedList<String>();
        queue.addFirst("set");
        queue.addLast("HashSet");
        queue.addLast("TreeSet");
        queue.addFirst("List");
        queue.addLast("ArrayList");
        queue.addLast("LinkedList");
        queue.addLast("map");
        queue.addFirst("collection");
        System.out.println(queue);
        queue.removeLast();
```

```
        queue.removeFirst();
        System.out.println(queue);
    }
}
```

程序执行结果如图6-9所示。

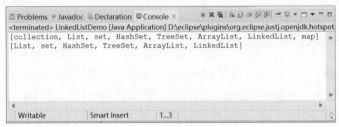

图 6-9　例 6-7 的执行结果

6.5 映射

Collection接口操作的时候每次都会向集合中增加一个元素，但是如果现在增加的元素是一个键值对，可以使用Map接口完成。Map接口是一个专门用来存储键/值对的对象。在Map接口中存储的关键字和值都必须是对象，并要求关键字唯一，而值可以重复。

Map接口常用的实现类有HashMap类、LinkedHashMap类、TreeMap类和Hashtable类，前三个类的行为和性能与前面讨论的Set接口实现类HashSet、LinkedHashSet及TreeSet类似。Hashtable类是Java早期版本提供的类，经过修改实现了Map接口。Map接口及实现类的层次关系如图6-10所示。

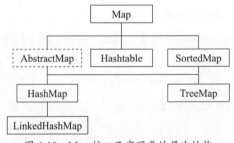

图 6-10　Map 接口及实现类的层次结构

6.5.1　Map接口

Map<K, V>接口定义在java.util包中，主要定义三类操作方法：修改、查询和集合视图。

（1）修改操作向映射中添加和删除键值对，具体方法如下。

- **public V put(K key,V value)**：将指定的值与此映射中的指定键关联。
- **public V remove(K key)**：如果存在一个键的映射关系，则将其从此映射中移除。
- **public void putAll(Map<? extends K,? extends V> m)**：从指定映射中将所有映射关系复制到此映射中。

（2）查询操作获得映射的内容，具体方法如下。

- **public V get(k key)**：返回指定键所映射的值；如果此映射不包含该键的映射关系，则返回null。
- **public boolean containsKey(Object key)**：如果此映射包含指定键的映射关系，则返回true。
- **public boolean containsValue(Object value)**：如果此映射将一个或多个键映射到指定值，则返回true。

（3）集合视图允许将键、值或条目（键值对）作为集合处理，具体方法如下。

- **public Collection<V> values()**：返回此映射中包含的值的Collection接口视图。
- **public Set<K> keySet()**：返回此映射中包含的键的Set接口视图
- **public Set entrySet()**：返回此映射中包含的映射关系的Set接口视图。

在Map接口中还包含一个Map.Entry<K,V>接口。它是一个使用static定义的内部接口，所以就是一个外部接口。其方法描述如下。

- **public V setValue(V value)**：用指定的值替换与此项对应的值。
- **public K getKey()**：返回与此项对应的键。
- **public V getValue()**：返回与此项对应的值。
- **public boolean equals(Object o)**：比较指定对象与此项的相等性。如果给定对象也是一个映射项，并且两个项表示相同的映射关系，则返回true。

6.5.2 Map接口的实现类

Map接口常用的实现类有HashMap类、TreeMap类和Hashtable类。

（1）HashMap类与LinkedHashMap类

HashMap类的构造方法如下。

- **HashMap()**：创建一个空的映射对象，使用默认的装填因子(0.75)。
- **HashMap(int initialCapacity)**：用指定的初始容量和默认的装填因子(0.75)创建一个映射对象。
- **HashMap(int initialCapacity, float loadFactor)**：用指定的初始容量和指定的装填因子创建一个映射对象。
- **HashMap(Map t)**：用指定的映射对象创建一个新的映射对象。

⊙**【例6-8】HashMap类应用举例。**

功能实现：创建一个HashMap集合，向其中加入一些键值对，然后根据键获取值，并输出集合中所有键值对。

```
import java.util.HashMap;
import java.util.Map;
public class HashMapDemo {
    public static void main(String[] args) {
        Map<String, String> all = new HashMap<String, String>();
```

```
        all.put("BJ", "BeiJing");
        all.put("NJ", "NanJing");
        String value = all.get("BJ"); // 根据 key 查询 value
        System.out.println(value);
        System.out.println(all.get("TJ"));
        System.out.println(all);
    }
}
```

程序执行结果如图6-11所示。

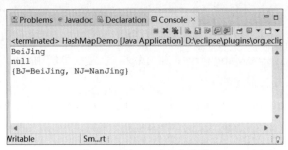

图 6-11　例 6-8 的运行结果

在Map接口的操作中是根据key找到其对应的value，如果找不到，则返回null。而且现在由于使用的是HashMap子类，所以输出的键值对顺序和放入的顺序并不一定保持一致。另外在HashMap中的key允许为null。可以把HashMapDemo.java修改为如下代码。

```
import java.util.HashMap;
import java.util.Map;
public class HashMapDemo1 {
    public static void main(String[] args) {
        Map<String, String> all = new HashMap<String, String>();
        all.put("BJ", "BeiJing");
        all.put("NJ", "NanJing");
        all.put(null, "NULL");
        System.out.println(all.get(null));
    }
}
```

运行结果输出： NULL

LinkedHashMap类是HashMap类的子类，它保持键的顺序与插入的顺序一致。它的构造方法与HashMap的构造方法类似，在此不再赘述。

（2）TreeMap类

HashMap子类中的key都是无序存放。如果希望有序（按key排序），可以使用TreeMap类完成。但是需要注意的是，由于此类需要按照key进行排序，而且key本身也是对象，那么对象所在的类就必须实现Comparable接口。TreeMap类实现了SortedMap接口。SortedMap接口能保证各项按关键字升序排序。TreeMap类的构造方法如下。

- **TreeMap()**：创建根据键的自然顺序排序的空的映射。
- **TreeMap(Comparator c)**：根据给定的比较器创建一个空的映射。
- **TreeMap(Map m)**：用指定的映射创建一个新的映射，根据键的自然顺序排序。
- **TreeMap(SortedMap m)**：在指定的SortedMap对象中创建新的TreeMap对象。

对于程序HashMapDemo.java来说，如果希望键按照字母顺序输出，仅将HashMap类改为TreeMap类即可。

⊙【例6-9】TreeMap类应用举例

功能实现：创建TreeMap类集合，向其中添加键值对，然后输出。

```java
import java.util.Map;
import java.util.TreeMap;
public class TreeMapDemo {
    public static void main(String[] args) {
        Map<String, String> all = new TreeMap<String, String>();
        all.put("BJ", "BeiJing");
        all.put("NJ", "NanJing");
        String value = all.get("BJ"); // 根据 key 查询 value
        System.out.println(value);
        System.out.println(all.get("TJ"));
        System.out.println(all);
    }
}
```

程序执行结果如图6-12所示。

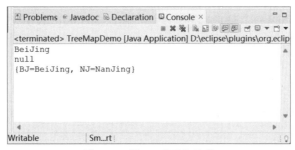

图 6-12　例 6-9 的运行结果

键是按字母顺序输出的。

（3）Hashtable类

Hashtable类实现了一种哈希表，是Java早期版本提供的一个存放键值对的实现类，现在也属于集合框架。但哈希表对象是同步的，即是线程安全的。

任何非null对象都可以作为哈希表的关键字和值。但是要求作为关键字的对象必须实现hashCode()方法和equals()方法，以使对象的比较成为可能。

有两个参数影响一个Hashtable类实例的性能：初始容量（initial capacity）和装填因子（load

factor）。

Hashtable类的构造方法如下。

- **Hashtable()**：使用默认的初始容量（11）和默认的装填因子（0.75）创建一个空的哈希表。
- **Hashtable(int initialCapacity)**：使用指定的初始容量和默认的装填因子（0.75）创建一个空的哈希表。
- **Hashtable(int initialCapacity, float loadFactor)**：使用指定的初始容量和指定的装填因子创建一个空的哈希表。

Hashtable(Map<? extends K, ? extends V> t) 使用给定的Map对象创建一个哈希表。

下面的代码创建了一个包含数字的哈希表对象，使用数字名作为关键字。

```
Hashtable numbers = new Hashtable();
numbers.put("one", new Integer(1));
numbers.put("two", new Integer(2));
numbers.put("three", new Integer(3));
```

要检索其中的数字，可以使用如下代码。

```
Integer n = (Integer)numbers.get("two");
    if (n != null) {
        System.out.println("two = " + n);
    }
```

Map对象与Hashtable对象的区别如下。

- Map接口类提供了集合查看方法而不直接支持通过枚举对象（Enumeration）的迭代。集合查看大大地增强了接口的表达能力。
- Map接口类允许通过键、值或键值对迭代，而Hashtable类不支持第三种方法。
- Map接口类提供了安全的方法在迭代中删除元素，而Hashtable类不支持该功能。
- Map接口类修复了Hashtable类的一个小缺陷。在Hashtable类中有一个contains()方法，当Hashtable类包含给定的值时，该方法返回true。该方法可能引起混淆，因此Map接口将该方法改为containsValue()，这与另一个方法containsKey()一致。

6.6 集合的遍历

在之前的例子中，集合的输出都是通过增强for循环实现的。除此之外还可以使用Iterator接口和ListIterator接口遍历集合。

（1）迭代输出（Iterator）

Iterator接口是一个专门用于输出的操作接口，其接口定义以下三种方法。

- **public boolean hasNext()**：如果仍有元素可以迭代，则返回true。
- **public Object next()**：返回迭代的下一个元素。

● **public void remove()**：从迭代器指向的collection中移除迭代器返回的最后一个元素。

一般情况下，遇到集合的输出问题，直接使用Iterator接口是最好的选择。下面通过例子演示使用Iterator接口进行集合的输出。

【例6-10】使用Iterator接口输出ArrayList类中的全部元素。

```java
import java.util.ArrayList;
import java.util.Iterator;
import java.util.List;
public class IteratorDemo {
    public static void main(String[] args) {
        List<String> all = new ArrayList<String>();
        all.add("hello");
        all.add("world");
        Iterator<String> iter = all.iterator();
        while (iter.hasNext()) { // 指针向下移动，判断是否有内容
            String str = iter.next();
            System.out.print(str + " ");
        }
    }
}
```

程序执行结果如图6-13所示。

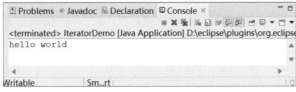

图 6-13　例 6-10 的运行结果

（2）双向迭代输出（ListIterator）

Iterator接口的主要功能只能完成从前向后的输出。如果想完成双向（由前向后、由后向前）输出，可以通过ListIterator接口完成。ListIterator是Iterator的子接口，除了本身继承的方法外，此接口又有如下两个重要方法。

● **public boolean hasPrevious()**：判断是否有前一个元素。

● **public E previous()**：获取列表中的前一个元素，并向后移动光标位置。

需要注意的是，要想进行由后向前的输出，必须先由前向后。在Collection接口中并没有为ListIterator接口实例化的操作，而是在List接口中提供下面的方法来获取ListIterator接口实例：public ListIterator<E> listIterator()。

【例6-11】使用ListIterator接口双向输出List类型集合中的元素。

```java
import java.util.*;
```

```
public class ListIteratorDemo {
    public static void main(String[] args) {
        List<String> all = new ArrayList<String>();
        all.add("hello");
        all.add("world");
        ListIterator<String> iter = all.listIterator();
        System.out.println("=========== 由前向后输出 ============");
        while (iter.hasNext()) {
            System.out.print(iter.next() + " ");
        }
        System.out.println("\n=========== 由后向前输出 ============");
        while (iter.hasPrevious()) {
            System.out.print(iter.previous() + " ");
        }
    }
}
```

程序执行结果如图6-14所示。

图 6-14　例 6-11 的运行结果

（3）Map集合的遍历

Map集合的遍历有多种方法，最常用的有两种。第一种是使用Map集合的keyset()方法来获取key的Set集合，然后遍历Map集合取得value的值。

⊙【例6-12】使用keyset遍历Map集合中的元素。

```
import java.util.HashMap;
import java.util.Iterator;
import java.util.Map;
import java.util.Set;
public class MapOutput1 {
    public static void main(String[] args) {
        Map<String, String> all = new HashMap<String, String>();
        all.put("BJ", "BeiJing");
        all.put("NJ", "NanJing");
        all.put(null, "NULL");
        Set<String> set = all.keySet();
```

```
        Iterator< String> iter = set.iterator();
        while (iter.hasNext()) {
            String key=iter.next();
            System.out.println(key+ " --> " + all.get(key));
        }
    }
}
```

第二种方式是使用Map.Entry来获取Map集合中所有的元素。具体步骤：将Map集合通过entrySet()方法变成Set集合，里面的每一个元素都是Map.Entry的实例；利用Set集合中提供的iterator()方法将Iterator接口实例化；通过迭代，利用Map.Entry接口完成key与value的分离。

→【例6-13】使用Map.Entry遍历Map集合中的元素。

```
import java.util.HashMap;
import java.util.Iterator;
import java.util.Map;
import java.util.Set;
public class MapOutput {
    public static void main(String[] args) {
        Map<String, String> all = new HashMap<String, String>();
        all.put("BJ", "BeiJing");
        all.put("NJ", "NanJing");
        all.put(null, "NULL");
        Set<Map.Entry<String, String>> set = all.entrySet();
        Iterator<Map.Entry<String, String>> iter = set.iterator();
        while (iter.hasNext()) {
            Map.Entry<String, String> me = iter.next();
            System.out.println(me.getKey() + " --> " + me.getValue());
        }
    }
}
```

运行以上两个程序，输出结果相同，如图6-15所示。

图 6-15　例 6-13 的执行结果

6.7 本章小结

本章首先介绍了泛型的概念和常见使用方法，通过使用泛型可以大大增加代码的重用性和安全性。然后详细介绍了Java集合框架中相关接口和实现类的具体用法，熟练使用Java常用集合类，可以提高编程效率、增强程序的可读性。读者可以自行练习，亲身体验利用Java常用集合类编程带来的乐趣。

6.8 课后练习

练习1：创建一个只能容纳String对象的名为names的ArrayList集合，按顺序向集合中添加5个字符串对象"张三" "李四" "王五" "马六" "赵七"，并完成如下任务：

①对集合进行遍历，打印集合中每个元素的位置与内容。

②删除集合中的第三个元素，并显示被删除元素的值。

③删除成功之后，再次显示当前的第三个元素的内容，并输出集合元素的个数。

练习2：首先声明一个Student类，包括姓名、学号、成绩等成员变量；然后生成5个Student对象，并存放在一个一维数组中；最后按总成绩进行排序，将排序后的对象分别保持在ArrayList和Set类型的集合中，遍历集合并显示每个集合中的元素信息，观察元素输出顺序是否一致。

练习3：将5个学生对象和学号和姓名以"键值对"的方式存储到Map集合，然后根据"键"值查找并输出对应的"值"，最后遍历Map集合并输出每个元素的信息。

第 **7** 章
异常处理

内容概要

在进行程序设计时，错误是不可避免的。Java语言通过面向对象的异常处理机制解决程序运行期间的错误。本章主要介绍Java中异常的基本概念、异常处理机制以及自定义异常等内容。通过对本章内容的学习，读者会了解异常的基本概念和异常类的继承结构，并能利用Java语言中的异常处理机制提升程序的可读性、灵活性和健壮性。

学习目标

- 熟悉异常的基本概念
- 了解异常类的继承结构
- 掌握异常的处理机制
- 掌握自定义异常的方法
- 熟练使用异常处理机制处理程序中的异常

7.1 异常概述

所谓错误指的是在程序运行过程中发生的异常事件，例如除0异常、数组越界、文件找不到等，这些事件将阻止程序的正常运行。为了加强程序的健壮性，程序设计时，必须考虑可能发生的异常事件并做出相应的处理。

如果不考虑对异常事件的处理，那么程序一旦遇到异常情况往往会直接退出系统，无法继续执行下去。例7-1中的程序在执行过程中将会产生一个数组越界的异常，当循环变量i的值增加到3的时候，该值超过了数组greetings下标的上界2，系统自动产生一个数组越界（ArrayIndexOutOfBoundsException）异常对象，此时程序不再执行异常点以后的代码，而是直接给出异常提示，并退出系统。

➔【例7-1】在程序中不处理发生的异常示例。

功能实现： 定义一个大小为3的字符串数组，在输出字符数组元素的过程中产生了数组越界异常，但是程序没有进行异常的捕获和处理。

```java
public class ExceptionNoCatch {
    public static void main(String[] args) {
        int i = 0;
        String greetings [] = {
            "Hello world!",
            "No, I mean it!",
            "HELLO WORLD!!"
        };
        while (i < 4) {
            System.out.println(greetings[i]);
            i++;
        }
    }
}
```

程序执行结果如图7-1所示。

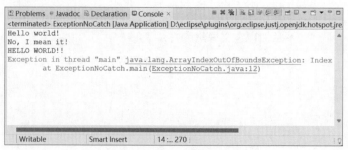

图 7-1 例 7-1 的运行结果

程序运行结果表明： 在程序执行过程中发生了数组超出边界的异常，程序不再继续执行，直接退出系统，这种情况就是异常。

7.2 异常的处理机制

当程序执行过程中出现错误时，一种方法是终止程序的运行，如例7-1所采用的方法；另一种方法是在程序中引入错误检测代码，当检测到错误时返回一个特定的值，C语言采用的就是这种方法，但这种方法将程序中正常处理的代码与错误检测代码混合在一起，使得程序变得复杂难懂，可靠性也会降低。为了分离错误处理代码和源代码，使得程序结构清晰易懂，Java提供了一种异常处理机制，为程序提供错误处理的能力。

在Java程序的执行过程中如果发生异常事件，就会产生一个异常对象。该对象可能由正在运行的方法生成，也可能由Java虚拟机生成，其中包含异常事件的类型，以及当异常发生时程序的运行状态等信息。生成的异常对象被交给运行时系统，运行时系统寻找相应的代码来处理这一异常。把生成异常对象并把它提交给运行时系统的过程称为抛出（throw）异常。

Java运行时系统在得到一个异常对象时，会寻找处理这一异常的代码。寻找的过程是从生成异常的方法开始，沿着方法的调用栈逐层回溯，直到找到包含相应异常处理的方法为止。然后运行时系统把当前异常对象交给这个方法进行处理。这一过程称为捕获（catch）异常。如果查遍整个调用栈仍然没有找到合适的异常处理方法，则运行时系统将终止Java程序的执行。具体流程如图7-2所示。

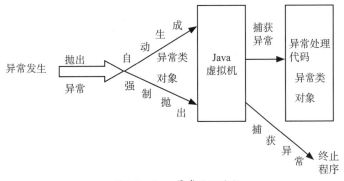

图 7-2 Java 异常处理流程

与其他语言处理错误的方法相比，Java的异常处理机制有以下特点。

- 用Java类表示异常情况，这种类被称为异常类。把异常情况表示成异常类，可以充分发挥类的可扩展和可重用的优势。
- 异常流程的代码和正常流程的代码分离，提高了程序的可读性，简化了程序的结构。
- 可以灵活地处理异常。如果当前方法有能力处理异常，就捕获并处理它，否则只需抛出异常，由方法调用者处理它。

Java异常处理主要通过5个关键字控制：try、catch、throw、throws和finally。后面会详细讲解这些关键字的用法。下面首先了解Java中异常类的层次结构。

7.3 异常类的层次结构

所有的异常类都是从Throwable类继承而来的，它们的层次结构如图7-3所示。

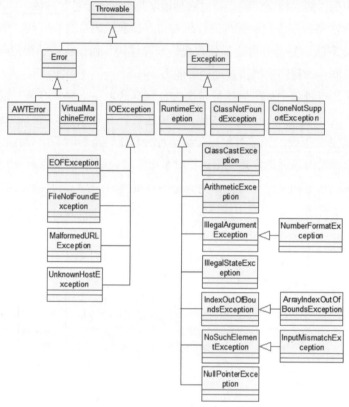

图 7-3　异常类的层次结构图

Throwable类有两个直接的子类，一个是Exception类，另一个是Error类。

Exception类是应该被程序捕获的异常。如果要创建自定义异常类型，则这个自定义异常类型也应该是Exception的子类。

Exception类下面又有两个分支，分别是运行时异常和非运行时异常。运行时异常是运行时由Java虚拟机生成的异常，指Java程序在运行时发现的由Java解释器引发的各种异常，例如数组下标越界异常ArrayIndexOutOfBoundsException、算数运算异常ArithmeticException等；其他异常则为非运行时异常，指能由编译器在编译时检测是否会发生在方法执行过程中的异常，例如I/O异常IOException等。java.lang、java.util、java.io和java.net包中定义的异常类都是非运行时异常。

Error类及其子类通常用来描述Java运行时系统的内部错误以及资源耗尽的错误，例如系统崩溃、动态链接失败、虚拟机错误等。这类错误一般被认为是无法恢复和不可捕获的，程序不需要处理这种异常，出现这种异常的时候应用程序中断执行。

Java编译器要求Java程序必须捕获或声明所有的非运行时异常，如FileNotFoundException、IOException等。因为如果不对这类异常进行处理，可能会带来意想不到的后果。因此Java编译器要求程序必须捕获或者声明这种异常。但对于运行时异常可以不做处理，因为这类异常事件的生成是很普遍的，要求程序对这类异常全部做出处理可能对程序的可读性和高效性带来不好的影响，因此Java编译器允许程序不对它们做出处理。常见的异常类如表7-1所示。

表7-1 常见的异常类列表

异常类名称	异常原因
ArithmaticException	算数异常，如被零除发生的异常
ArrayIndexOutOfBoundsException	数组下标越界
ArrayStoreException	程序试图在数组中存储错误类型的数据
ClassCastException	类型强制转换异常
IndexOutOfBoundsException	当某对象的索引超出范围时抛出异常
NegativeArraySizeException	建立元素个数为负数的数组异常
NullPointerException	空指针异常
NumberFormatException	字符串转换为数字异常
StringIndexOutBoundsException	程序试图访问字符串中不存在的字符位置
OutOfMemoryException	分配给新对象的内存太少
SocketException	不能正常完成Socket操作
ProtocolException	网络协议有错误
ClassNotFoundException	未找到相应异常
EOFException	文件结束异常
FileNotFoundException	文件未找到异常
IllegalAccessException	访问某类被拒绝时抛出的异常
InstantiationException	试图通过newInstance()方法创建一个抽象类或抽象接口的实例时抛出该异常
IOException	输入输出异常
NoSuchMethodException	方法未找到异常
SQLException	操作数据库异常

下面简要介绍几个常见的运行时异常。

（1）ArithmeticException类

该类用来描述算数异常。例如，在除法或求余运算中规定，除数不能为0，所以当除数为0时，Java虚拟机抛出该异常。例如：

```
int div=5/0;  // 除数为 0, 抛出 ArithmeticException 异常
```

（2）NullPointerException类

该类用来描述空指针异常。当引用变量值为null时，试图通过"."操作符对其进行访问，

将抛出该异常，例如：

```
Date now=null;                     // 声明一个 Date 型变量，但没有引用任何对象
String today=now.toString();       // 抛出 NullPointerException 异常
```

（3）NumberFormatException类

该类用来描述字符串转换为数字时的异常。当字符串不是数字格式时，若将其转换为数字，则抛出该异常。例如：

```
String strage="24L";
int age=Integer.parseInt(strage); // 抛出 NumberFormatException
```

（4）IndexOutOfBoundsException类

该类用来描述某对象的索引超出范围时的异常，其中ArrayIndexOfBoundsException类与StringIndexOutOfBoundsException类都继承自该类，分别用来描述数组下标越界异常和字符串索引超出范围异常。其中，ArrayIndexOutOfBoundsException举例如下。

（5）抛出异常的情况

```
int[] d=new int[3];    // 定义数组，有三个元素 d[0]、d[1]、d[2]
d[3]=10;               // 对 d[3] 元素赋值，会抛出 ArrayIndexOutOfBoundsException 异常
```

（6）ClassCastException类

该类用来描述强制类型转换时的异常。

例如，强制转换String型为Integer型时，将抛出该异常。

```
Object obj=new String("887");      // 引用型变量 obj 引用 String 型对象
Integer s=(Integer)obj;            // 抛出 ClassCastException 异常
```

7.4 捕获异常

Java通过5个关键字来控制异常处理。通常在出现错误时用try执行代码，系统引发（throws）一个异常后，可以根据异常的类型由catch捕获，或者用finally调用默认异常处理。

为了防止和处理运行时错误，把要监控的代码放进try语句块中就可以了。在try语句块后，可以包括一个或多个程序员希望捕获的错误类型的catch子句，具体语法格式如下。

```
try{
    ….// 执行代码块
}catch(ExceptionType1 e1){
    …// 对异常类型 1 的处理
}catch(ExceptionType2 e2){
    …// 对异常类型 2 的处理
}
```

```
finally{
    ...
}
```

1. try 和 catch 语句

【例7-2】将【例7-1】修改为带有捕获异常功能。

```
public class ExceptionHaveCatch {
    public static void main(String[] args) {
        int i = 0;
        String greetings [] = {
                    "Hello world!",
                    "No, I mean it!",
                    "HELLO WORLD!!"
                };
        try{
            while (i < 4) {
                System.out.println(greetings[i]);
                i++;
            }
        }catch(Exception ex){
            System.out.println(" 捕捉异常信息！");
            ex.printStackTrace();   // 获取异常信息
        }
    }
}
```

程序执行结果如图7-4所示。

图 7-4 例 7-2 的运行结果

可见程序在出现异常后，系统能够正常地继续运行，没有异常终止。在上面的程序代码中，对可能会出现错误的代码用try…catch语句进行了处理。当try代码块中的语句发生了异常，程序就会跳转到catch代码块中执行，执行完catch代码块中的程序代码后，系统会继续执行catch

代码块后的其他代码，但不会执行try代码块中发生异常语句后的代码。

当try代码块中的程序发生了异常，系统将这个异常发生的代码行号、类别等信息封装到一个对象中，并将这个对象传递给catch代码块。catch代码块是以下面的格式出现的。

```
catch(Exception ex){
    ex.printStackTrace();
}
```

catch关键字后面括号中的Exception就是try代码块传递给catch代码块的变量类型，ex是变量名。

catch语句可以有多个，分别处理不同类型的异常。Java运行时系统从上到下分别对每个catch语句处理的异常类型进行检测，直到找到类型相匹配的catch语句为止。这里，类型匹配是指catch所处理的异常类型与生成的异常对象的类型完全一致或者是它的父类。因此，catch语句的排列顺序应该是从特殊到一般。

用一个catch语句也可以处理多个异常类型，这时它的参数应该是多个异常类型的父类。在程序设计过程中，要根据具体的情况选择catch语句的异常处理类型。下面通过例子来说明。

⊙【例7-3】使用多个catch捕获可能产生的多个异常。

```
public class MutiCatchFirstDemo {
    public static void main(String[] args) {
        String friends[]={"Kelly","Sandy","Jeck","Chery"};
        try{// 此语句段内可能会产生两类异常
            for(int i=0;i<=4;i++)// 访问数组中的元素，可能产生数组越界异常
                System.out.println(friends[i]);
            int num=friends.length/0;// 进行除法运算，产生除数为 0 异常
        }catch(ArrayIndexOutOfBoundsException e){// 先捕获数组越界异常
            e.printStackTrace();
        }catch(ArithmeticException e){// 接着捕获数学异常
            e.printStackTrace();
        }
    }
}
```

程序执行结果如图7-5所示。

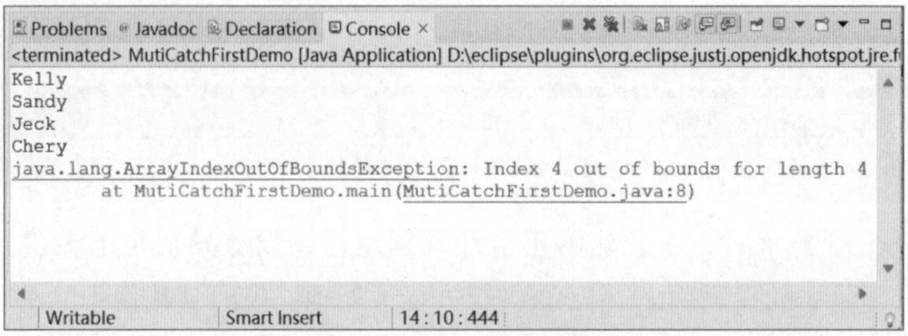

图 7-5 例 7-3 的运行结果

程序分析： 从运行结果可以看出，ArrayIndexOutOfBoundsException异常类型的对象被捕获，而ArithmeticException异常类型的对象没有被捕获。这是因为首先执行for循环，当执行到i变为4的时候，访问friend[4]时发生了数组下标越界异常，和第一个catch后面的异常匹配，就直接跳出try语句，所以后面除0的语句不会被执行，也就不会发生ArithmeticException异常。如果调换一下语句的顺序，变成【例7-4】中的程序，则程序的执行结果就会发生变化。

⊙【例7-4】多catch语句的应用。

```java
public class MutiCatchSecondDemo {
    public static void main(String[] args) {
        String friends[]={"Kelly","Sandy","Jeck","Chery"};
        try{
            // 首先进行除法运算，产生除数为 0 异常
            int num=friends.length/0;
            // 接着访问数组中的元素，可能产生数组越界异常
            for(int i=0;i<=4;i++)
                System.out.println(friends[i]);
        }catch(ArrayIndexOutOfBoundsException e){
            e.printStackTrace();
        }catch(ArithmeticException e){
            e.printStackTrace();
        }
    }
}
```

程序执行结果如图7-6所示。ArithmeticException异常类的对象被捕获，而ArrayIndexOutOfBoundsException异常类的对象没有被捕获。

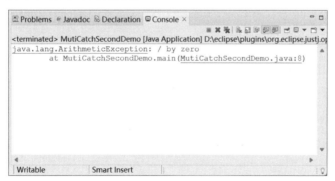

图 7-6　例 7-4 的运行结果

如果不能确定程序中到底会发生何种异常，那么可以不用明确地抛出那种异常，而直接使用Exception类。因为它是所有异常类的超类，所以任何类型的异常都会和Exception类匹配，也就会被捕获。如果想知道究竟发生了何种异常，可以通过向控制台输出信息来判断，使用toString()方法，可以输出具体异常信息的描述。

但是，在使用Exception类时需要注意，当使用多个catch语句时，必须把其他需要明确捕获

的异常类放在Exception类之前，否则编译时会报错。因为Exception类是诸如ArithmeticException类的父类，而应用父类的catch语句将捕获该类型及其所有子类类型异常，如果子类异常在其父类后面，子类异常所在位置将永远不会到达。在Java中，不能到达的语句是一个错误。读者可以自己验证，在此不再赘述。

2. finally 语句

try块中的代码，当执行到某一条语句抛出了一个异常时，其后的代码不会被执行。但是在异常发生后，往往需要做一些善后处理，此时可以使用finally语句。

无论try代码块是否抛出异常，finally代码块都要被执行。它提供统一的出口，可以把一些善后的工作放在finally代码块中，例如关闭打开的文件、数据库和网络连接等。

➔【例7-5】使用finally语句进行善后处理。

```java
public class TestFinally {
    public static void main(String args[]) {
        int i = 0;
        String greetings[] = { "Hello", "How are you","Nice to meet you" };
        try {
        while (i < 4) {
                // 特别注意循环控制变量 i 的设计，避免造成无限循环
                System.out.println(greetings[i++]);
            }
        }catch (ArrayIndexOutOfBoundsException e) {
                System.out.println(" 数组下标越界异常 ");
        } finally{
                System.out.println(" 执行 finally 代码块 ");
        }
    }
}
```

程序执行结果如图7-7所示。

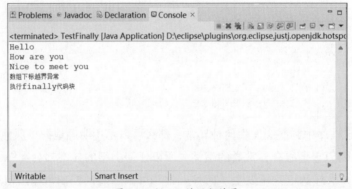

图 7-7　例 7-5 的运行结果

对执行结果进行分析可以发现，发生异常后，finally代码块依然会被执行。

3. try 语句的嵌套

　　try语句可以被嵌套。在嵌套的时候，try语句块可以位于另一个try语句块的内部。每次进入try语句块，异常的前后关系都会被推入某一个堆栈。如果内部的try语句不含特殊异常catch处理程序，堆栈将弹出，由下一个try语句的catch处理程序检查是否与之匹配。这个过程将继续下去，直到catch语句匹配成功，或者是直到所有的嵌套try语句被检查耗尽。如果没有catch语句匹配，Java运行时环境将自动处理这个异常。如例7-3和例7-4所示，如果在一个try块中有可能产生多个异常，那么当第一个异常被捕获后，后续的代码不会被执行，则其他异常也不能产生。为了执行try块所有的代码，捕获所有可能产生的异常，可以使用嵌套的try语句。

⊙【例7-6】使用嵌套的try语句捕获程序中产生的所有异常。

```java
public class NestedTryDemo {
    public static void main(String[] args) {
        String friends[]={"Kelly","Sandy","Jeck","Chery"};
        try{
            try{
                // 先捕获除数为 0 的异常
                int num=friends.length/0;
            }catch(ArithmeticException e){
                e.printStackTrace();
            }
            // 即使发生了 ArithmeticException 异常，也会被执行
            for(int i=0;i<=4;i++)
                    System.out.println(friends[i]);
        }catch(ArrayIndexOutOfBoundsException e){
            // 捕获数组越界异常
            e.printStackTrace();
        }
    }
}
```

　　程序执行结果如图7-8所示。

图 7-8　例 7-6 的运行结果

7.5 声明异常

在一个方法中如果产生了异常，可以选择使用try-catch-finally处理。但是有些情况下，一个方法并不需要处理它所产生的异常，或者不知道该如何处理，这时可以选择向上传递异常，由调用它的方法来处理这些异常。这种传递可以逐层向上传递，直到main()方法，这就需要使用throws子句声明异常。throws子句包含在方法的声明中，其格式如下。

```
returnType methodName([paramlist]) throws ExceptionList
```

其中，在ExceptionList中可以声明多个异常，用逗号分隔。Java要求方法捕获所有可能出现的非运行时异常，或者在方法定义中通过throws子句交给调用它的方法进行处理。

⊙【例7-7】使用throws子句声明异常。

```java
import java.io.*;
public class ThrowsDemo {
    // 声明 ArithmeticException 异常，如果本方法内产生了此异常，则向上抛出
    public static int divide(int a, int b) throws ArithmeticException {
        return a / b;
    }
    public static void main(String[] args) {
        try {
            int result = divide(10, 0);
            System.out.println("The result is " + result);
        } catch (ArithmeticException e) {
            System.out.println("An exception occurred: " + e.getMessage());
        }
    }
}
```

程序执行结果如图7-9所示。

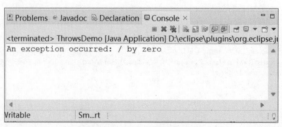

图 7-9　例 7-7 的运行结果

程序分析： 在上面的示例中，divide()方法声明它可能会抛出ArithmeticException异常。在main()方法中，使用try-catch块来调用divide()方法并捕获异常。如果发生异常，则打印异常消息。需要注意，如果一个方法抛出了异常，那么调用该方法的代码必须处理该异常，否则编译器会报错。如果调用该方法的代码也不打算处理该异常，那么它可以选择继续向上抛出该异常。

7.6 抛出异常

前面讲解的异常都是运行时环境引发的，而在实际编程过程中，可以显式地抛出自己的异常。使用throw语句可以明确抛出某个异常。throw语句的标准形式如下。

```
throw ExceptionInstance;
```

其中，ExceptionInstance必须是异常类的一个对象，简单数据类型以及非异常类都不能作为throw语句的对象。

与throws语句不同，throw语句用于方法体内，并且只能抛出一个异常类对象，而throws语句用在方法声明中指明方法可能抛出的多个异常。

通过throw抛出异常后，如果想由上一级代码来捕获并处理异常，需要在抛出异常的方法中使用throws语句在方法声明中指明要抛出的异常；如果想在当前方法中捕获并处理throw抛出的异常，则必须使用try…catch语句。执行流程在throw语句后立即停止，后面的任何语句都不执行。程序会检查最里层的try语句块，看是否有catch语句符合所发生的异常类型。如果找到符合的catch语句，程序控制就会转到那个语句；如果没有，那么将检查下一个最里层的try语句，依此类推。如果找不到符合的catch语句，默认的异常处理系统将终止程序并打印堆栈轨迹。当然，如果throw抛出的异常是Error、RuntimeException或它们的子类，则无须使用throws语句或try…catch语句。

例如，当输入一个学生的年龄为负数时，Java运行时系统不会认为这是错误的，而实际上这是不符合逻辑的，这时就可以通过显式地抛出一个异常对象来处理。

➔【例7-8】throw语句的使用。

功能实现：创建一个ThrowDemo类。该类的成员方法validate()方法首先将传过来的字符串转换为int类型，然后判断该整数是否为负，如果为负则抛出异常，然后此异常交给方法的调用者main()方法捕获并处理。

```java
public class ThrowDemo{
    public static int validate(String initAge) throws Exception{
        int age=Integer.parseInt(initAge);              // 把字符串转换为整型
        if(age<0) // 如果年龄小于0
            // 抛出一个 Exception 类型的对象
            throw new Exception("年龄不能为负数!");
        return age;
    }
    public static void main(String[] args) {
        try{
            int yourAge=validate("-30");        // 调用静态的 validate 方法
            System.out.println(yourAge);
        }catch(Exception e){                    // 捕获 Exception 异常
            System.out.println("发生了逻辑错误!");
            System.out.println("原因: "+e.getMessage());
```

```
            }
        }
    }
```

程序执行结果如图7-10所示。

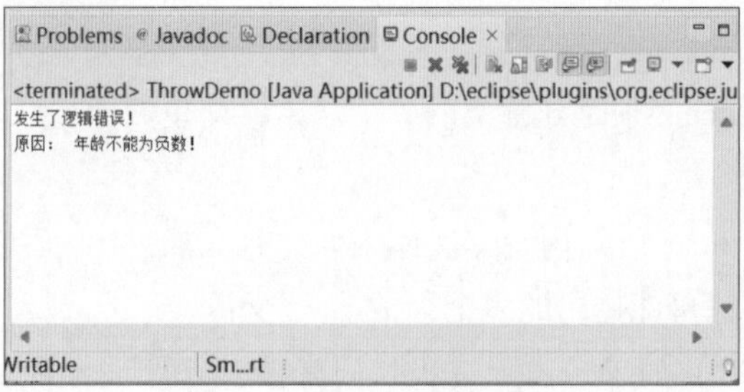

图 7-10　例 7-8 的运行结果

7.7　自定义异常

尽管利用Java提供的异常类型已经可以描述程序中出现的大多数异常情况，但是有时候程序员还是需要自己定义一些异常类，来详细地描述某些特殊情况。

自定义的异常类必须继承Exception类或者其子类，然后可以通过扩充自己的成员变量或者方法，以反映更加丰富的异常信息以及对异常对象的处理功能。

在程序中自定义异常类，并使用自定义异常类，可以按照以下步骤来进行。

步骤01 创建自定义异常类。

步骤02 在方法中通过throw抛出异常对象。

步骤03 若在当前抛出异常的方法中处理异常，可以使用try…catch语句捕获并处理；否则在方法的声明处通过throws指明要抛给方法调用者的异常，继续进行下一步操作。

步骤04 在出现异常的方法调用代码中捕获并处理异常。

【例7-9】自定义异常应用举例。

功能实现：自定义异常类TooHigh，如果成绩小于0则抛出一个数据太小的异常。自定义异常类LowHigh，如果成绩大于100则抛出一个数据太大的异常。然后在测试类中捕获两类不同的异常。

```
public class MyExceptionDemo {
    public static void main(String[] args) {
        MyExceptionDemo med=new MyExceptionDemo();
        try{ // 有可能发生 TooHigh 或 TooLow 异常
            med.getScore(105);
        }catch(TooHigh e){          // 捕获 TooHigh 异常
            e.printStackTrace();     // 打印异常发生轨迹
            // 打印详细异常信息
            System.out.println(e.getMessage()+" score is:"+e.score);
```

```
        }catch(TooLow e){              // 捕获 TooLow 异常
            e.printStackTrace();
            System.out.println(e.getMessage()+" core is:"+e.score);
        }
    }
    public void getScore(int x) throws TooHigh,TooLow{
        if(x>100){    // 如果 x>100，则抛出 TooHigh 异常
            // 创建一个 TooHigh 类型的对象
            TooHigh e=new TooHigh("score>100",x);
            throw e;    // 抛出该异常对象
        }
        else if(x<0){   // 如果 x<0，则抛出 TooLow 异常
            // 创建一个 TooLow 类型的对象
            TooLow e=new TooLow("score<0",x);
            throw e;       // 抛出该对象
        }
        else
            System.out.println("score is:"+x);
        }
    }
    class TooHigh extends Exception{
        int score;
        public TooHigh(String mess,int score){
            super(mess);                 // 调用父类的构造方法
            this.score=score;             // 设置成员变量的值，保存分数值
        }
    }
    class TooLow extends Exception {
        int score;
        public TooLow(String mess,int score){
            super(mess);
            this.score=score;
        }
    }
}
```

程序执行结果如图7-11所示。

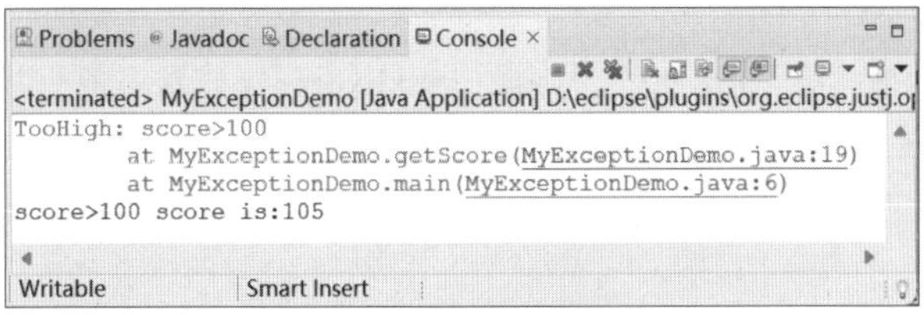

图 7-11　例 7-9 的运行结果

7.8 异常的处理原则

Java异常处理是使用Java语言进行软件开发和测试脚本开发中非常重要的一个方面。异常处理不应该控制程序的正常流程，而是捕获程序在运行过程中发生的异常并进行相应处理。

用Java编程来处理异常时应遵循以下原则。

- 处理方式有两种：try或者throws。
- 调用到抛出异常的功能时，抛出几个就处理几个。一个try对应多个catch。
- 多个catch的情况，父类的catch放到最下面。
- catch块内，需要定义针对性的处理方式。尽量不要简单地调用printStackTrace()方法或输出异常信息，也不要不写。当捕获到异常，本功能处理不了时，可以继续在catch中抛出。
- 一个方法被覆盖时，覆盖它的方法必须抛出相同的异常或子类。
- 如果父类抛出多个异常，则覆盖方法必须抛出那些异常的一个子集，不能抛出新异常。

有经验的程序员都知道，调试程序的最大难点不在于修复缺陷，而在于从海量代码中找出缺陷的藏身之处。遵循以上原则，开发人员可以借助异常跟踪和消灭缺陷，进而使程序更加健壮，对用户更加友好。

7.9 本章小结

本章主要介绍了Java中异常的概念以及异常处理的机制。重点介绍Java如何使用try、catch、throw、finally和throws这五个关键字来控制异常。利用它们可以实现对所有异常的处理。Java不仅自身定义了许多系统级的异常供程序员使用，也支持程序员自己定义异常，使用自定义异常可以更详细、准确地描述一些特殊情况的异常信息。通过本章的学习，读者可以运用Java异常处理机制对程序中可能出现的异常进行处理，以增加程序的健壮性。

7.10 课后练习

练习1： 编写一个能够接收两个参数的程序，并让两个参数相除。用异常处理语句处理缺少参数和除数为0的两种异常。

练习2： 自定义异常类SexException，并编写相关程序实现如下要求。

①在main()方法中输入性别。

②判断输入的值是否为"男"或"女"。

③如果输入的值不是"男"或"女"，则抛出SexException异常对象，并打印出异常信息。

第 **8** 章
图形用户界面编程

内容概要

图形界面作为用户与程序交互的接口，是软件开发中一项非常重要的工作。随着用户需求的日益提高，如今的应用软件必须做到界面友好、功能强大且使用简单。本章主要介绍Java图形用户界面设计的相关基础知识，包括容器、基本组件、布局管理器、事件处理机制、菜单、表格和树等内容。通过本章的学习，读者会掌握图形用户界面的设计与实现。

学习目标

- 了解AWT和Swing之间的关系
- 掌握常用容器的使用方法
- 掌握布局管理器的使用方法
- 了解基本组件的使用方法
- 理解GUI中的事件处理机制
- 了解菜单、表格和树的用法

8.1 GUI编程概述

图形用户界面就是界面元素的有机合成。这些元素不仅在外观上相互关联，在内在上也具有逻辑关系，通过相互作用、消息传递完成对用户操作的响应。

设计和实现图形用户界面，主要包含两项内容。

（1）创建图形界面中需要的元素，进行相应的布局。

（2）定义界面元素对用户交互事件的响应以及对事件的处理。

Java中的图形用户界面是通过Java的GUI（Graphics User Interface，图形用户接口）实现的。无论采用JavaSE、JavaEE还是JavaME，GUI都是其中的关键部分。

在Java中为了方便图形用户界面的设计与实现，专门设计了类库来满足各种各样的图形界面元素和用户交互事件，该类库即为抽象窗口工具箱（Abstract Window Toolkit，AWT）。AWT是1995年随Java的发布而提出的。但随着Java的发展，AWT已经不能满足用户的需求，Sun公司于1997年在JavaOne大会上提出并在1998年5月发布的JFC（Java Foundation Class）中包含了一个新的Java窗口开发包Swing。

8.1.1 AWT与Swing的关系

AWT是早期随Java一起发布的，其目的是为程序员创建图形用户界面提供支持，其中不仅提供了基本的组件，还提供了丰富的事件处理接口。Swing是继AWT之后Sun公司推出的GUI工具包。它是建立在AWT基础上的，AWT是Swing的大厦基石。虽然AWT中提供的控件数量有限，远没有Swing中的丰富，但Swing的出现并不是为了替代AWT，而是为用户提供了更丰富的开发选择。Swing中使用的事件处理机制就是AWT提供的，所以Swing是对AWT的扩展，而且二者还存在密切的合作关系。

AWT组件定义在Java.awt包中，而Swing组件则定义在javax.swing包中。AWT和Swing包含了部分对应的组件。例如，标签和按钮，在java.awt包中分别用Label和Button表示，而在javax.swing包中则分别用JLabel和JButton表示，多数Swing组件以字母J开头。

Swing组件与AWT组件最大的不同是，Swing组件在实现时不包含任何本地代码。因此Swing组件可以不受硬件平台的限制，而且具有更多的功能。所以，在进行图形用户界面设计时，建议读者使用Swing组件。

与AWT相比，Swing组件显示出强大的优势，具体表现如下。

（1）丰富的组件类型

Swing提供了非常丰富的标准组件。基于良好的可扩展性，除了标准组件，Swing还提供了大量的第三方组件。

（2）更好的组件API模型支持

Swing遵循MVC模式，这是一种非常成功的设计模式，API成熟并设计良好。经过多年演化，Swing组件API变得越来越强大，灵活并且可扩展。

（3）标准的GUI库

Swing是JRE中的标准库，且与平台无关，用户不用担心平台兼容性。

（4）性能更稳定

Swing包中的组件是纯Java实现的，不会有兼容性问题。Swing在每个平台上都有同样的性能，不会有明显的性能差异。

8.1.2 GUI元素的分类

Java中构成图形用户界面的各种元素和成分可以粗略分为三类：容器、控制组件和用户自定义成分。

（1）容器

容器是用来组织或容纳其他界面成分和元素的组件。一个容器可以包含许多组件，它本身也可以作为一个组件。一般来说，一个应用程序的图形用户界面对应一个复杂的容器，例如一个窗口。这个容器内部包含许多界面成分和元素，其中某些界面元素本身也可能是一个容器，这个容器进一步包含它的界面成分和元素。以此类推就构成了一个复杂的图形界面系统。

容器是Java中的类，如框架（JFrame）、面板（JPanel）及滚动面板（JScrollPanel）等。容器的引入有利于分解复杂的图形用户界面。当界面比较复杂、功能较多时，可能需要多个容器进行嵌套才能实现。

（2）控制组件

与容器不同，控制组件是图形用户界面的最小单位，里面不包含其他的成分。控制组件的作用是完成与用户的交互，包括接收用户的命令，接收用户输入的文本或选择，向用户显示一段文本或图形等。

某种程度上，控制组件是图形用户界面标准化的结果，常用的控制组件有选择类的单选按钮、复选按钮、下拉列表，有文字处理类的文本框、文本区域，有命令类的按钮、菜单等。使用控制组件，通常需要如下的步骤。

①创建某控制组件类的对象，指定其大小等属性。

②使用某种布局策略，将该控制组件对象加入某个容器中的指定位置。

③将该组件对象注册所能产生的事件对应的事件监听程序，重载事件处理方法，实现利用该组件对象与用户交互的功能。

（3）用户自定义成分

除了上述的标准图形界面元素外，编程人员还可以根据用户的需要，使用各种字型、字体和色彩设计一些几何图形、标志图案等，它们被称为用户自定义成分。用户自定义成分通常只能起到装饰、美化的作用，而不能响应用户的动作，也不具有交互功能。

8.2 常用容器类

Java的图形用户界面由组件构成，如命令按钮、文本框等。这些组件必须放到容器中才能被用户使用，可以通过调用容器类的add()方法把相关组件添加到容器中。

8.2.1 顶层容器类（JFrame）

JFrame是Java应用程序的图形用户界面容器，是一个带有标题行和控制按钮(最小化、恢复/最大化、关闭)的独立窗口。

JFrame类包含支持任何通用窗口特性的基本功能，如最小化窗口、移动窗口、重新设定窗口大小等。JFrame容器作为最底层容器，不能被其他容器所包含，但可以被其他容器创建并弹出成为独立的容器。JFrame类的继承关系如图8-1所示。

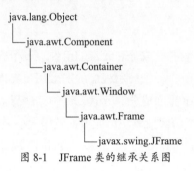

图 8-1 JFrame 类的继承关系图

JFrame类常用两种构造方法。

● **JFrame()**：构造一个初始时不可见的新窗体。

● **JFrame(String title)**：创建一个标题为title的JFrame对象。

还可以使用专门的方法getTitle( )和setTitle(String)获取或指定JFrame的标题。

创建窗体有两种方式。

● 直接编写代码调用JFrame类的构造器。这种方法适合使用简单窗体的情况。

● 继承JFrame类，在继承的类中编写代码对窗体进行详细地刻画。这种方式适合窗体比较复杂的情况。

下面通过一个案例来演示JFrame类的使用方法。

⊙【例8-1】顶层容器JFrame类的使用。

功能实现：继承JFrame类，创建一个空白窗口，标题设置为"JFrame窗口演示"，背景色设置为红色。

```java
import javax.swing.*;
import java.awt.*;
public class JFrameDemo extends JFrame{
    public  JFrameDemo(){
        this.setTitle("JFrame 窗口演示 "); //设置窗体标题
        Container container = this.getContentPane(); //获取当前窗体的 Container 对象
        container.setBackground(Color.red);//设置窗体背景色为红色
        this.setVisible(true);  //设置窗体可见
        this.setSize(350, 200); //设置窗体大小
    }
    public static void main(String[] args) {
        new JFrameDemo(); //创建窗体
```

```
        }
}
```

程序运行结果如图8-2所示。

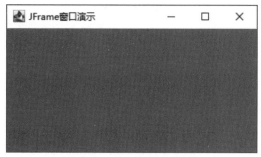

图 8-2 例 8-1 的运行结果

①注意事项（1）JFrame类构造器创建的窗体不可见，需要在代码中使用setVisible(true)方法使其可见；（2）JFrame类构造器创建的窗体默认的尺寸为0×0像素，默认的位置坐标为[0,0]，因此开发中不仅要将窗体设置为可见，而且还要使用setSize(int x,int y)方法设置JFrame容器的大小；（3）利用JFrame默认的Container对象可以设置窗体颜色或添加组件。

通过调用JFrame的getContentPane()方法获得其默认的Container对象。该方法的返回类型为java.awt.Container，仍然为一个容器。然后可以将组件添加到Container中，例如：

```
Container contentPane=this.getContentPane();
contentPane.add(button); // button 为一命令按钮
```

上面两条语句可以合并为一条：

```
this.getContentPane().add(button);
```

8.2.2　中间容器类（JPanel）

面板（JPanel）是一种用途广泛的容器，但是与顶层容器不同的是面板不能独立存在，必须被添加到其他容器内部。可以将其他控件放在面板中以组织一个子界面，面板也可以嵌套，由此可以设计出复杂的图形用户界面。

JPanel是无边框的，不能被移动、放大、缩小或关闭的容器。它支持双缓冲功能，在处理动画上较少发生画面闪烁的情况。JPanel类继承自javax.swing.JComponent类，使用时首先创建该类的对象，再设置组件在面板上的排列方式，最后将所需组件加入面板中。

JPanel类的常用构造方法如下。

● **public JPanel( )：** 使用默认的FlowLayout方式创建具有双缓冲的JPanel对象。

● **public JPanel(FlowLayoutManager layout)：** 在构建对象时指定布局格式。

下面通过一个案例来演示JPanel的使用方法。

➔【例8-2】面板类JPanel的使用。

功能实现： 创建面板、设置面板背景色、添加按钮到面板、把面板添加到窗体。

```java
import javax.swing.*;
import java.awt.*;
public class JPanelDemo extends JFrame {
    public JPanelDemo () {
        this.setTitle("JPanel 面板演示 ");
        Container container = this.getContentPane(); // 获取窗体 Container 对象
        JPanel panel = new JPanel();  // 创建一个面板对象
        panel.setBackground(Color.RED); // 设置背景颜色
        JButton bt = new JButton("Press me"); // 创建命令按钮对象
        panel.add(bt); // 把按钮添加到面板
        container.add(panel, BorderLayout.SOUTH); // 添加面板到窗体的下方
        this.setVisible(true); // 设置窗体可见
        this.setSize(350, 200); // 设置窗体大小
    }
    public static void main(String[] args) {
        new JPanelDemo ();
    }
}
```

程序运行结果如图8-3所示。

图 8-3　例 8-2 的运行结果

8.2.3　中间容器类（JScrollPane）

JScrollPane类也是一个中间容器，称为滚动面板。与JPanel类不同的是，JScrollPane类带有滚动条，而且只能向滚动面板添加一个组件。如果需要将多个组件放置到滚动面板，通常先将这些组件添加到一个JPanel面板，然后把这个JPanel面板添加到滚动面板。JScrollPane类常用的构造方法如下。

①JScrollPane()：创建一个空的JScrollPane类，需要时水平和垂直滚动条都可显示。

②JScrollPane(Component view)：创建一个显示指定组件内容的JScrollPane类，只要组件的内容超过视图大小就会显示水平和垂直滚动条。

③JScrollPane(int vsbPolicy,int hsbPolicy)：创建一个具有指定滚动条策略的空JScrollPane类。

常用的成员方法如下。

①public void setHorizontalScrollBarPolicy(int policy)：确定水平滚动条何时显示在滚动窗格上。选项如下。

ScrollPaneConstants.HORIZONTAL_SCROLLBAR_AS_NEEDED 设置水平滚动条只在需要时显示，
默认策略

ScrollPaneConstants.HORIZONTAL_SCROLLBAR_NEVER 水平滚动条永远不显示

ScrollPaneConstants.HORIZONTAL_SCROLLBAR_ALWAYS 水平滚动条一直显示

②public void setVerticalScrollBarPolicy(int policy)：确定垂直滚动条何时显示在滚动窗格
上。合法值如下。

ScrollPaneConstants.VERTICAL_SCROLLBAR_AS_NEEDED 设置垂直滚动条只在需要时显示，
默认策略

ScrollPaneConstants.VERTICAL_SCROLLBAR_NEVER 垂直滚动条永远不显示

ScrollPaneConstants.VERTICAL_SCROLLBAR_ALWAYS 垂直滚动条一直显示

③public void setViewportView(Component view)：创建一个视口并设置其视图。不直接为
JScrollPane类构造方法提供视图的应用程序应使用此方法，指定显示在滚动窗格的滚动组件子
集。下面通过一个案例演示JScrollPane类的使用。

⊙【例8-3】JScrollPane类的应用。

功能实现：添加5个按钮到JScrollPane容器中，并把JScrollPane容器添加到窗体的中间区
域。当窗口的大小变化时，可以通过单击滚动条浏览被隐藏的组件。

```
import javax.swing.*;
import java.awt.*;
public class JScrollPaneDemo extends JFrame {
    JPanel p;
    JScrollPane scrollpane;
    private Container container;
    public JScrollPaneDemo () {
        this.setTitle("JScrollPane 演示实例 "); //设置标题
        container = this.getContentPane();
        scrollpane = new JScrollPane(); // 创建 JScrollPane 类的对象
        //设置水平滚动条的显示策略为"一直显示"
scrollpane.setHorizontalScrollBarPolicy(JScrollPane.HORIZONTAL_SCROLLBAR_
ALWAYS);
        p = new JPanel();                  // 创建面板
        p.add(new JButton(" 按钮 1"));      // 创建并添加命令按钮到面板
        p.add(new JButton(" 按钮 2"));
        p.add(new JButton(" 按钮 3"));
        p.add(new JButton(" 按钮 4"));
        p.add(new JButton(" 按钮 5"));
        scrollpane.setViewportView(p); //设置滚动面板视图
        container.add(scrollpane);         // 把滚动面板添加到窗体中部
        this.setVisible(true);
```

```
        this.setSize(300, 200);
    }
    public static void main(String[] args) {
        new JScrollPaneDemo ();
    }
}
```

程序运行结果如图8-4所示。

图 8-4　例 8-3 的运行结果

8.3 布局管理器

布局管理器是一种用于控制组件在容器中排列和布局的工具。它可以根据容器的大小和组件的特性，自动调整组件的位置和大小，以实现灵活的界面布局。每个容器都有一个默认的布局管理器，开发者可以通过setLayout()方法改变容器的布局管理器。

Java提供多种布局管理器，每种布局管理器都有不同的特点和适用场景。本节介绍五种常用的布局管理器类，分别是FlowLayout（流式布局）、BorderLayout（边界布局）、GridLayout（网格布局）、CardLayout（卡片布局）和BoxLayOut（盒式布局）。

8.3.1 FlowLayout

FlowLayout（流式布局）类的布局策略是将容器看成一个行集，容器中的组件按照加入的先后顺序从左向右排列。当一行排满之后就转到下一行，行高由一行中最高的组件决定。FlowLayout类是所有JPanel的默认布局管理器。

FlowLayout类定义在java.awt包中，它有三种构造方法。

①FlowLayout()：创建一个使用居中对齐的FlowLayout类实例。

②FlowLayout(int align)：创建一个指定对齐方式的FlowLayout类实例。

③FlowLayout(int align，int hgap，int vgap)：创建一个既指定对齐方式又指定组件间隔的FlowLayout类的对象。

其中对齐方式align的可取值有FlowLayout.LEFT（左对齐）、FlowLayout.RIGHT（右对齐）、FlowLayout.CENTER（居中对齐）三种形式。例如new FlowLayout(FlowLayout. LEFT)就表示创建一个对齐方式为左对齐的FlowLayout类实例。下面通过一个案例演示FlowLayout类的使用。

⊙【例8-4】 FlowLayout布局管理器的使用。

功能实现: 创建窗体,并以FlowLayout作为布局管理器,然后在窗体上放置4个命令按钮。

```java
import javax.swing.*;
import java.awt.*;
public class FlowLayoutDemo extends JFrame {
    private JButton button1, button2, button3, button4; // 声明 4 个命令按钮对象
    public FlowLayoutDemo() {
        this.setTitle("FlowLayout 布局演示 "); // 设置标题
        Container container = this.getContentPane();// 获得 Container 对象
        // 设置为 FlowLayout 的布局, JFrame 默认的布局为 BorderLayout
        container.setLayout(new FlowLayout(FlowLayout.LEFT));
        // 创建一个标准命令按钮, 按钮上的标签提示信息由构造方法中的参数指定
        button1 = new JButton("Button1") ;
        button2 = new JButton("Button2");
        button3 = new JButton("Button3");
        button4 = new JButton("Button4");
// 将组件添加到内容窗格, 组件的大小和位置由 FlowLayout 布局管理器来控制
        container.add(button1);
        container.add(button2);
        container.add(button3);
        container.add(button4);
        this.setVisible(true);   // 使窗体显示出来
        this.setSize(300, 200); // 设置窗体大小
    }
    public static void main(String[] args) {
        new FlowLayoutDemo();
    }
}
```

⊗注意事项 如果拖动窗口,并改变窗口大小,窗口中的组件位置会随之改变。程序运行结果如图8-5所示。

(a)按钮组件显示在同一行　　　　　(b)按钮组件被放置到两行

图 8-5 例 8-4 的运行结果

8.3.2 BorderLayout

BorderLayout(边界布局)是顶层容器JFrame的默认布局管理器。它把容器被为东、西、南、北、中五个区域,这五个区域分别用字符串常量BorderLayout.EAST、BorderLayout.WEST、

BorderLayout.SOUTH、BorderLayout.NORTH、BorderLayout.CENTER表示。容器的每个区域只能放一个组件，每加入一个组件时都应该指明把这个组件放到哪个区域。

BorderLayout定义在java.awt包中，它有两种构造方法。

①BorderLayout()：创建一个各组件间水平、垂直间隔为0的BorderLayout实例。

②BorderLayout(int hgap, int vgap)：创建一个各组件间水平间隔为hgap、垂直间隔为vgap的BorderLayout实例。

在BorderLayout布局管理器的管理下，组件通过add( )方法加入容器中指定的区域。如果在add()方法中没有指定将组件放到哪个区域，那么它将会默认地被放置在Center区域。

在BorderLayout布局管理器的管理下，容器的每个区域只能加入一个组件。如果试图向某个区域加入多个组件，可以在这个区域放置一个中间容器JPanel或者JScrollPane组件，然后将所需的多个组件放到中间容器中，再把中间容器加入指定的区域，实现复杂的布局。示例代码如下。

```
JFrame f=new JFrame("欢迎使用 BorderLayout 布局");
JButton bt1=new JButton("button1");
JButton bt2=new JButton("button2");
JPanel p=new JPanel();
p.add(bt1);
p.add(bt2);
f.getContentPane().add(p, BorderLayout.SOUTH) ;
```

以上语句实现了将两个按钮bt1和bt2同时放到窗口的南部区域。

对于东、西、南、北四个边界区域，若某个区域没有被使用，则Center区域会扩展并占据这个区域的位置。如果四个边界区域都没有使用，那么Center区域将占据整个窗口。

下面通过一个案例演示BorderLayout布局管理器的使用方法。

⊕【例8-5】BorderLayout布局管理器的使用。

功能实现：创建窗体并以BorderLayout的布局放置7个命令按钮。

```
import javax.swing.*;
import java.awt.*;
public class BorderLayoutDemo extends JFrame {
    // 声明 7 个命令按钮对象
    private JButton button1, button2, button3, button4, button5, button6, button7;
    public BorderLayoutDemo() {
        this.setTitle(" 欢迎使用 BorderLayout 布局 "); // 设置标题
        // 获取 Container 对象，并采用默认布局管理器 BorderLayout
        Container container = this.getContentPane();
        // 创建 7 个标准命令按钮，按钮上的标签由构造方法中的参数指定
        button1 = new JButton("ButtonA");
        button2 = new JButton("ButtonB");
        button3 = new JButton("ButtonC");
```

```
        button4 = new JButton("ButtonD");
        button5 = new JButton("ButtonE");
        button6 = new JButton("ButtonF");
        button7 = new JButton("ButtonG");
        JPanel p = new JPanel(); // 创建一个中间容器
        container.add(button1, BorderLayout.SOUTH); // button1被放置到南部区域
        container.add(button2, BorderLayout.NORTH); // button2被放置到北部区域
        container.add(button3, "East"); // button3被放置到东部区域
        container.add("West", button4); // button4被放置到西部区域
        p.add(button5);
        p.add(button6);
        p.add(button7); // 把button5、button6、button7放到中间容器中
        container.add(p); // 把中间容器放到中间区域中
        this.setVisible(true);
        this.setSize(600, 450);
    }
    public static void main(String[] args) {
        new BorderLayoutDemo();
    }
}
```

程序运行结果如图8-6所示。

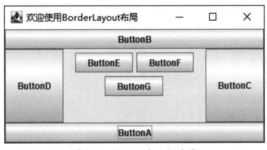

图 8-6 例 8-5 的运行结果

！注意事项 按钮被放置到不同区域。如果改变窗口的大小，由于中间区域JPanel采用FlowLayout的布局管理，组件的布局会随之改变，其他区域不变。

8.3.3 GridLayout

如果界面上需要放置的组件比较多，且这些组件的大小又基本一致，如计算器、遥控器的面板，那么使用GridLayout布局管理器是最佳的选择。GridLayout是一种网格式的布局管理器。它将容器空间划分成若干行乘若干列的网格，而每个组件按添加的顺序从左到右、从上到下占据这些网格，每个组件占据一格。

GridLayout定义在java.awt包中，有三种构造方法，分别如下。

①GridLayout()：按默认（1行1列）方式创建一个GridLayout布局。

②GridLayout(int rows,int cols)：创建一个具有rows行、cols列的GridLayout布局。

③GridLayout(int rows,int cols,int hgap,int vgap)：按指定的行数rows、列数cols、水平间隔hgap和垂直间隔vgap创建一个GridLayout布局。

构造方法中的参数rows和cols两者有一个可以为0，但是不能同时为0。当容器增加组件时，容器自动向0的那个方向增长。

下面通过一个案例演示GridLayout布局管理器的使用方法。

⊙【例8-6】GridLayout布局管理器的使用。

功能实现： 创建窗体并以GridLayout的布局管理6个命令按钮。

```
import javax.swing.*;
import java.awt.*;
public class GridLayoutDemo extends JFrame {
    private JButton button1, button2, button3, button4, button5, button6;
    // 声明按钮对象
    public GridLayoutDemo() {
        this.setTitle(" 欢迎使用 GridLayout 布局管理器 "); // 设置标题
        Container container = this.getContentPane(); // 获得 Container 对象
        container.setLayout(new GridLayout(2, 3)); // 设置 2 行 3 列的布局管理器
        // 创建按钮对象，按钮上的标签由构造方法中的参数指定
        button1 = new JButton("ButtonA");
        button2 = new JButton("ButtonB");
        button3 = new JButton("ButtonC");
        button4 = new JButton("ButtonD");
        button5 = new JButton("ButtonE");
        button6 = new JButton("ButtonF");
        // 按放置的先后顺序，把命令按钮放置到内容窗格的不同区域
        container.add(button1);
        container.add(button2);
        container.add(button3);
        container.add(button4);
        container.add(button5);
        container.add(button6);
        this.setVisible(true);
        this.setSize(350, 200);
    }
    public static void main(String[] args) {
        new GridLayoutDemo();
    }
}
```

程序运行结果如图8-7所示。

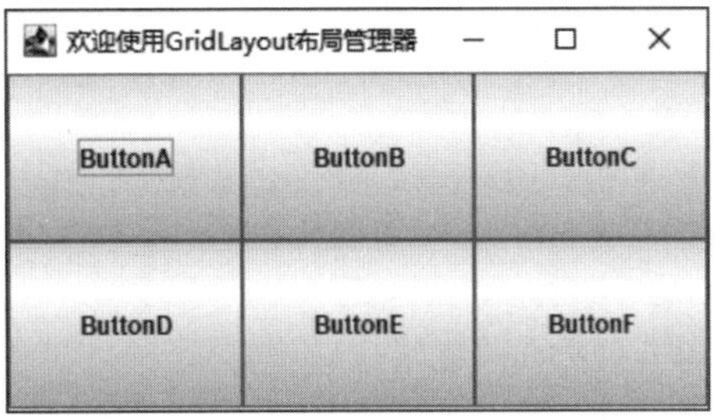

图 8-7　例 8-6 的运行结果

！注意事项 组件放入容器中的次序决定了它占据的位置。当容器的大小发生改变时，GridLayout 所管理的组件的相对位置不会发生变化，但组件的大小会随之变化。

8.3.4　CardLayout

CardLayout（卡片布局）位于 java.awt 包中。它将每个组件看成一张卡片，如同扑克牌一样将组件堆叠起来，但是只能看到最上面的一个组件，这个被显示的组件占据所有的容器空间。用户可以通过 CardLayout 类提供的方法切换空间中显示的卡片。例如，使用 first（Container container）方法显示 container 中的第一个对象，last（Container container）显示 container 中的最后一个对象，next（Container container）显示下一个对象，previous（Container container）显示上一个对象。

CardLayout 类有两个构造方法，分别是 CardLayout( ) 和 CardLayout（int hgap,int vgap）。前者使用默认（间隔为 0）方式创建一个 CardLayout 类对象；后者创建指定水平间隔和垂直间隔的 CardLayout 类对象。下面通过一个案例演示 CardLayout 布局管理器的使用方法。

→【例8-7】CardLayout 布局管理器的使用。

功能实现： 窗口使用 CardLayout 的布局管理，向其中加入 3 张卡片，每张卡片都是一个命令按钮对象。

```java
import javax.swing.*;
import java.awt.*;
public class CardLayoutDemo extends JFrame {
    private JButton bt1, bt2, bt3;
    Container container;
    CardLayout myCard;
    public CardLayoutDemo() {
        this.setTitle("欢迎使用 CardLayout 布局管理器");
        container = this.getContentPane();
        myCard = new CardLayout();    // 创建 CardLayout 布局管理器对象
        container.setLayout(myCard); // 设置布局管理器
        // 创建 3 个 JButton 对象
        bt1 = new JButton("ButtonA");
        bt2 = new JButton("ButtonB");
        bt3 = new JButton("ButtonC");
```

```
        // 将每个 JButton 对象作为一张卡片加入窗口
        container.add(bt1);
        container.add(bt2);
        container.add(bt3);
        this.setVisible(true);
        this.setSize(300, 200);
    }

    public static void main(String[] args) {
        new CardLayoutDemo();
    }
}
```

程序执行结果如图8-8所示。

图 8-8　例 8-7 的运行结果

⚠️注意事项 在容器中只能看到最上面的一个组件。如果要切换显示其他组件，需要调用CardLayout提供的方法。

8.3.5　BoxLayout

BoxLayout位于javax.swing包中。它将容器中的组件按水平方向排成一行，或者垂直方向排成一列。当组件排成一行时，每个组件可以有不同的宽度；当排成一列时，每个组件可以有不同的高度。

BoxLayout类的常用构造方法是BoxLayout(Container target,int axis)，参数target是容器对象，表示要为哪个容器设置此布局管理器；axis指明target中组件的排列方式，其值包括表示水平排列的BoxLayout.X_AXIS和表示垂直排列的BoxLayout.Y_AXIS。下面通过一个案例演示BoxLayout布局管理器的使用方法。

⊙【例8-8】BoxLayout布局管理器的使用。

功能实现：创建窗口，窗口使用BorderLayout的布局管理；在窗口中添加两个JPanel，二者的布局管理器分别采用水平排列和垂直排列的BoxLayout，再向这两个JPanel容器中分别加入三个命令按钮组件，并把这两个JPanel容器添加到窗口的北部和中部。

```
import javax.swing.*;
import java.awt.*;
```

```
public class BoxLayoutDemo extends JFrame {
    private JButton button1, button2, button3, button4, button5, button6;
    Container container;
    public BoxLayoutDemo() {
        this.setTitle(" 欢迎使用 BoxLayout 布局管理器 ");
        container = this.getContentPane(); // 获取 Container 对象
        container.setLayout(new BorderLayout()); // 设置布局
        // 声明中间容器 px 并设置布局为水平的 BoxLayout
        JPanel px = new JPanel();
        px.setLayout(new BoxLayout(px, BoxLayout.X_AXIS));
        // 创建命令按钮
        button1 = new JButton("ButtonA");
        button2 = new JButton("ButtonB");
        button3 = new JButton("ButtonC");
        // 把按钮放到中间容器 px 中
        px.add(button1);
        px.add(button2);
        px.add(button3);
        // 把中间容器 px 放到北部区域
        container.add(px, BorderLayout.NORTH);
        // 声明中间容器 py, 并设置布局为垂直的 BoxLayout
        JPanel py = new JPanel();
        py.setLayout(new BoxLayout(py, BoxLayout.Y_AXIS));
        button4 = new JButton("ButtonD");
        button5 = new JButton("ButtonE");
        button6 = new JButton("ButtonF");
        // 把按钮放到中间容器 py 中
        py.add(button4);
        py.add(button5);
        py.add(button6);
        // 把中间容器 py 放置到中间区域
        container.add(py, BorderLayout.CENTER);
        this.setVisible(true); // 显示窗口
        this.setSize(600, 450);// 设置窗口大小
    }
    public static void main(String[] args) {
        new BoxLayoutDemo();
    }
}
```

程序执行结果如图8-9所示。

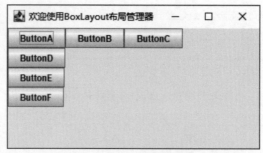

图 8-9　例 8-8 的运行结果

8.4 常用基本组件

在图形用户界面设计中使用最频繁的就是一些常用的基本组件，例如标签、按钮、文本框等组件。本节对这些常用的基本组件进行简单介绍。

8.4.1　标签（JLabel）

JLable组件被称为标签。它是一个静态组件，也是基本组件中最简单的一种组件。每个标签用一个标签类的对象表示，可以显示一行静态文本和图标。标签只起信息说明的作用，而不接收用户的输入，也无事件响应。其常用构造方法如下。

①JLabel()：构造一个既不显示文本信息也不显示图标的空标签。

②Label(String text)：构造一个显示文本信息的标签。

③JLabel(String text, int horizontalAlignment)：构造一个显示文本信息的标签。

④JLabel(String text, Icon icon, int horizontalAlignment)：构造一个同时显示文本信息和图标的标签。

构造方法中的参数text代表标签的文本提示信息，Icon icon代表标签的显示图标，int horizontalAlignment代表水平对齐方式。水平对齐方式的取值可以是JLabel .LEFT、JLabel .CENTER等常量，默认情况下标签的内容居中显示。

创建完标签对象，可以通过成员方法setHorizontalAlignment(int alignment)更改对齐方式。通过getIcon()和setIcon(Icon icon)方法获取标签的图标和修改标签上的图标。通过getText()和setText(String text)方法获取标签的文本提示信息和修改标签的文本内容。下面通过一个案例演示JLable的使用方法。

⊙【例8-9】JLable的使用。

功能实现：创建窗口并在窗口添加两个JLable，一个仅显示文本信息，另一个既显示文本信息又显示图标。

```java
import javax.swing.*;
import java.awt.*;
public class JLableDemo extends JFrame {
    private JLabel lb1,lb2;
```

```
public JLableDemo() {
    this.setTitle("JLable 示例 "); // 设置标题
    Container container = this.getContentPane();// 获得 Container 对象
    // 容器布局设置为 FlowLayout 布局
    container.setLayout(new FlowLayout());
    // 创建两个标签
    lb1 = new JLabel(" 第一个标签 "); // 只有文本信息
    // 既有文本信息又有图标
    lb2 = new JLabel(" 第二个标签 ",new ImageIcon("save.png"),JLabel.LEFT);
    // 将标签添加到容器
    container.add(lb1);
    container.add(lb2);
    this.setVisible(true);   // 使窗体显示出来
    this.setSize(300, 200); // 设置窗体大小
}
public static void main(String[] args) {
    new JLableDemo();
}
}
```

程序执行结果如图8-10所示。

图 8-10　例 8-9 的运行结果

8.4.2　文本组件

文本组件是用于显示信息和提供用户输入文本信息的主要工具，在Swing包中提供了文本框（JTextField）、文本域（JTextArea）、口令输入域（JPasswordField）等多种文本组件。它们都有一个共同的基类JTextComponent。在JTextComponent类中定义的主要方法如表8-1所示，主要实现对文本进行选择、编辑等操作。

表8-1　JTextComponent类常用成员方法

成员方法	功能说明
getText()	从文本组件中提取所有文本内容
getText(int offs, int len)	从文本组件中提取指定范围的文本内容
getSelectedText()	从文本组件中提取被选中的文本内容
selectAll()	在文本组件中选中所有文本内容

（续表）

成员方法	功能说明
setEditable(boolean b)	设置为可编辑或不可编辑状态
setText(String t)	设置文本组件中的文本内容
replaceSelection(String content)	用给定字符串所表示的新内容替换当前选定的内容

1. JTextField

JTextField被称为文本框。它是一个单行文本输入框，可以输出任何基于文本的信息，也可以接收用户输入的信息。

（1）JTextField常用的构造方法

①JTextField()：创建一个空的文本框，一般作为输入框。

②JTextField(int columns)：构造一个具有指定列数的空文本框，一般用于显示长度或者输入字符的长度受到限制的情况下。

③JTextField(String text)：构造一个显示指定字符的文本框，一般作为输出框。

④JTextField(String text, int columns)：构造一个具有指定列数，并显示指定初始字符串的文本域。

（2）JTextField组件常用的成员方法

①setFont(Font f)：设置字体。

②setActionCommand(String com)：设置动作事件使用的命令字符串。

③setHorizontalAlignment(int alig)：设置文本的水平对齐方式。

下面通过一个案例演示JTextField的使用方法。

➔【例8-10】JTextField的使用。

功能实现：创建窗口并在窗口添加一个JLable和一个JTextField，JLable用于显示提示信息，JTextField用于接收用户输入的信息。

```java
import java.awt.*;
import javax.swing.*;
public class JTextFieldDemo extends JFrame{
    private JLabel lb1;
    private JTextField t1;
    private Container container;
    public JTextFieldDemo() {
        this.setTitle("JTextField 示例 ");//设置窗体标题
        container = this.getContentPane(); // 获取 Container 对象
        container.setLayout(new FlowLayout()); //设置容器布局管理
        lb1 = new JLabel("请输入一个整数 ");//创建标签对象，字符串为提示信息
        t1 = new JTextField(10); // 创建输入文本框，最多显示 10 个字符
        // 将组件添加到窗口
        container.add(lb1);
```

```
        container.add(t1);
        this.setSize(300, 100);//设置窗口大小
        this.setVisible(true);//设置窗体的可见性
    }
    public static void main(String[] arg) {
        new JTextFieldDemo();
    }
}
```

程序执行结果如图8-11所示。

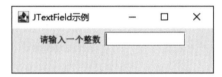

图 8-11　例 8-10 的运行结果

2. JTextArea

JTextArea被称为文本域。它与文本框的主要区别是文本框只能输入/输出一行文本，而文本域可以输入/输出多行文本。JTextArea本身不带滚动条，构造对象时可以设定区域的行、列数。由于文本域通常显示的内容比较多，超出指定的范围不方便浏览，因此一般将其放入滚动窗格JScrollPane中。

（1）常用的构造方法

①JTextArea()：构造一个空的文本域。

②JTextArea(String text)：构造显示初始字符串信息的文本域。

③JTextArea(int rows, int columns)：构造具有指定行和列的空的文本域。

④JTextArea(String text,int rows,int columns)：构造具有指定文本、行和列的文本域。

（2）JTextArea组件常用的成员方法

①insert(String str, int pos)：将指定文本插入指定位置。

②append(String str)：将给定文本追加到文档结尾。

③replaceRange(String str,int start,int end)：用给定的新文本替换从指示的起始位置到结尾位置的文本。

④setLineWrap(boolean wrap)：设置文本域是否自动换行，默认为false。

3. JPasswordField

JPasswordField组件实现一个密码框，用来接收用户输入的单行文本信息。在密码框中不显示用户输入的真实信息，而是通过显示一个指定的回显字符作为占位符。新创建密码框的默认回显字符为"*"，可以调用方法进行修改。

（1）JPasswordField的常用构造方法

①JPasswordField()：构造一个空的密码框。

②JPasswordField(String text)：构造一个显示初始字符串信息的密码框。

③JPasswordField(int columns)：构造一个具有指定长度的空密码框。

（2）JPasswordField的常用成员方法

①setEchoChar(char c)：设置密码框的回显字符。

②char[] getPassword()：返回此密码框中所包含的文本。

③char getEchoChar()：获得密码框的回显字符。

例如下面代码片段，判断输入密码框中的密码是否与给定密码相等。

```
JPasswordField pwf=new JPasswordField(6); // 可以接收6个字符的密码框
pwf.setEchoChar('*'); // 设置回显字符
getContentPane().add(lb1);
getContentPane().add(pwf); // 添加到内容窗格中
 ......
    char[] psword=pwf.getPassword(); // 得到密码框中输入的文本
    String s=new String(psword); // 把字符数组转换为字符串
    if(s.equals("123456")) // 比较字符串的值是否相等
        System.out.println(" 密码正确！ ");
```

8.4.3 按钮组件

按钮是图形用户界面最常用、最基本组件，经常用到的按钮有JButton、JCheckBox、JRadioButton等，这些按钮类均是AbstractButton类的子类或者间接子类。AbstractButton中定义了各种按钮所共有的一些方法。AbstractButton类常用的成员方法有以下几个。

①Icon getIcon()和setIcon(Icon icon)：获得和修改按钮图标。

②String getText()和setText(String text)：获取和修改按钮文本信息。

③setEnabled(boolean b)：启用或禁用按钮。

④setHorizontalAlignment(int alignment)：设置图标和文本的水平对齐方式。

按钮类之间的继承关系如图8-12所示，下面分别对几个常用的按钮类进行简单介绍。

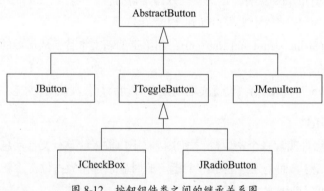

图 8-12　按钮组件类之间的继承关系图

1. JButton

JButton是最常用、最简单的按钮，可分为有无标签和图标几种情况。

JButton类常用的构造方法如下。

①JButton()：创建一个无文本也无图标的按钮。

②JButton(String text)：创建一个具有文本提示信息但没有图标的按钮。

③JButton(Icon icon)：创建一个具有图标、但没有文本提示信息的按钮。

④JButton(String text，Icon icon)：创建一个既有文本提示信息又有图标的按钮。

创建按钮对象的示例代码如下。

```
JButton bt=new JButton(" 保存 ",new ImageIcon("save.png"));
```

2. JCheckBox

JCheckBox组件被称为复选框。它提供选中/未选中两种状态，并且可以同时选定多个。用户单击复选框就会改变该复选框原来的状态。

JCheckBox组件类的常用构造方法如下。

①JCheckBox()：构造一个无标签的复选框。

②JCheckBox(String text)：构造一个具有提示信息的复选框。

③JCheckBox(String text,boolean selected)：创建具有文本的复选框，并指定其最初是否处于选定状态。

创建复选框组件对象，可以通过JCheckBox类提供的成员方法设定复选框的属性。如通过setText(String text)方法设定文本提示信息，通过setSelected(boolean b)方法设定复选框的状态，通过isSelected()方法获取按钮当前的状态。

3. JRadioButton

JRadioButton组件被称为选项按钮。在Java中，JRadioButton组件与JCheckBox组件功能完全一样，只是图形不同，复选框为方形图标，选项按钮为圆形图标。

如果要实现多选一的功能，需要利用javax.swing.ButtonGroup类实现。这个类是一个不可见的组件，表示一组单选按钮之间互斥的逻辑关系，实现诸如JRadioButton等组件的多选一功能。

下面通过一个案例演示这几种按钮类的使用方法。

⊙【例8-11】按钮类的使用。

功能实现：创建窗口并在窗口分别添加JButton、JCheckButton和JRadioButton三种不同的按钮。

```
import java.awt.*;
import javax.swing.*;
public class ButtonDemo extends JFrame{
    public ButtonDemo() {
        this.setTitle(" 三种按钮使用示例 ");
        // 设置布局管理器
        this.setLayout(new FlowLayout());
        // 创建 3 个面板对象
        JPanel p1 = new JPanel();
```

```java
        JPanel p2 = new JPanel();
        JPanel p3 = new JPanel();
        // 创建 3 个复选框对象
        JCheckBox cb1 = new JCheckBox("复选框 1");
        JCheckBox cb2 = new JCheckBox("复选框 2");
        JCheckBox cb3 = new JCheckBox("复选框 3");
        // 添加组件到面板 p1
        p1.add(cb1);
        p1.add(cb2);
        p1.add(cb3);
        // 创建 3 个单选钮对象
        JRadioButton rb1 = new JRadioButton("单选钮 1");
        JRadioButton rb2 = new JRadioButton("单选钮 2");
        JRadioButton rb3 = new JRadioButton("单选钮 3");
        // 创建按钮组对象
        ButtonGroup gp1 = new ButtonGroup();
        // 把单选钮对象添加到按钮组中，实现单选钮的多选一功能
        gp1.add(rb1);
        gp1.add(rb2);
        gp1.add(rb3);
        // 把单选钮添加到面板 p2
        p2.add(rb1);
        p2.add(rb2);
        p2.add(rb3);
        // 创建两个普通按钮对象
        JButton bt1 = new JButton("按钮 1");
        JButton bt2 = new JButton("按钮 2");
        // 添加组件到面板 p3
        p3.add(bt1);
        p3.add(bt2);
        // 把面板添加到窗体
        this.add(p1);
        this.add(p2);
        this.add(p3);
        this.setSize(300, 200);
        this.setVisible(true);
    }
    public static void main(String args[]) {
        ButtonDemo tsb = new ButtonDemo ();

    }
}
```

程序执行结果如图8-13所示。

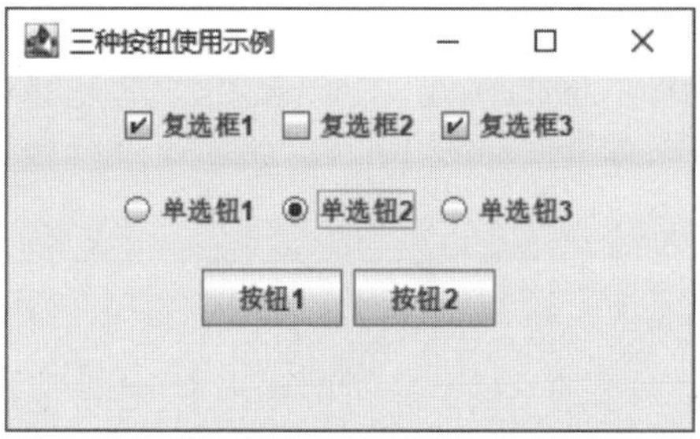

图 8-13　例 8-11 的运行结果

8.4.4　下拉列表框（JComboBox）

JComboBox被称为组合框或者下拉列表框。用户可以从下拉列表中选择相应的选项作为自己的选择，但只能选择一个选项。

JComboBox有两种形式：不可编辑的和可编辑的。对不可编辑的JComboBox，用户只能在现有的选项中进行选择；而可编辑的JComboBox，用户既可以在现有选项中选择，也可以输入新的内容作为自己的选择。

（1）JComboBox常用的构造方法

①JComboBox()：创建一个没有任何可选项的组合框。

②JCombBox(Object[ ] items)：根据Object数组创建组合框，Object数组的元素即为组合框中的可选项。

例如，创建一个具有3个可选项的下拉列表框，核心代码如下。

```
String contentList={"学士", "硕士", "博士"};
JComboBox jcb=new JComboBox(contentList);
```

创建下拉列表框对象后，可以通过该类的成员方法对其属性进行查询或修改。

（2）JComboBox类常用成员方法

①void addItem(Object anObject)：为选项列表添加选项。

②Object getItemAt(int index)：返回指定索引处的列表项。

③int getItemCount()：返回列表中的项数。

④int getSelectedIndex()：返回列表中与给定项匹配的第一个选项。

⑤Object getSelectedItem()：返回当前所选项。

⑥void removeAllItems()：从项列表中移除所有选项。

⑦removeItem(Object anObject)：从项列表中移除指定的选项。

⑧removeItemAt(int anIndex)：移除指定位置anIndex处的选项。

⑨setEditable(boolean aFlag)：设置JComboBox是否可编辑。

下面通过一个案例演示JComboBox的使用方法。

➔【例8-12】JComboBox的使用。

功能实现：创建窗口，并在窗口添加一个下拉列表框对象，供用户选择学历。

```
import java.awt.*;
import javax.swing.*;
public class JComboBoxDemo extends JFrame{
    public JComboBoxDemo() {
        this.setTitle("JcomboBox 使用示例 ");
        // 设置布局管理器
        this.setLayout(new FlowLayout());
        // 创建标签板对象
        JLabel lb1 = new JLabel("学历 ");
        // 准备加入下拉列表框中的选项
        String[] s1={" 初中 "," 高中 "," 大专 "," 本科 ", " 研究生 "};
        // 创建下拉列表框对象
        JComboBox jcb1=new JComboBox(s1);
        // 把组件添加到窗体
        this.add(lb1);
        this.add(jcb1);

        this.setSize(300, 200);
        this.setVisible(true);
    }

    public static void main(String args[]) {
        JComboBoxDemo tsb = new JComboBoxDemo ();

    }
}
```

程序执行结果如图8-14所示。

图 8-14　例 8-12 的运行结果

8.4.5　列表框（JList）

　　JList又称为列表框。它会显示一组选项供用户选择，用户可以从中选择一个或多个选项。JList组件与JComboBox组件的最大区别是JComboBox组件一次只能选择一项，而JList组件一次可以选择一项或多项。选择多项时可以是连续区间选择（按住Shift键进行选择），也可以是不连续选择(按住Ctrl键进行选择)。

（1）JList常用的构造方法

①JList()：构造一个空列表。

②JList(Object[] listData)：构造一个列表，列表的可选项由对象数组listData指定。

③JList(Vector listData)：构造一个列表，列表的可选项由Vector型参数dataModel指定。

（2）JList类常用的成员方法

①int getSelectedIndex( )：返回所选的第一个索引；如果没有选择项，则返回-1。

②void setSelectionBackground(Color c)：设置所选单元的背景色。

③void setSelection Foreground(Color c)：设置所选单元的前景色。

④void setVisibleRowCount(int num)：设置不使用滚动条可以在列表中显示的首选行数。

⑤void setSelectionMode(int selectionMode)：确定允许单项选择还是多项选择。

⑥void setListData(Object[] listData)：根据一个object数组构造列表。

下面通过一个案例演示JList的使用方法。

➔【例8-13】JList的使用。

功能实现：创建窗口，并在窗口添加一个列表框，供用户选择个人爱好，用户可以选择多个选项。

```java
import java.awt.*;
import javax.swing.*;
public class JListDemo extends JFrame{
    public JListDemo() {
        this.setTitle("JList 使用示例 ");
        this.setLayout(null); // 不使用布局管理器
        JLabel lb1 = new JLabel(" 个人爱好 "); // 创建标签板对象
        lb1.setBounds(10, 10, 60, 15);     // 设置标签位置和大小
        // 准备加入列表框中的选项
        String[] s1={" 读书 "," 跑步 "," 游泳 "," 滑雪 ", " 举重 ", " 购物 ", " 上网 "};
        JList list1=new JList(s1);// 创建列表框对象
        JScrollPane sp1=new JScrollPane();// 创建滚动面板
        sp1.setViewportView(list1);     // 设置滚动面板视口
        sp1.setBounds(70, 5, 70, 100); // 设置面板位置和大小
        // 把组件添加到窗体
        this.getContentPane().add(lb1);
        this.getContentPane().add(sp1);
        this.setSize(300, 200);
        this.setVisible(true);
    }
    public static void main(String args[]) {
        JListDemo tsb = new JListDemo ();
    }
}
```

程序执行结果如图8-15所示。

图 8-15 例 8-13 的运行结果

8.5 Java的GUI事件处理

设计和实现图形用户界面的工作主要有两个：一是创建组成界面的各种元素，并指定它们的属性和位置关系，形成完整的图形用户界面的物理外观；二是定义图形用户界面的事件和各界面元素对不同事件的响应，从而实现图形用户界面与用户的交互功能。图形用户界面的事件驱动机制，可根据产生的事件来决定执行相应的程序段。

8.5.1 事件处理的基本过程

Java采用委托事件模型来处理事件。委托事件模型的特点是将事件的处理委托给独立的对象，而不是组件本身，从而将用户界面与程序逻辑分开。整个"委托事件模型"由产生事件的对象（事件源）、事件对象及监听者对象之间的关系所组成。

每当用户在组件上进行某种操作时，事件处理系统会将与该事件相关的信息封装在一个"事件对象"中。例如，单击命令按钮时会生成一个代表此事件的ActionEvent事件类对象。用户操作不同，事件类对象也会不同。然后将该事件对象传递给监听者对象。监听者对象根据该事件对象内的信息确定适当的处理方式。每类事件对应一个监听程序接口，规定接收并处理该类事件的方法的规范。如ActionEvent事件对应ActionListener接口。该接口只有一个方法，即actionPerformed()，当出现ActionEvent事件时，该方法会被调用。

为了接收并处理某类用户事件，必须在程序代码中向产生事件的对象注册相应的事件处理程序，即事件的监听程序（Listener）。它是实现了对应监听程序接口的一个类。当事件产生时，产生事件的对象主动通知监听者对象，监听者对象根据产生该事件的对象来决定处理事件的方法。例如，为了处理命令按钮上的ActionEvent事件，需要定义一个实现ActionListener接口的监听程序类。每个组件都有若干个形如add×××Listener(×××Listener listener)的方法。通过这类方法，可以为组件注册事件监听程序。例如在JButton类中的方法：public void addAciton Listener(AcitonListener listener)，该方法可以为JButton组件注册ActionEvent事件监听程序，方法的参数是一个实现了ActionListener接口的类的实例。Java的事件处理过程如图8-16所示。

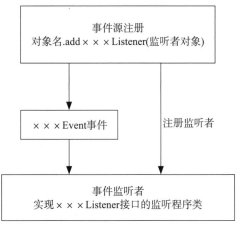

图 8-16 事件处理模型示意图

下面通过一些具体的案例演示ActionEvent事件的处理过程。

⊙【例8-14】ActionEvent事件的处理过程。

功能实现：使用内部类作为事件监听器类，监听ActionEvent事件并进行处理。

创建包含一个命令按钮的窗口，并为该命令按钮注册一个内部类ButtonEventHandle对象，作为ActionEvent事件的监听器对象。内部类ButtonEventHandle实现了ActionEvent事件对应的ActionListener接口。在该类的actionPerformed方法中给出了处理ActionEvent事件的代码。当单击命令按钮时，ActionEvent事件被触发，该方法中的代码被执行。

```
import java.awt.*;
import javax.swing.*;
import java.awt.event.*; // ActionListener 接口和事件类处于 event 包中，需导入该包
public class ActionEventDemo1 extends JFrame {
    private JButton button1;
    private Container container;
    public TestEvent() {
        this.setTitle(" 事件处理演示程序 ");
        container = this.getContentPane();
        container.setLayout(new FlowLayout());
        // 创建标准命令按钮，按钮上的标签由构造方法中的参数指定
        button1 = new JButton(" 测试事件 ");
        // button1 为事件源，为事件注册监听者，监听者必须实现该事件对应的接口
        button1.addActionListener(new ButtonEventHandle());
        container.add(button1); // 把命令按钮添加到内容窗格
        this.setVisible(true);
        this.setSize(300, 100);
    }
    // 该类为内部类，作为事件监听程序类，该类必须实现事件对应的接口
    class ButtonEventHandle implements ActionListener {
        // 当触发 ActionEvent 事件时，执行 actionPerformed() 方法
```

```
        public void actionPerformed(ActionEvent e) {
            System.out.println("命令按钮被单击");
        }
    }
    public static void main(String[] args) {
        new ActionEventDemo1();
    }
}
```

程序执行结果如图8-17所示。

图 8-17　例 8-14 的运行结果

当单击命令按钮时，控制台将显示字符串"命令按钮被单击"。

本例中的事件监听器类被定义为一个内部类ButtonEventHandle，也可以使用组件所在的类作为监听器类，方法就是让组件所在的类直接实现监听器接口即可。

⊙【例8-15】使用组件所在的类作为事件监听器类。

功能实现：创建一个包含一个命令按钮和一个文本框的窗口。当单击命令按钮时，把文本框的内容显示到控制台。由于要使用组件所在的类作为监听器类，该类必须实现ActionListener接口。

```
import java.awt.*;
import javax.swing.*;
import java.awt.event.*;
public class ActionEventDemo2 extends JFrame implements ActionListener{
    // 组件所在类作为事件监听器类，该类必须实现对应的 ActionListener 接口
    private JTextField textField1; // 文本框
    private JButton button1;       // 按钮
    private Container container;
    public ActionEventDemo2 () {
        this.setTitle("事件处理演示程序2");
        container = this.getContentPane();
        container.setLayout(new FlowLayout());
        // 创建文本框对象
        textField1 = new JTextField(20);
        // 创建命令按钮对象
        button1 = new JButton("确定");
        // 注册监听器对象
        button1.addActionListener(this);
```

```
        // 在窗口上添加组件
        container.add(textField1);
        container.add(button1);
        // 设置窗口可见状态和大小
        this.setVisible(true);
        this.setSize(360, 150);
    }
    // 实现 ActionListener 接口中的方法
    public void actionPerformed(ActionEvent e) {
        // 获取文本框的内容
        String s1 = textField1.getText();
        // 输出到控制台
        System.out.println(s1);
    }
    public static void main(String[] args) {
        new ActionEventDemo2 ();
    }
}
```

程序执行结果如图8-18所示。

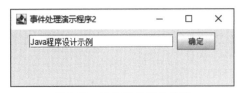

图 8-18 例 8-15 的运行结果

当用户单击图8-18中的"确定"按钮时，控制台将输出文本框中的内容"Java程序设计示例"。

也可以用匿名内部类对象作为事件监听器对象，具体示例如例8-16所示。

⊙【例8-16】使用匿名内部类作为事件监听类。

功能实现： 使用匿名内部类作为事件监听类。创建一个包含两个文本框的窗口，用户在第一个文本框中输入一个正整数，然后按回车键。程序自动计算该数的阶乘值，并把计算结果显示到第二个文本框。

```
import java.awt.*;
import javax.swing.*;
import java.awt.event.*;
public class ActionEventDemo3 extends JFrame{
    // 组件所在类作为事件监听器类，该类必须实现对应的ActionListener 接口
    private JTextField textField1; // 文本框1
    private JTextField textField2; // 文本框2
    private Container container;
```

```
    public ActionEventDemo3 () {
        this.setTitle(" 事件处理演示程序 3");
        container = this.getContentPane();
        container.setLayout(new FlowLayout());
        // 创建标签用于显示提示信息
        JLabel lb1 = new JLabel(" 输入一个正整数 :");
        JLabel lb2 = new JLabel(" 该数的阶乘值为 :");
        // 创建文本框对象
        textField1 = new JTextField(20);
        textField2 = new JTextField(20);
        // 注册监听器对象，该对象为匿名内部类对象
        textField1.addActionListener(new ActionListener(){
            // 匿名内部作为事件监听器类
            // 该类必须实现事件对应的 ActionListener 接口中的方法
            public void actionPerformed(ActionEvent e) {
                // 获取文本框 1 中的内容
                String s1 = textField1.getText();
                // 把字符串转化为整数
                int n = Integer.parseInt(s1);
                // 计算阶乘
                long f=1;
                for(int i=1;i<=n;i++) {
                    f *= i;
                }
                // 把整数转化为字符串
                String s2 = String.valueOf(f);
                // 在文本框 2 中显示计算结果
                textField2.setText(s2);
            }
        });

        // 在窗口上添加组件
        container.add(lb1);
        container.add(textField1);
        container.add(lb2);
        container.add(textField2);
        // 设置窗口属性
        this.setVisible(true);
        this.setSize(360, 150);
    }

    public static void main(String[] args) {
```

```
            new ActionEventDemo3 ();
    }
}
```

程序执行结果如图8-19所示。

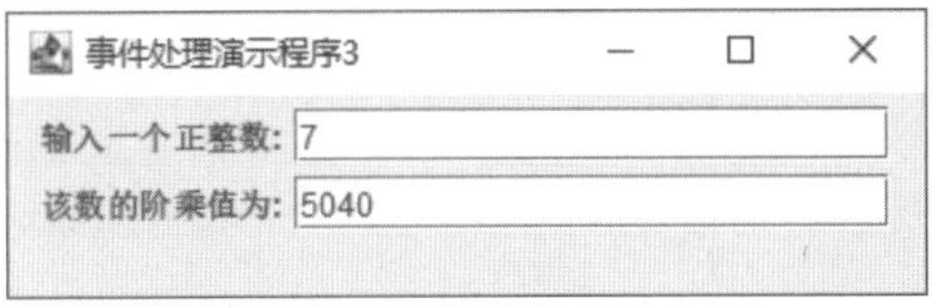

图8-19 例8-16的运行结果

大部分事件监听器只是临时使用一次，所以使用匿名内部类形式的事件监听器更合适。实际上，这种形式是目前是最广泛的事件监听器形式。上面的程序代码就是使用匿名内部类创建事件监听器。使用匿名内部类作为监听器，唯一的缺点就是匿名内部类的语法不易掌握。如果读者的Java语言基本功扎实，对匿名内部类的语法掌握得较好，通常建议使用匿名内部类作为监听器。

8.5.2 常用的事件类及其监听器类

前面介绍了图形用户界面中事件处理的一般机制，其中只涉及ActionEvent事件类。由于不同事件源上发生的事件种类不同，不同的事件有不同的监听器处理。所以在java.awt.event包和javax.swing.event包中还定义了很多其他事件类。每个事件类都有一个对应的监听器接口，监听器接口中声明了若干个抽象的事件处理方法。事件的监听器类需要实现相应的监听器接口。

1. AWT中的常用事件类及其监听器接口

java.util.EventObject类是所有事件对象的基础父类，所有事件都是由它派生出来的。AWT的相关事件继承于java.awt.AWTEvent类，这些AWT事件分为两类：低级事件和高级事件。低级事件是指基于组件和容器的事件，如鼠标的进入、单击、拖放，或组件的窗口开关等。低级事件主要包括ComponentEvent、ContainerEvent、WindowEvent、FocusEvent、KeyEvent、MouseEvent等。

高级事件是基于语义的事件。它可以不和特定的动作相关联，而依赖于触发此事件的类，如在JTextField中按Enter键会触发ActionEvent事件，滑动滚动条会触发AdjustmentEvent事件，或是选中项目列表的某一条就会触发ItemEvent事件。高级事件主要包括ActionEvent、AdjustmentEvent、ItemEvent、TextEvent等。

表8-2中是常用的AWT事件类及相应的监听器接口，共10类事件，11个接口。

表8-2 常用的AWT事件及其相应的监听器接口

事件类别	描述信息	接口名	方法
ActionEvent	激活组件	ActionListener	actionPerformed(ActionEvent e)
ItemEvent	选择了某些项目	ItemListener	itemStateChanged(ItemEvent e)

事件类别	描述信息	接口名	方法
MouseEvent	鼠标移动	MouseMotionListener	mouseDragged(MouseEvent e) mouseMoved(MouseEvent e)
	鼠标单击等	MouseListener	mousePressed(MouseEvent e) mouseReleased(MouseEvent e) mouseEntered(MouseEvent e) mouseExited(MouseEvent e) mouseClicked(MouseEvent e)
KeyEvent	键盘输入	KeyListener	keyPressed(KeyEvent e) keyReleased(KeyEvent e) keyTyped(KeyEvent e)
FocusEvent	组件收到或失去焦点	FocusListener	focusGained(FocusEvent e) focusLost(FocusEvent e)
AdjustmentEvent	移动滚动条等组件	AdjustmentListener	adjustmentValueChanged(AdjustmentEvent e)
ComponentEvent	对象移动、缩放、显示、隐藏等	ComponentListener	componentMoved(ComponentEvent e) componentHidden(ComponentEvent e) componentResized(ComponentEvent e) componentShown(ComponentEvent e)
WindowEvent	窗口收到窗口级事件	WindowListener	windowClosing(WindowEvent e) windowOpened(WindowEvent e) windowIconified(WindowEvent e) windowDeiconified(WindowEvent e) windowClosed(WindowEvent e) windowActivated(WindowEvent e) windowDeactivated(WindowEvent e)
ContainerEvent	容器中增加、删除组件	ContainerListener	componentAdded(ContainerEvent e) componentRemoved(ContainerEvent e)
TextEvent	文本字段或文本区发生改变	TextListener	textValueChanged(TextEvent e)

2. Swing 中的常用事件类及其监听器接口

在javax.swing.event包中也定义了一些事件类，包括AncestorEvent、CaretEvent、DocumentEvent等。表8-3中列出常用的Swing事件类及其相应的监听器接口。

表8-3 常用的Swing事件类及其相应的监听器接口

事件类别	描述信息	接口名	方法
AncestorEvent	报告给子组件	AncestorListener	ancestorAdded(AncestorEvent event) ancestorRemoved(AncestorEvent event) ancestorMoved(AncestorEvent event)

（续表）

事件类别	描述信息	接口名	方法
CaretEvent	文本插入符已发生更改	CaretListener	caretUpdate(CaretEvent e)
ChangeEvent	事件源状态发生更改	ChangeListener	stateChanged(ChangeEvent e)
DocumentEvent	文档更改	DocumentListener	insertUpdate(DocumentEvent e) removeUpdate(DocumentEvent e) changedUpdate(DocumentEvent e)
UndoableEditEvent	撤销操作	UndoableEditListener	undoableEditHappened(UndoableEditEvent e)
ListSelectionEvent	选择值发生更改	ListSelectionListener	valueChanged(ListSelectionEvent e)
ListDataEvent	列表内容更改	ListDataListener	intervalAdded(ListDataEvent e) contentsChanged(ListDataEvent e) intervalRemoved(ListDataEvent e)
TableModelEvent	表模型发生更改	TableModelListener	tableChanged(TableModelEvent e)
MenuEvent	菜单事件	MenuListener	menuSelected(MenuEvent e) menuDeselected(MenuEvent e) menuCanceled(MenuEvent e)
TreeExpansionEvent	树扩展或折叠某一节点	TreeExpansionListener	treeExpanded(TreeExpansionEvent event) tree Collapsed(TreeExpansionEvent event)
TreeModelEvent	树模型更改	TreeModelListener	treeNodesChanged(TreeModelEvent e) treeNodesInserted(TreeModelEvent e) treeNodesRemoved(TreeModelEvent e) treeStructureChanged(TreeModelEvent e)
TreeSelectionEvent	树模型选择发生更改	TreeSelectionListener	valueChanged(TreeSelectionEvent e)

所有的事件类都继承自EventObject类。在该类中定义了一个重要的方法getSource()。该方法的功能是从事件对象获取触发该事件的事件源，为编写事件处理的代码提供方便。该方法的接口为public Object getSource()，无论事件源是何种具体类型，返回的都是Object类型的引用。开发人员需要自己编写代码进行引用的强制类型转换。

AWT的组件类和Swing组件类提供注册和注销监听器的方法。注册监听器的方法为public void add×××Listener (<ListenerType> listener)，如果不需要对该事件监听处理，可以把事件源的监听器注销，public void remove×××Listener (<ListenerType> listener)。

8.6 多监听程序与事件适配器

为了实现事件的处理需要实现对应监听器接口，而在接口中往往包含很多抽象方法，为了实现接口就需要实现接口中所有的抽象方法。然而在很多情况下，用户往往只关心其中的某一个或者某几个方法，为了简化编程可以考虑使用适配器（Adapter）类。

8.6.1 窗口事件的处理

大部分GUI应用程序都需要使用窗体作为最外层的容器。可以说窗体是组建GUI应用程序的基础，应用中需要使用的其他控件都是直接或间接放在窗体中的。

如果窗体关闭时需要执行自定义的代码，可以利用窗口事件WindowEvent对窗体进行操作，包括关闭窗体、窗体失去焦点、获得焦点、最小化等。WindowsEvent类包含的窗口事件如表8.1所示。

WindowEvent类的主要方法有getWindow()和getSource()。这两个方法的区别：getWindow()方法返回引发当前WindowEvent事件的具体窗口，返回值是具体的Window对象；getSource()方法返回相同的事件引用，其返回值的类型为Object。下面通过一个案例说明窗口事件的使用。

⟶【例8-17】窗口事件的使用。

功能实现：创建两个窗口，对窗口事件进行测试。

```java
import java.awt.*;
import javax.swing.*;
import javax.swing.JFrame;
import java.awt.event.*;
public class windowEventDemo {
    JFrame f1, f2;
    public static void main(String[] arg) {
        new windowEventDemo();
    }
    public windowEventDemo() {
        // 创建两个 JFrame 对象
        f1 = new JFrame(" 第一个窗口事件测试 ");
        f2 = new JFrame(" 第二个窗口事件测试 ");
        Container cp = f1.getContentPane();
        f1.setSize(300, 200); // 设置窗口大小
        f1.show(); // 设置窗口为可见
        f2.show();
        // 注册窗口事件监听程序，两个事件源自同一个监听者，WinLis 为内部类
        f1.addWindowListener(new WinLis());
        f2.addWindowListener(new WinLis());
    }
```

```
class WinLis implements WindowListener{
    public void windowOpened(WindowEvent e) {
        // 窗口打开时调用
        System.out.println(" 窗口被打开 ");
    }
    public void windowActivated(WindowEvent e) {
        // 该方法暂时不用, 代码为空
    }
    public void windowDeactivated(WindowEvent e) {
        // 将窗口设置成非活动窗口
        if (e.getSource() == f1)
            System.out.println(" 第一个窗口失去焦点 ");
        else
            System.out.println(" 第二个窗口失去焦点 ");
    }
    public void windowClosing(WindowEvent e) {
        // 把退出窗口时要执行的语句写在本方法中
        System.exit(0);
    }
    public void windowIconified(WindowEvent e) { // 窗口图标化时调用
        if (e.getSource() == f1)
            System.out.println(" 第一个窗口被最小化 ");
        else
        System.out.println(" 第二个窗口被最小化 ");
    }
    public void windowDeiconified(WindowEvent e) {
    }// 窗口非图标化时调用
    public void windowClosed(WindowEvent e) {
    }// 窗口关闭时调用
    }
}
```

程序执行结果如图8-20所示。

图 8-20 例 8-17 的运行结果

当用户单击第2个窗口时，第1个窗口失去焦点；反之则第1个窗口获得焦点，第2个窗口失去焦点。控制台显示用户操作引起焦点转移的过程如图8-21所示。

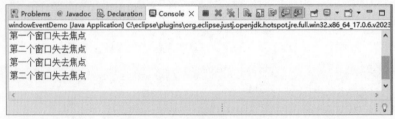

图8-21　用户操作的执行结果

> **⊙注意事项** 接口中有多个抽象方法时，如果某个方法不需要处理，也要以空方法体的形式给出方法的实现。例如，本例中的windowActivated()方法就是以空方法体进行的实现。

8.6.2　事件适配器

从上例的窗口事件可以看出，为了进行事件处理需要创建实现对应接口的类。而在这些接口中往往声明很多抽象方法，为了实现这些接口需要给出这些方法的所有实现。如WindowListener接口中定义7个抽象方法，在实现接口的类中必须同时实现这7个方法。然而，多数情况是用户往往只关心其中的某一个或者某几个方法，为了简化编程可以使用适配器（Adapter）类。

具有两个以上方法的监听器接口均对应一个XXXAdapter类，提供该接口中每个方法的默认实现。在实际开发中，在编写监听器时不再直接实现监听接口，而是继承适配器类，并重写实际需要的事件处理方法，这样可避免编写大量不必要的代码。表8-4是一些常用的适配器类。

表8-4　Java中常用的适配器类

适配器类	实现的接口
ComponentAdapter	ComponentListener，EventListener
ContainerAdapter	ContainerListener，EventListener
FocusAdapter	FocusListener，EventListener
KeyAdapter	KeyListener，EventListener
MouseAdapter	MouseListener，EventListener
MouseMotionAdapter	MouseMotionListener，EventListener
WindowAdapter	WindowFocusListener，WindowListener，WindowStateListener，EventListener

表中所给的适配器都在java.awt.event包中。Java是单继承，一个类继承了适配器就不能再继承其他类了。因此在使用适配器开发监听程序时经常使用匿名类或内部类来实现。

8.6.3　键盘事件的处理

键盘操作也是最常用的用户交互方式，Java提供KeyEvent类来捕获键盘事件。处理KeyEvent事件的监听器对象可以是实现KeyListener接口的类对象，或者是继承KeyAdapter类的类对象。在

KeyListener接口中包括如下三个事件。

①public void keyPressed(KeyEvent e)：代表键盘按键被按下的事件。

②public void keyReleased(KeyEvent e)：代表键盘按键被放开的事件。

③public void keyTyped(KeyEvent e)：代表按键被敲击的事件。

KeyEvent类中的常用如下方法。

①char getKeyChar()：返回引发键盘事件的按键对应的Unicode字符。如果这个按键没有Unicode字符与之对应，则返回KeyEvent类的一个静态常量KeyEvent.CHAR-UNDEFINED。

②String getKeyText()：返回引发键盘事件的按键的文本内容。

③int getKeyCode()：返回与此事件中的键相关联的整数keyCode。

下面通过一个案例说明键盘事件的使用。

➜【例8-18】键盘事件的使用。

功能实现： 把所敲击的按键上的键符显示在窗口上，当按下Esc键时退出程序。

```java
import java.awt.*;
import javax.swing.*;
import java.awt.event.*;
public class KeyEventDemo extends JFrame {
    // 标签对象用于显示提示信息
    private JLabel showInf;
    private Container container;
    public KeyEventDemo() {
        container = this.getContentPane();
        container.setLayout(new BorderLayout()); // 设置布局管理器
        showInf = new JLabel();// 创建标签对象
        container.add(showInf, BorderLayout.NORTH); // 把标签放到窗口的北部
        this.addKeyListener(new keyLis()); // 注册键盘事件监听程序 keyLis() 为内部类
        // 注册窗口事件监听程序，监听器以匿名内部类的形式进行
        this.addWindowListener(new WindowAdapter() {// 匿名内部类开始
                public void windowClosing(WindowEvent e) {
                    // 把退出窗口的语句写在本方法中
                    System.exit(0);
                } // 窗口关闭
        });// 匿名类结束
        this.setSize(300, 200); // 设置窗口大小
        this.setVisible(true); // 设置窗口为可见
    }
    class keyLis extends KeyAdapter { /* 内部类开始 */
        public void keyTyped(KeyEvent e) {
            // 获取键盘键入的字符
            char c = e.getKeyChar();
```

```
            // 设置标签上的显示信息
            showInf.setText(" 你按下的键盘键是 " + c + "");
        }
     public void keyPressed(KeyEvent e) {
            if (e.getKeyCode() == 27) // 如果按下Esc键，则退出程序
                System.exit(0);
        }
    } /* 内部类结束 */
    public static void main(String[] arg) {
        new KeyEventDemo();
    }
}
```

程序执行结果如图8-22所示。

图 8-22　例 8-18 的程序执行结果

> **⚠ 注意事项** 在本例中，对键盘事件的处理，采用的是内部类keyLis作为键盘事件的监听程序。该类是 KeyAdapter类的子类，只对键盘按下和键盘敲击两种事件给出处理，同时也对窗口事件进行处理。由于 windowListener接口中有7类事件，而这里只需要对窗口关闭事件进行处理即可，所以采用匿名内部类作为窗口事件的监听器。该例子对窗口注册了多个不同类型的监听器，可以对不同类型的事件进行处理。

8.6.3　鼠标事件的处理

在图形用户界面中，鼠标主要用来进行选择、切换或绘画。当用户用鼠标进行交互操作时，会产生鼠标事件MouseEvent。所有的组件都可以产生鼠标事件。可以通过实现MouseListener接口和MouseMotionListener接口的类，或者是继承MouseAdapter的子类来处理相应的鼠标事件。

与Mouse有关的事件可分为两类。一类是MouseListener接口，主要针对鼠标的按键与位置作检测，共提供如下5个事件的处理方法。

①public void mouseClicked (MouseEvent e)：鼠标单击事件。

②public void mouseEntered (MouseEvent e)：鼠标进入事件。

③public void mousePressed (MouseEvent)：鼠标按下事件。

④public void mouseReleased (MouseEvent)：鼠标释放事件。

⑤public void mouseExited (MouseEvent)：鼠标离开事件。

另一类是MouseMotionListener接口，主要针对鼠标的坐标与拖动操作做处理，处理方法有如下两个。

public void mouseDragged(MouseEvent)：鼠标拖动事件。

public void mouseMoved(MouseEvent)：鼠标移动事件。

MouseEvent类还提供获取发生鼠标事件坐标及单击次数的成员方法，MouseEvent类中的常用方法如下。

①Point getPoint()：返回Point对象，包含鼠标事件发生的坐标点。

②int getClickCount()：返回与此事件关联的鼠标单击次数。

③int getX()：返回鼠标事件x坐标。

④int getY()：返回鼠标事件y坐标。

⑤int getButton()：返回哪个鼠标按键更改了状态。

下面通过一个案例说明鼠标事件的使用。

➔【例8-19】键盘事件的使用。

功能实现：检测鼠标的坐标位置，并在窗口的文本框中显示，同时还显示鼠标的按键操作。

```java
import java.awt.*;
import javax.swing.*;
import java.awt.event.*;
// 当前类作为 MouseEvent 事件的监听者，该类需要实现对应的接口
public class MouseEventDemo extends JFrame implements MouseListener {
    private JLabel showX, showY, showSatus; // 显示提示信息的标签
    private JTextField t1, t2; // 用于显示鼠标x、y坐标的文本框
    private Container container;
    public MouseEventDemo() {
        container = this.getContentPane();// 获取内容窗格
        container.setLayout(new FlowLayout()); // 设置布局格式
        showX = new JLabel("X 坐标 ");// 创建标签对象，字符串为提示信息
        showY = new JLabel("Y 坐标 ");// 创建标签对象，字符串为提示信息
        showSatus = new JLabel();// 创建标签初始为空，用于显示鼠标的状态信息
        // 创建显示信息的文本，用于显示鼠标坐标的值，最多显示 10 个字符
        t1 = new JTextField(10);
        t2 = new JTextField(10);
        // 把组件顺次放入窗口的内容窗格
        container.add(showX);
        container.add(t1);
        container.add(showY);
        container.add(t2);
        container.add(showSatus);
        /* 为本窗口注册鼠标事件监听程序为当前类，mouseEventDemo 必须实现 MouseListener
接口或者继承 MouseAdapter 类 */
        this.addMouseListener(this);
```

```java
        // 为窗口注册 MouseMotionEvent 监听程序，为 MouseMotionAdapter 类的子类
        this.addMouseMotionListener(new mouseMotionLis());
        // 注册窗口事件监听程序，监听器以匿名类的形式进行
        this.addWindowListener(new WindowAdapter() {// 匿名内部类开始
            public void windowClosing(WindowEvent e) {
            // 把退出窗口的语句写在本方法中
                System.exit(0);
            } // 窗口关闭
        });// 匿名内部类结束
        this.setSize(300, 150); // 设置窗口大小
        this.setVisible(true); // 设置窗口可见
    }
    /* 内部类开始作为 MouseMotionEvent 的事件监听者 */
    class mouseMotionLis extends MouseMotionAdapter {
        public void mouseMoved(MouseEvent e) {
            int x = e.getX(); // 获取鼠标的 x 坐标
            int y = e.getY(); // 获取鼠标的 y 坐标
            t1.setText(String.valueOf(x)); // 设置文本框的提示信息
            t2.setText(String.valueOf(y));
        }
        public void mouseDragged(MouseEvent e) {
            showSatus.setText("拖动鼠标"); // 设置标签的提示信息
        }
    } /* 内部类结束 */
    // 以下方法是mouseListener 接口中事件的实现对鼠标的按键与位置作检测
    public void mouseClicked(MouseEvent e) {
        showSatus.setText("单击鼠标" + e.getClickCount() + "次");
    } // 获取鼠标单击次数
    public void mousePressed(MouseEvent e) {
        showSatus.setText("鼠标按下");
    }
    public void mouseEntered(MouseEvent e) {
        showSatus.setText("鼠标进入窗口");
    }
    public void mouseExited(MouseEvent e) {
        showSatus.setText("鼠标不在窗口");
    }
    public void mouseReleased(MouseEvent e) {
        showSatus.setText("鼠标释放");
    }
    public static void main(String[] arg) {
```

```
        new MouseEventDemo();// 创建窗口对象
    }
}
```

程序执行结果如图8-23所示。

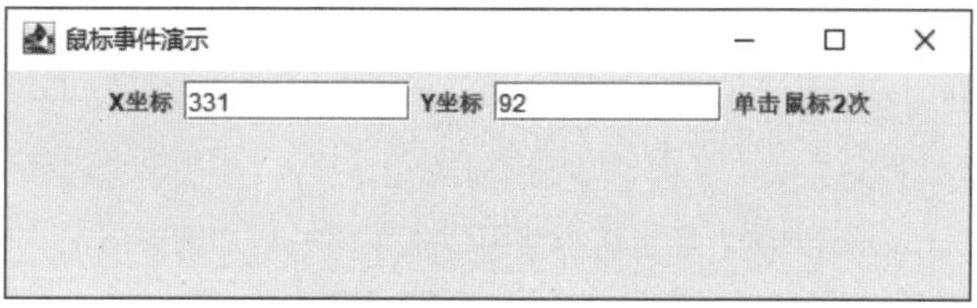

图 8-23 例 8-19 的执行结果

①注意事项 在本例中，程序自动检测鼠标的拖动以及进入和离开窗口的情况，并在窗口上显示。为一个组件注册了多个监听器。对于MouseEvent事件，采用组件所在类实现监听器接口的方式作为事件的监听者，对于鼠标的移动和拖动的处理，采用内部类继承适配器的方式来实现。对于关闭窗口的事件，采用了匿名类来处理。

8.7 菜单

菜单在GUI应用程序中有着非常重要的作用。通过菜单用户可以非常方便地访问应用程序的各个功能，是软件中必备的组件之一，利用菜单可以将程序功能模块化。菜单通常依附于JFrame，主要包括JMenuBar、JMenu、JMenuItem三个组件。

8.7.1 菜单概述

Swing包中提供了多种菜单组件，它们的继承关系如图8-24所示。通过菜单组件可以创建多种样式的菜单，如下拉式、快捷键式及弹出式菜单等。本章主要介绍下拉式菜单和弹出式菜单的定义与使用。

```
java.lang.Object
  └─java.awt.Component
      └─java.awt.Container
          └─javax.swing.JComponent
              └─javax.swing.JMenuBar

              javax.swing.JPopupMenu

              javax.swing.JSeparator

              javax.swing.AbstractButton
                └─javax.swing.JMenuItem
                    └─javax.swing.JMenu

              javax.swing.JCheckboxMenuItem

              javax.swing.JRadioButtonMenuItem
```

图 8-24 菜单组件的继承关系

8.7.2　下拉式菜单

下拉式菜单是最常用的菜单，用来包容一组菜单项和子菜单。多个菜单放在菜单栏上，构成系统菜单。

1. 菜单栏（JMenuBar）

菜单栏是窗口中的主菜单，只用来管理菜单，不参与交互式操作。Java应用程序中的菜单都包含在一个菜单栏对象之中。

JMenuBar(菜单栏)只有一个构造方法JMenuBar()。顶层容器类如JFrame都有一个setMenuBar(JMenuBar menu)方法，通过该方法可以把菜单栏添加到窗口上。

创建菜单栏并把菜单添加到窗口可以采用如下代码片段。

```
JMenuBar menuBar = new JMenuBar ();       //创建菜单栏
JFrame frame = new JFrame("菜单示例" ); //创建窗口
frame. setMenuBar(menuBar);               //把菜单栏添加到窗口
```

2. 菜单（JMenu）

菜单是用来存放和整合菜单项(JMenuItem)的组件。菜单可以是单一层次的结构，也可以是一个多层次的结构。具体使用何种形式的结构则取决于界面设计上的需要。

（1）JMenu常用的构造方法

①JMenu()：创建一个空标签的JMenu对象。

②JMenu(String text)：使用指定的标签创建一个JMenu对象。

③JMenu(String text，Boolean b)：使用指定的标签创建一个JMenu对象，并给出此菜单是否具有下拉式的属性。

创建菜单并把菜单添加到菜单栏，可以采用如下代码片段。

```
JMenu fileMenu = new JMenu(" 文件 (F)"); //创建菜单
JMenu helpMenu = new JMenu(" 帮助 (H)"); //创建菜单
menuBar.add(fileMenu);    //把菜单添加到菜单栏
menuBar.add(helpMenu);    //把菜单添加到菜单栏
```

（2）JMenu常用的成员方法

①getItem(int pos)：得到指定位置的JMenuItem。

②getItemCount()：得到菜单项数目包括分隔符。

③insert()和remove()：插入菜单项或者移除某个菜单项。

④addSeparator()和insertSeparator(int index)：在某个菜单项间加入分隔线。

3. 菜单项（JMenuItem）

菜单项是菜单系统中最基本的组件，继承自AbstractButton类，所以也可以把菜单项看作一个按钮。它支持许多按钮的功能，例如，加入图标(Icon)，以及在菜单中选择某一项时会触发ActionEvent事件等。

（1）JMenuItem常用的构造方法

①JMenuItem(String text)：创建一个具有文本提示信息的菜单项。

②JMenuItem(Icon icon)：创建一个具有图标的菜单项。

③JMenuItem(String text，Icon icon)：创建一个既有文本又有图标的菜单项。

④JMenuItem(String text，int mnemonic)：创建一个指定文本和键盘快捷的菜单项。

（2）菜单项常用的成员方法

①void setEnabled(boolean b)：启用或禁用菜单项。

②void setAccelerator(KeyStroke keyStroke)：设置加速键。它能直接调用菜单项的操作监听器，而不必显示菜单的层次结构。

③void setMnemonic(char mnemonic)：设置快捷键。

设置菜单项的加速键，可以采用如下的代码片段。

```
// 通过构造方法设置加速键
JMenuItem fNew = new JMenuItem(" 新建 (N)",KeyEvent.VK_N);
// 通过调用 setMnemonic() 设置加速键
JMenuItem fOpen = new JMenuItem(" 打开 (O)...");
fOpen.setMnemonic(KeyEvent.VK_O);
```

制作一个可用的菜单系统，一般需要经过下面的几个步骤。

步骤01 创建一个JMenuBar对象，并将其添加到JFrame对象。

步骤02 创建JMenu对象。

步骤03 创建JMenuItem对象，并将其添加到JMenu对象中。

步骤04 把JMenu对象添加到JMenuBar中。

上面的步骤主要是为了创建菜单的结构。如果要使用菜单所指出的功能，必须为菜单项注册监听器，并在监听器中提供事件处理程序。下面通过一个案例演示菜单的使用方法。

【例8-20】菜单的使用。

功能实现：创建下拉式菜单，当用户单击"退出"菜单项时，退出系统；单击其他菜单项时，在控制台输出与该菜单项有关的提示信息。

```
import javax.swing.*;
import java.awt.*;
import java.awt.event.ActionEvent;
import java.awt.event.ActionListener;
public class MenuDemo extends JFrame implements ActionListener{
    JMenuItem save;   // 保存菜单项
    JMenuItem exit;   // 退出菜单项
    JMenuItem cut;    // 剪切菜单项
    JMenuItem copy;   // 复制菜单项
    JMenuItem paste;  // 粘贴菜单项
    JMenuItem about;  // 关于菜单项
```

```java
public MenuDemo() {
    this.setTitle(" 菜单使用演示程序 ");   // 设置标题
    Container container = this.getContentPane();   // 获取默认的内容窗格
    container.setLayout(new BorderLayout());      // 设置布局格式
    JMenuBar menuBar = new JMenuBar();         // 创建菜单栏
    buildMainMenu(menuBar);                     // 调用创建菜单的方法
    this.setJMenuBar(menuBar);                    // 把菜单栏添加到窗口
    this.setVisible(true);       // 显示窗口
    this.setSize(300, 200);    // 设置窗口大小
}
protected void buildMainMenu(JMenuBar menuBar) {
    // 文件菜单
    JMenu fileMenu = new JMenu(" 文件 (F)");
    // 菜单项
    save = new JMenuItem(" 保存 ");
    exit = new JMenuItem(" 退出 ");
    // 注册监听器
    save.addActionListener(this);
    exit.addActionListener(this);
    // 把菜单项添加到菜单
    fileMenu.add(save);
    fileMenu.add(exit);
    // 把菜单添加到菜单栏
    menuBar.add(fileMenu);
    // 编辑菜单
    JMenu editMenu = new JMenu(" 编辑 (E)");
    // 菜单项
    cut = new JMenuItem(" 剪切 ");
    copy = new JMenuItem(" 复制 ");
    paste = new JMenuItem(" 粘贴 ");
    // 注册监听器
    cut.addActionListener(this);
    copy.addActionListener(this);
    paste.addActionListener(this);
    // 把菜单项添加到菜单
    editMenu.add(cut);
    editMenu.add(copy);
    editMenu.add(paste);
    // 把菜单添加到菜单栏
    menuBar.add(editMenu);
    // 帮助菜单
    JMenu helpMenu = new JMenu(" 帮助 (H)");
```

```
        // 菜单项
        about = new JMenuItem("关于");
        // 注册监听器
        about.addActionListener(this);
        // 把菜单项添加到菜单
        helpMenu.add(about);
        // 把菜单添加到菜单栏
        menuBar.add(helpMenu);
    }
    // 单击菜单事件处理程序
    public void actionPerformed(ActionEvent e) {
        // 用户单击"退出"菜单项时,退出系统
        if(e.getSource()==exit) {
            System.exit(0);
        }
        // 用户单击其他菜单项时,在控制台输出提示信息
        if(e.getSource()==save) {
            System.out.println("用户单击的是 " +save.getText()+"菜单项");
        }else if(e.getSource()==cut) {
            System.out.println("用户单击的是 " +cut.getText()+"菜单项");
        }else if(e.getSource()==copy) {
            System.out.println("用户单击的是 " +copy.getText()+"菜单项");
        }else if(e.getSource()==paste) {
            System.out.println("用户单击的是 " +paste.getText()+"菜单项");
        }else if(e.getSource()==about) {
            System.out.println("用户单击的是 " +about.getText()+"菜单项");
        }
    }
    // 主方法
    public static void main(String[] args) {
        new MenuDemo();
    }
}
```

程序执行结果如图8-25所示。

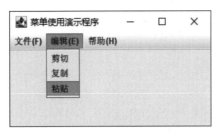

图 8-25 例 8-20 的运行结果

单击"粘贴"菜单项，控制台输出信息："用户单击的是粘贴菜单项"。

单击"退出"菜单项，关闭窗口，退出系统。

8.7.3　弹出式菜单

弹出式菜单（JPopupMenu）是一种特殊菜单，可以根据需要显示在指定的位置。弹出式菜单有两种构造方法。

①public JPopupMenu()：创建一个没有名称的弹出式菜单。

②public JPopupMenu(String label)：构建一个有指定名称的弹出式菜单。

在弹出式菜单中可以像下拉式菜单一样加入菜单或者菜单项。在显示弹出式菜单时，必须调用show(Component invoker, int x,int y)方法。在该方法中需要一个组件作参数，该组件的位置将作为显示弹出式菜单的参考原点。同样可以像下拉式菜单一样为菜单项进行事件注册，对用户的交互作出响应。下面通过一个案例演示弹出式菜单的使用方法。

⊙【例8-21】弹出式菜单的使用。

功能实现： 创建窗口和弹出式菜单，当鼠标右键单击窗口时，弹出式菜单显示到鼠标单击的位置。

```java
import javax.swing.*;
import java.awt.event.*;
public class JPopupMenuDemo extends JFrame {
    JPopupMenu popMenu;
    public JPopupMenuDemo() {
        this.setTitle("弹出式菜单演示示例 ");
        popMenu = new JPopupMenu();
        // 创建 4 个菜单项，并添加到弹出式菜单上
        JMenuItem save = new JMenuItem("Save");
        JMenuItem cut = new JMenuItem("Cut");
        JMenuItem copy = new JMenuItem("Copy");
        JMenuItem exit = new JMenuItem("Exit");
        popMenu.add(save);
        popMenu.add(cut);
        popMenu.add(copy);
        // 添加分隔线
        popMenu.addSeparator();
        popMenu.add(exit);
        this.addMouseListener(new mouseLis());
        this.setVisible(true);
        this.setSize(300, 200);
    }
    // 监听器类
    class mouseLis extends MouseAdapter {
```

```
        public void mouseClicked(MouseEvent e) {
            if (e.getButton() == e.BUTTON3) // 判断单击的是否是鼠标右键
                popMenu.show(e.getComponent(), e.getX(), e.getY()); // 在当前位置显示
        }
    }
    public static void main(String[] args) {
        new JPopupMenuDemo();
    }
}
```

程序执行结果如图8-26所示。

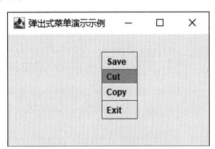

图 8-26 例 8-21 的运行结果

8.8 表格

表格（JTable）是图形用户界面设计中使用频率较高的一个高级组件，为显示大块数据提供了一种简单的机制，可以用于数据的生成和编辑。

（1）JTable常用的构造方法

①JTable ()：构造一个默认的表格。

②JTable(int numRows, int numColumns)：使用默认模式构造指定行和列的表格。

③JTable(Object[][] rowData, Object[] columnNames)：构造一个columnNames作为列名，显示二维数组YOWData中的数据的表格。

④JTable(Vector rowData, Vector columnNames)：构造columnNames作为列名，rowData中数据作为输入来源的表格。

（2）JTable类常用的成员方法

①void addColumn(TableColumn aColumn)：将列追加到列数组的结尾。

②int getColumnCount()：返回表格中的列数。

③int getRowCount()：返回此表格中的行数。

④void moveColumn(int column, int targetColumn)：移动列到目标位置。

⑤void removeColumn(TableColumn aColumn)：从表格的列数组中移除一列。

⑥void selectAll()：选择表中的所有行、列和单元格。

⑦Object getValueAt(int row, int column)：返回指定单元格的值。

⑧setValueAt(Object aValue, int row, int column)：设置表格指定单元格值。

下面通过一个案例演示JTable的使用方法。

➔【例8-22】JTable的使用。

功能实现： 创建一个表格用于显示学生基本信息，程序运行结果如图8-27所示。

```java
import java.awt.*;
import javax.swing.*;
public class JTableDemo extends JFrame {
    JTable stuTable;
    JTableDemo() {
        this.setTitle("JTable 演示程序 ");
        // 表格标题栏中的数据存放到一维数组
        String []colNames= {" 学号 "," 姓名 "," 年龄 "," 专业 "};
        // 表格中的数据存放到二维数组
        String [][]datas= {{"20140101"," 张三 ","19"," 网络工程 "},
                           {"20140102"," 李四 ","21"," 计算机应用 "},
                           {"20140103"," 王五 ","20"," 软件工程 "},
                           {"20140104"," 马六 ","21"," 人工智能 "}
                           };
        // 创建表格
        stuTable = new JTable(datas, colNames);
        // 设置首选的可滚动视口大小
        stuTable.setPreferredScrollableViewportSize(new Dimension(0, 120));
        // 创建滚动面板
        JScrollPane jsp = new JScrollPane();
        // 把表格添加到视口
        jsp.setViewportView(stuTable); // 放置到滚动面板
        // 设置提示信息
        jsp.setBorder(BorderFactory.createTitledBorder(" 学生信息 "));
        // 把滚动面板添加到窗口
        this.add(jsp);
        this.setSize(390, 200);
        this.setVisible(true);
    }

    public static void main(String[] args) {
        new JTableDemo();
    }
}
```

程序执行结果如图8-27所示。

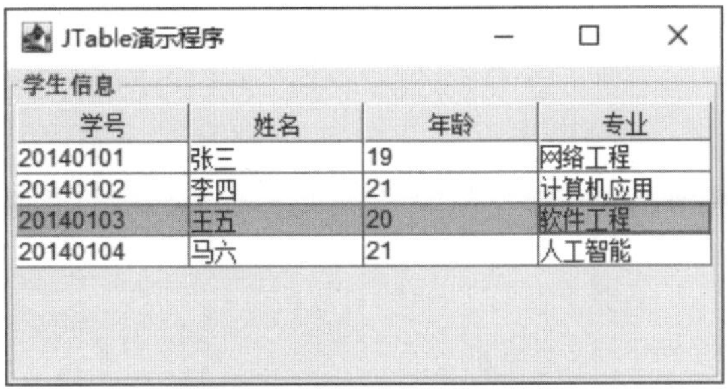

图 8-27 例 8-22 的运行结果

表格（JTable）是Swing包中最复杂的组件之一。在本书中只对它进行简单介绍，如果读者需要深入学习，可以参考Java API或者联机帮助。

8.9 树

JTree组件简称为树形组件，可以显示具有层次结构的数据。树形组件中的数据表现形式为一层套一层，结构清晰明了。用户可以方便地了解数据之间的层次关系，从而很容易地找到相关数据。例如Windows系统的文件管理器就是一个典型的树形层次结构。

一个JTree（树）对象并没有包含实际的数据，只提供数据的一个视图。树对象通过查询它的数据模型获得数据。树对象垂直显示它的数据，树中显示的每一行包含一项数据，称为节点。每棵树有一个根节点，其他所有节点是它的子孙。默认情况下，树只显示根节点，但是可以设置默认显示方式。一个节点可以拥有孩子也可以没有任何子孙。那些可以拥有孩子的节点被称为"分支节点"，而不能拥有孩子的节点为"叶子节点"。分支节点可以有任意多个孩子。通常，用户可以通过单击展开或者折叠分支节点，使得它的孩子可见或不可见。默认情况下，除了根节点以外的所有分支节点呈现折叠状态。

（1）JTree常用的构造方法

①JTree()：建立一棵带有示例模型的JTree。

②JTree(Hashtable<?,?> value)：返回从HashTable创建的JTree，不显示根。

③JTree(Object[] value)：返回JTree，指定数组的每个元素作为不被显示的新根节点的子节点。

④JTree(TreeModel newModel)：返回JTree的一个实例，使用指定的数据模型，显示根节点。

⑤Tree(TreeNode root)：返回JTree，指定TreeNode作为其根，显示根节点。

⑥JTree(TreeNode root,Boolean asksAllowsChildren)：返回JTree，指定TreeNode作为其根。它用指定的方式显示根节点，并确定节点是否为叶节点。

⑦JTree(Vector<?> value)：返回JTree，指定Vector的每个元素作为不被显示的新根节点的子节点。

下面通过一个简单的案例演示JTree的应用。

➔【例8-23】JTree的应用。

功能实现： 使用简单TreeNode模型创建一个树，当用户单击"添加节点"按钮时，为树添加一个分支。

```java
import java.awt.event.*;
import javax.swing.*;
import javax.swing.tree.*;
public class JTreeDemo extends JFrame {
    static int i = 0;
    // DefaultMutableTreeNode 是树结构中的通用节点
    DefaultMutableTreeNode root;
    DefaultMutableTreeNode child;
    DefaultMutableTreeNode chosen;
    JTree tree;
    DefaultTreeModel model; // 使用 TreeNodes 的简单树数据模型
    String[][] data = {
            { "财务部", "财务管理", "成本核算" },
            { "总经办", "档案管理", "行政事务"},
            { "工程部", "项目管理", "质检部" }
            };
    JTreeDemo() {
        this.setTitle("JTree 演示程序");
        Container contentPane = this.getContentPane();
        JPanel jPanel1 = new JPanel(new BorderLayout());
        // 创建根节点
        root = new DefaultMutableTreeNode("公司");
        // 建立以 root 为根的树
        tree = new JTree(root);
        // 将树添加至滚动窗格，同时将滚动窗格添加到 jPanel1 面板
        jPanel1.add(new JScrollPane(tree), BorderLayout.CENTER);
        // 返回提供数据的 TreeModel
        model = (DefaultTreeModel)tree.getModel();
        // 创建按钮
        JButton jButton1 = new JButton("添加节点");
        // 注册监听器
        jButton1.addActionListener(new ActionListener() {
            public void actionPerformed(ActionEvent e) {
                // 实现添加节点的功能
                if (i < data.length) {
                    // 使用内部类 Branch 的方法创建子节点 child
                    child = new Branch(data[i++]).node();
                    // 返回当前选择的第一个节点中的最后一个路径组件
                    chosen = (DefaultMutableTreeNode)
                    tree.getLastSelectedPathComponent();
                    // 如果返回值为 null，则令 chosen=root
                    if (chosen == null) {
```

```
                            chosen = root;
                        }
                        // 如果返回值不是 null, 则在父节点 chosen 的子节点中的
                        // index 位置插入子节点 child
                        model.insertNodeInto(child, chosen, 0);
                    }
                }
            });

        jButton1.setBackground(Color.blue);
        jButton1.setForeground(Color.white);
        JPanel jPanel2 = new JPanel();
        jPanel2.add(jButton1);
        jPanel1.add(jPanel2, BorderLayout.SOUTH);
        contentPane.add(jPanel1);
        this.setSize(300, 400);
        this.setLocation(400, 400);
        this.setVisible(true);
    }


    // 内部类 Branch 是一个工具类, 用来获取一个字符串数组
    // 并为第一个字符串建立一个 DefaultMutableTreeNode 作为根
    // 数组中其余的字符串作为叶子
    class Branch {
        DefaultMutableTreeNode r;
        // 构造方法
        public Branch(String[] data) {
            r = new DefaultMutableTreeNode(data[0]);
            for (int i = 1; i < data.length; i++) {
                r.add(new DefaultMutableTreeNode(data[i]));
            }
        }
        // 返回分支的根节点
        public DefaultMutableTreeNode node() {
            return r;
        }
    }
    // 主方法
    public static void main(String args[]) {
        new JTreeDemo();
    }
}
```

程序执行结果如图8-28所示。

观察运行结果可以发现，此时树只有一个根节点（公司）。选中根节点，然后单击"添加节点"按钮后，再双击根节点，就可以发现根节点下面已经添加了一个分支（财务部），如图8-29所示。

图 8-28　例 8-23 的运行结果　　　　　图 8-29　动态创建树的结果

按照同样的操作方法，可以为根节点添加第二个和第三个分支。这样就实现了动态创建一个树的功能。在实际应用中，树的节点可以动态从数据库获取。还可以为树添加相应的事件监听程序，每当用户选择不同的节点时，程序可以做出相应的处理。但由于篇幅所限，在此不再赘述，读者可以参阅Java API进行深入的学习。

8.10　本章小结

本章首先介绍了AWT和Swing之间的关系并对图形用户界面的元素进行了分类；接着对顶层容器类JFrame和中间容器类JPanel以及JScrollPane的定义和使用进行了较为详尽的介绍；然后对布局管理器的特点和用法进行了阐述；最后介绍了常用组件、Java事件处理机制和一些常用的高级组件。通过本章的学习，读者能够掌握图形用户界面的设计与实现，以及对用户操作的响应和处理。

8.11　课后练习

练习1：创建一个包含多个基本组件的窗口，要求其运行结果如图8-30所示。

图 8-30 练习 1 的结果

练习2：创建一个窗口，使用Box和BorderLayout布局管理器管理组件，并在窗口上放置6个命令按钮，要求其运行结果如图8-31所示。

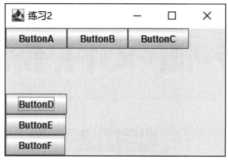

图 8-31 练习 2 的结果

练习3：创建用户登录窗口，要求其运行结果如图8-32所示。具体功能：当用户单击"登录"按钮时，如果输入的账号为admin，密码为123456，则在控制台显示"登录成功"的提示信息，否则显示"用户名或密码不正确"；当用户单击"退出"按钮时，关闭窗口。

图 8-32 练习 3 的结果

第**9**章
I/O 和文件操作

内容概要

在Java中，流是处理数据的核心概念之一。通过流可以方便地读取和写入数据，而无须关心底层的数据存储细节。Java提供多种不同类型的流，包括字节流和字符流，以及一些更高级的流，如缓冲流、对象流和数据流等。本章对Java如何通过这些流进行数据的输入/输出进行详细介绍。

学习目标

- 理解Java中关于流的基本概念
- 掌握Java基本的字节流、字符流所涉及的相关类的概念和应用
- 掌握Java文件读写的方法
- 熟悉Java中缓冲流的用法
- 熟悉Java对象流和系列化
- 会应用Java中的相关流类进行数据的输入/输出

9.1 I/O概述

本节主要介绍流的基本概念和运行机制，对Java提供的访问流的类和接口的层次结构进行说明，并通过一个实例介绍流的基本用法。

9.1.1 流的概念

流（stream）的概念源于UNIX中管道（pipe）的概念。在UNIX中，管道是一条不间断的字节流，用来实现程序或进程间的通信或读写外围设备、外部文件等。

流必须有源端和目的端。它们可以是计算机内存的某些区域，也可以是磁盘文件，还可以是键盘、显示器等物理设备，甚至可以是Internet上的某个URL地址。数据有两个传输方向：实现数据从外部源到程序的流称为输入流，如图9-1所示，通过输入流可以把外部的数据传送到程序中来处理；实现数据从程序到外部源的流为输出流，如图9-2所示，通过输出流，把程序处理的结果数据传送到目标设备。

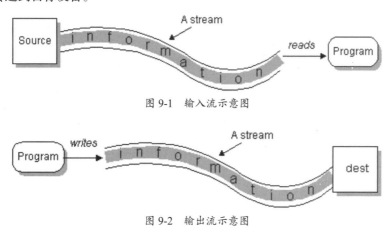

图 9-1　输入流示意图

图 9-2　输出流示意图

9.1.2 I/O流类的层次结构

Java提供了大量与"流"操作和处理相关的类。它们把数据传送的细节封装起来。利用这些类编程，程序员就可以不用考虑底层设备及操作系统的细节。Java中的"流"类位于java.io包或java.nio包中。

Java中的流按照不同的分类方法可以分为不同的类型。按数据传送的方向，可分为输入流和输出流；按数据传输的粒度，可分为字节流和字符流。

以上四种类型的流分别由四个抽象类表示：InputStream（字节输入流）、OutputStream（字节输出流）、Reader（字符输入流）、Writer（字符输出流）。Java中其他流类均由它们派生，流类的层次结构如图9-3所示。

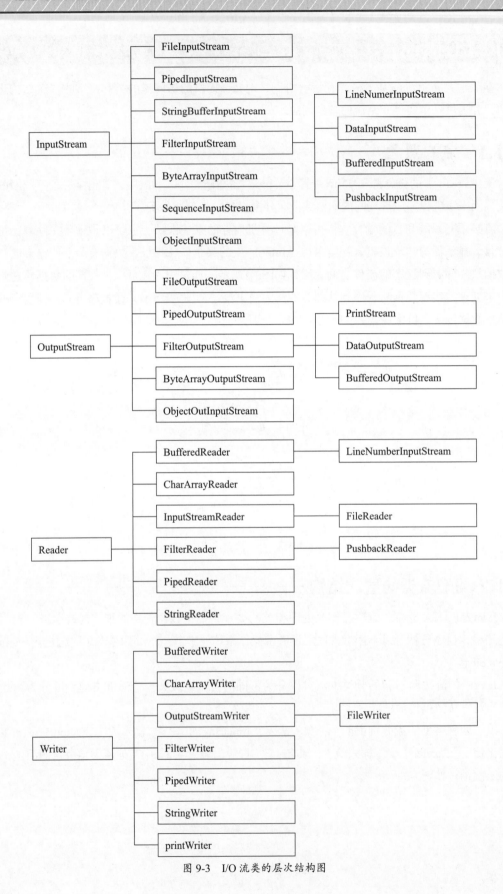

图 9-3 I/O 流类的层次结构图

其中，InputStream和OutputStream在早期的Java版本中就已经存在了。它们是基于字节流的，所以有时也把InputStream和OutputStream直接称为输入流和输出流。基于字符流的Reader和Writer是后来加入作为补充的，直接使用它们的英文类名。

进行I/O流操作的一般步骤如下。

步骤01 创建源或者目标对象。

步骤02 创建对应的I/O流对象。

步骤03 进行具体的读写操作。

步骤04 关闭流对象（勿忘）。流对象一旦关闭就不能再使用，否则报错。

9.1.3　预定义流

Java程序在运行时会自动导入一个java.lang包。这个包定义了一个名为System的类，封装了运行环境的多个方面，同时包含三个预定义的流变量：in、out和err。这些成员变量在System中被定义为static类型，意味着不用创建对象就可以直接使用它们。

System.in对应键盘，表示"标准输入流"。它是InputStream类型，程序使用System.in可以读取从键盘上输入的数据。

System.out对应显示器，表示"标准输出流"。它是PrintStream类型，PrintStream是OutputStream的一个子类，程序使用System.out可以将数据输出到显示器。

System.err类似于System.out，但主要用于将错误和诊断信息打印到控制台，以便开发人员能够快速识别和解决问题。与System.out不同的是System.err带有缓冲区，这意味着它不会立即将数据写入控制台，而是等待缓冲区填满或手动刷新缓冲区时才将数据写入控制台。

【例9-1】标准输入输出。

功能实现：通过键盘输入一个字符串，并回显到显示器。

```java
import java.util.*;
public class InputOutputExam {
    public static void main(String[] args) {
        Scanner scanner = new Scanner(System.in);
        System.out.println("请输入您的名字：");
        String name = scanner.nextLine();
        System.out.println("您好，" + name + "！");
        scanner.close();
    }
}
```

程序执行结果如图9-4所示。

在这个例子中，使用Scanner类从System.in（即控制台）读取用户输入的名字，然后使用System.out.println方法输出一条问候语到控制台。

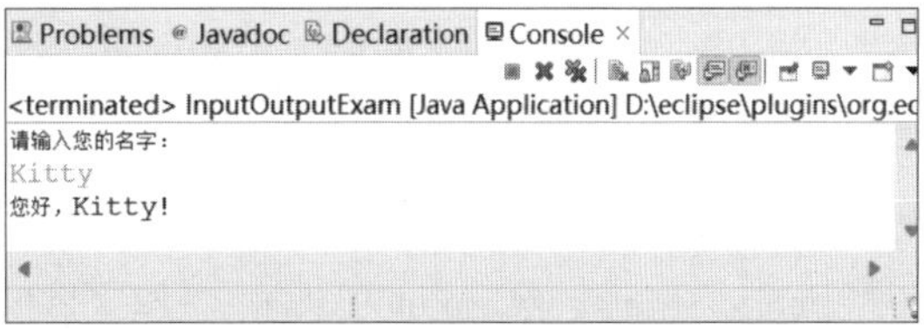

图 9-4　例 9-1 的运行结果

9.2 文件

在Java应用程序中经常会使用文件保存数据或作为数据源为程序提供数据。在进行文件操作时，需要知道关于文件的一些信息，通过File类可以获取文件本身的一些属性信息，例如文件名称、所在路径、可读性、可写性、文件的长度等。

9.2.1 File类的构造方法

File类的构造方法主要有以下几种。

①File(String pathname)：pathname可以是某个目录，也可以是包含路径的文件名。

②File(String directoryPath,String filename)：directoryPath表示目录，filename表示子目录或文件名。

③File(File f, String filename)：f表示目录对象，filename表示子目录或文件名。

通过以上三个构造方法可以创建一个File对象，示例代码如下。

```
File f1 = new File("/");
File f2 = new File("/","text.txt");
File f3 = new File(f1,"text.txt");
```

上面代码创建了三个File对象f1、f2和f3，在指定路径时，使用了"/"作为分隔符，也可以使用"\\"。

使用File类进行操作，首先要设置文件的路径。Windows系统的路径如"E:\教材编写\Java2023"，分隔符为"\"。但是在Java中"\"表示转义，在Windows系统的Java代码中，"\"可以表示路径，因此，在Windows系统使用"\"作为路径分隔符，就要使用两个"\"，如"E:\\教材编写\\Java2023"。Windows系统也支持将"/"作为分隔符，所以在Windows系统中，路径有以下两种表示方法。

①使用"\\"："E:\\教材编写\\Java2023"。

②使用"/"："E:/教材编写/Java2023"。

9.2.2 File类的常用方法

如果创建一个文件对象，就可以使用File类的相关方法来获得文件的相关信息，对文件进行操作。File类的常见方法如下所示。

1. 文件名的操作

public String getName()：获取文件的名字。

public String toString()：返回文件的路径名字符串。

public String getParent()：获取文件父路径字符串。

public File getPath()：获取文件的相对路径字符串。

public String getAbsolutePath()：获取文件的绝对路径字符串。

public String getCanonicalPath() throws IOException：返回规范的路径名字符串。

public File getCanonicalFile() throws IOException：返回文件（含相对路径名）规范形式。

public File getAbsoluteFile()：返回此抽象路径名的绝对形式。

public boolean renameTo(File dest)：重命名由此抽象路径名表示的文件。

public static Fiel createTempFile(String prifix,String suffix,File directory) throws IOException：在指定的目录中创建一个新的空文件，使用给定的前缀和后缀字符串生成其名称。

public static Fiel createTempFile(String prifix,String suffix) throws IOException：在默认临时文件目录中创建一个空文件，使用给定的前缀和后缀生成其名称。

public boolean createNewFile() throws IOException：当指定文件不存在时，建立一个空文件。

2. 文件属性测试

public boolean canRead()：测试应用程序是否能读指定的文件。

public boolean canWrite()：测试应用程序是否能修改指定的文件。

public boolean exists()：测试指定的文件是否存在。

public boolean isDirectory()：测试指定文件是否为目录。

public boolean isAbsolute()：测试路径名是否为绝对路径。

public boolean isFile()：测试指定的文件是否为一般文件。

public boolean isHidden()：测试指定的文件是否为隐藏文件。

3. 一般文件信息和工具

public long lastModified()：返回指定的文件最后被修改的时间。

public long length()：返回指定文件的字节长度。

public boolean delete()：删除指定的文件。

public void deleteOnExit()：当虚拟机执行结束时，请求删除指定的文件或目录。

4. 目录操作

public boolean mkdir()：创建指定的目录，正常建立时返回true，否则返回false。

public boolean mkdirs()：常见指定的目录，包含任何不存在的父目录。

public String[]list()：返回指定目录下的文件（存入数组）。

public String[]list(FilenameFilter filter)：返回指定目录下满足指定文件过滤器的文件。

public File[]listFiels()：返回指定目录下的文件。

public File[]listFiles(FilenameFilter filter)：返回指定目录下满足指定文件过滤器的文件。

public File[]listFiles(FileFilter filter)：返回指定目录下满足指定文件过滤器的文件（返回路径名应满足文件过滤器）。

public static File[]listRoots()：列出可用文件系统的根目录结构。

5. 文件属性设置

public boolean setLastModified(long time)：设置指定文件或目录的最后修改时间，操作成功返回true，否则返回false。

public boolean setReadOnly()：标记指定的文件或目录为只读属性，操作成功返回true，否则返回false。

6. 其他

public URL toURL() throws MalformedURLException：把相对路径名存入URL文件。

public int compareTo(Object o)：比较两个抽象的路径名字典。

public boolean equals(Object obj)：测试此抽象路径名与给定对象的相等性。

public int hashCode()：返回文件名的哈希值。

一个File对象表示的文件并不是真正的文件，只是一个代理而已，通过这个代理可以操作文件。创建一个文件对象和创建一个文件在Java中是两个不同的概念。前者是在虚拟机中创建一个文件，但却没有将它真正地创建到OS的文件系统，随着虚拟机的关闭，这个创建的对象也就消失了。而创建一个文件才是在系统中真正地创建文件。例如如下代码。

```
File f=new File("11.txt");  // 创建一个名为11.txt的文件对象
f.CreateNewFile();          // 真正地创建文件
```

➡【例9-2】File类的应用。

功能实现：查看文件目录和文件属性。根据命令行输入的参数，如果是目录，则显示目录下的所有文件与目录名称；如果是文件，则显示文件的属性。

```java
import java.io.*;
import java.util.*;
public class FileDemo {
    public static void main(String[] args) {
        try {
            File file = new File(args[0]);
            if (file.isFile()) { // 是否为文件
                System.out.println(args[0] + " 文件 ");
                if(file.canRead())
                    System.out.println(" 可读 ");
                else
                    System.out.println(" 不可读 ");
                if(file.canWrite())
                    System.out.println(" 可写 ");
                else
                    System.out.println(" 不可写 ");
                System.out.println(file.length() + " 字节 ");
            } else {
                File[] files = file.listFiles();// 列出所有的文件及目录
                ArrayList<File> fileList = new ArrayList<File>();
                for (int i = 0; i < files.length; i++) {
                    if (files[i].isDirectory()) { // 是否为目录
                        System.out.println("[" + files[i].getPath() + "]");
                    } else {
                        fileList.add(files[i]); // 文件先存入 fileList
```

```
                }
            }
            for (File f : fileList) {
                System.out.println(f.toString());// 列出文件
            }
            System.out.println();
        }
    } catch (ArrayIndexOutOfBoundsException e) {
        System.out.println("using: Java FileDemo pathname");
    }
}
```

程序执行结果如图9-5所示。

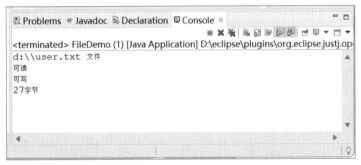

图 9-5　例 9-2 的运行结果

9.2.3　RandomAccessFile（随机访问文件类）

RandomAccessFile包装了一个随机访问的文件，直接继承于Object类而非InputStream/OutputStream类。对于InputStream和OutputStream来说，它们的实例都是顺序访问流，而且读取数据和写入数据必须使用不同的类。随机文件突破了这种限制。在Java中，类RandomAccessFile提供了随机访问文件的方法。它可以实现读写文件中任何位置的数据。允许使用同一个实例对象对同一个文件交替进行读写操作。RandomAccessFile类的常用操作方法如表9-1所示。

RandomAccessFile有如下两种构造方法。

（1）RandomAccessFile(File file, String mode)：创建读取和写入的随机存取文件流，文件由File参数指定。

（2）RandomAccessFile(String name, String mode)：创建读取和写入的随机存取文件流，文件具有指定名称。

mode为r，以只读方式打开，Mode为rw，可读可写，不存在则创建。

采用RandomAccessFile类对象读写文件内容的原理是将文件看作字节数组，并用文件指针指示当前位置。初始状态下，文件指针指向文件的开始位置。读取数据时，文件指针会自动移过读取过的数据，还可以改变文件指针的位置。

表9-1　RandomAccessFile类的常用操作方法

方法	方法说明
long getFilePointer()	返回文件指针的当前位置
long length()	返回文件的长度
void close()	关闭操作
int read(byte[] b)	将内容读取到一个byte数组中
byte readByte()	读取一个字节
int readInt()	从文件中读取整型数据
void seek(long pos)	设置读指针的位置
void writeBytes(String s)	将一个字符串写入文件，按字节的方式处理
void writeInt(int v)	将一个int型数据写入文件，长度为4位
int skipBytes(int n)	指针跳过多少字节

【例9-3】RandomAccessFile类应用举例。

功能实现： 向文件写入数据，然后从头输出文件内容到显示器。

```java
import java.io.RandomAccessFile;
import java.io.IOException;
public class RandomAccessFileExample {
    public static void main(String[] args) {
        String fileName = "example.txt";
        RandomAccessFile file = null;
        try {
            // 创建 RandomAccessFile 对象
            file = new RandomAccessFile(fileName, "rw");
            // 写入数据到文件
            file.write("Hello, World!".getBytes());
            // 定位文件指针到文件开头
            file.seek(0);
            // 读取文件内容并输出到控制台
            byte[] buffer = new byte[1024];
            int bytesRead = file.read(buffer);
            System.out.println(new String(buffer, 0, bytesRead));
            // 关闭 RandomAccessFile 对象
            file.close();
        } catch (IOException e) {
            e.printStackTrace();
        } finally {
            if (file != null) {
```

```
        try {
            file.close();
        } catch (IOException e) {
            e.printStackTrace();
        }
    }
}
}
```

程序执行结果如图9-6所示。

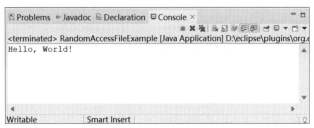

图 9-6　例子 9-3 的运行结果

9.3 字节流

字节流的处理单位是字节，通常用来处理二进制文件，如音频、图片文件等。实际上，所有的文件都能以二进制（字节）形式存在。Java的I/O针对字节传输操作提供了一系列流，统称为字节流。本节主要讲解各种字节流的用法。

9.3.1 InputStream和OutputStream

在Java中，用InputStream类描述所有字节输入流的抽象概念。它是一个抽象类，所以不能通过new InputStream()方法实例化对象。InputStream提供了一系列和读取数据有关的方法，如表9-2所示。

表9-2　InputStream类的方法

方法	说明
int available()	从输入流返回可读的字节数
void close()	关闭此输入流并释放与该流关联的所有系统资源
void mark(int readlimit)	在此输入流中标记当前的位置。readlimit参数告知此输入流在标记位置失效之前允许读取的字节数
boolean markSupported()	测试此输入流是否支持mark和reset方法
abstract int read()	从输入流中读取数据的下一个字节

（续表）

方法	说明
int read(byte[] b)	从输入流中读取一定数量的字节，并将其存储在缓冲区数组b中
int read(byte[] b, int off, int len)	将输入流中最多len个数据字节读入byte数组
void reset()	将此流重新定位到最后一次对此输入流调用mark方法时的位置
long skip(long n)	跳过和丢弃此输入流中数据的n个字节

用OutputStream类描述所有字节输出流的抽象概念。它是一个抽象类，所以不能被实例化。OutputStream提供了一系列和写入数据有关的方法，如表9-3所示。

表9-3 OutputStream类的常用方法

方法	方法说明
void close()	关闭此输出流并释放与此流有关的所有系统资源
void flush()	刷新此输出流并强制写出所有缓冲的输出字节
void write(byte[] b)	将b.length个字节从指定的byte数组写入此输出流
void write(byte[] b, int off, int len)	将指定byte数组中从偏移量off开始的len个字节写入此输出流
abstract void write(int b)	将指定的字节写入此输出流

9.3.2 字节流操纵文件

FileInputStream和FileOutputStream类从磁盘文件读和写数据。

1. FileInputStream

FileInputStream用来从文件中读取数据，操作的单位是字节，不但可以读写文本文件，也可以读写图片、声音、影像文件。这种特点非常有用，可以把这种文件变成流，然后在网络上传输。

通过它的构造函数指定文件路径和文件名，使用FileInputStream可以读取文件的一个字节、几个字节或整个文件。创建FileInputStream实例对象时，指定的文件应当是存在和可读的，否则在进行读取操作的时候就会抛出异常。

FileInputStream类的构造方法有两种。

①FileInputStream(String filename)：用文件名作为参数创建文件输入流对象，这里的filename包含文件路径信息。

②FileInputStream(File f)：用一个File对象作为参数来指出流的源端。

接下来通过一个例子演示如何从文件中读取数据。

⊙【例9-4】文件的读取。

功能实现： 通过输入流从文件"d:\a.txt"中读取内容，并在控制台输出。

```
import java.io.*;
public class FileInputSreamDemo {
    public static void main(String[] args) {
        int num;
        byte[] dat = new byte[20];
        try { // 创建文件输入流类对象，"d:\a.txt"作为输入流的源
            FileInputStream in = new FileInputStream("d://a.txt");
        // 从输入流中读取字节数据放入字节数组dat中，每次最多读取20个字节
        while ((num = in.read(dat, 0, 20)) != -1) { // 把字节数组转换成字符串
            String s = new String(dat, 0, num);
            System.out.print(s);
        }
        in.close(); // 关闭输入流
    } catch (IOException e) {
        System.out.println("读文件错误！错误原因：" + e);
        }
    }
}
```

程序执行结果如图9-7所示。

图 9-7　例 9-4 的运行结果

2. FileOutputStream

FileOutputStream是与FileInputStream相对应的文件输出流类，用来实现向文件中写入数据，写入数据的基本单位是字节。FileOutputStream类的构造方法有两种。

①FileOutputStream(String filename)：用文件名作为参数创建文件输出流对象，这里的filename包含文件路径信息。

②FileOutputStream(File f)：用一个File对象作为参数来指出流的目的地。

下面通过一个例子演示如何向文件中写入数据。

➔【例9-5】向文件中写入数据。

功能实现：通过输出流把字节数组中的数据写入指定的文件中。如果成功，在控制台输出相应提示信息。

```
import java.io.*;
public class FileOutputStreamDemo {
```

```java
    public static void main(String[] args) {
        String filePath = "d:// out.txt";
        byte[] data = "Hello, World!".getBytes();
        try (FileOutputStream fos = new FileOutputStream(filePath)) {
            fos.write(data);
            System.out.println("Data written to file successfully.");
        } catch (IOException e) {
            e.printStackTrace();
        }
    }
}
```

在此例中，首先定义要写入的文件路径filePath和要写入的数据data。然后，使用FileOutputStream的构造函数创建一个新的FileOutputStream实例，用于写入文件。在try-with-exceptions语句块中，调用write()方法将数据写入文件。如果发生任何I/O错误，将会抛出IOException，需要捕获并处理这个异常。需要注意，如果filePath指定的文件已经存在，则原有内容会被覆盖，否则，会创建一个新文件进行写入。

程序执行结果如图9-8所示，同时会在文件"d:\out.txt"中写入"Hello World"。

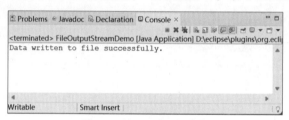

图 9-8　例 9-5 的运行结果

9.3.3　DataInputStream和DataOutputStream

DataInputStream和DataOutputStream属于过滤流类，主要用于在网络中或通过文件进行基本数据类型的读写。DataOutputStream主要用于将基本数据类型（如int、double、char等）序列化为字节，然后写入输出流，DataInputStream主要用于从输入流中读取基本数据类型。这两个类的主要方法如表9-4和表9-5所示。

表9-4　DataInputStream类的常用方法

方法	方法说明
int readInt()	从输入流读取int类型数据
byte readByte()	从输入流读取byte类型数据
char readChar()	从输入流读取char类型数据
long readLong()	从输入流读取long类型数据
double readDouble()	从输入流读取double类型数据

（续表）

方法	方法说明
float readFloat()	从输入流读取float类型数据
boolean readBoolean()	从输入流读取boolean类型数据
String readUTF()	从输入流读取若干字节，然后转换成UTF-8编码的字符串

表9-5　DataOutputStream类的常用方法

方法	方法说明
void writeInt()	向输出流写入一个int类型的数据
void writeByte()	向输出流写入一个byte类型数据
void writeChar()	向输出流写入一个char类型数据
void writeLong()	向输出流写入一个long类型数据
void writeDouble()	向输出流写入一个double类型数据
void writeFloat()	向输出流写入一个float类型数据
boolean writeBoolean()	向输出流写入一个boolean类型数据
void writeUTF()	向输出流写入采用UTF-8字符编码的字符串

下面通过两个例子演示这两个类的具体用法。

⊙【例9-6】通过DataOutputStream向文件中写入基本数据类型。

功能实现： 创建DataOutputStream对象，并使用它把一个整数、一个双精度浮点数和一个字符写入"d:\output.txt"文件中。

```java
import java.io.*;
public class DataOutputStreamExample {
    public static void main(String[] args) {
        try {
            // 创建一个文件输出流对象
            FileOutputStream fos = new FileOutputStream("d:\\output.txt");
            // 创建一个数据输出流对象，用于将基本数据类型写入输出流
            DataOutputStream dos = new DataOutputStream(fos);
            // 写入数据
            dos.writeInt(123);
            dos.writeDouble(3.14159);
            dos.writeChar('A');
            // 关闭流
            dos.close();
        } catch (IOException e) {
```

```
            e.printStackTrace();
        }
    }
}
```

执行该程序，会在"d:\\output.txt"文件中写入相应的数据。

⊙【例9-7】通过DataInputStream从输入流中读取基本数据类型。

功能实现：创建DataInputStream对象，并使用它从"d:\output.txt"文件中读取整数、双精度浮点数和字符，然后将这些数据打印出来。

```java
import java.io.*;
public class DataInputStreamExample {
    public static void main(String[] args) {
        try {
            // 创建一个文件输入流对象
            FileInputStream fis = new FileInputStream("d:\\output.txt");
            // 创建一个数据输入流对象，用于从输入流中读取基本数据类型
            DataInputStream dis = new DataInputStream(fis);
            // 读取数据
            int i = dis.readInt();
            double d = dis.readDouble();
            char c = dis.readChar();
            // 打印数据
            System.out.println("Int: " + i);
            System.out.println("Double: " + d);
            System.out.println("Char: " + c);
            // 关闭流
            dis.close();
        } catch (IOException e) {
            e.printStackTrace();
        }
    }
}
```

程序执行结果如图9-9所示。

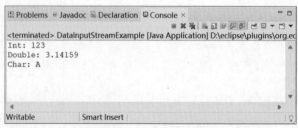

图9-9 例9-7的运行结果

9.3.4 BufferedInputStream和BufferedOutputStream

BufferedInputStream和BufferedOutputStream也属于过滤流，提供了缓冲功能，可以显著提高I/O操作的效率。在实践中，可能需要处理更复杂的I/O操作，例如处理大文件或网络数据流。在这些情况下，使用缓冲I/O类可以大大提高程序的效率和性能。

BufferedInputStream可以用来读取数据流。该类会从底层输入流中读取数据，并将数据存储在内部缓冲区中。这使得可以一次从缓冲区中读取多个字节，而不是每次只读取一个字节，从而提高了效率。

实例化BufferedInputStream类的对象时，需要给出一个InputStream类型的实例对象。BufferInputstream定义了两种构造函数。

①BufferInputstream(InputStream in)：缓冲区默认大小为2048个字节。

②BufferInputStream(InputStream in,int size)：第二个参数表示指定缓冲区的大小，以字节为单位。

下面用一个简单例子展示如何使用BufferedInputStream读取一个文本文件。

【例9-8】通过BufferedInputStream来读取一个文本文件。

功能实现： 使用BufferedInputStream读取"d:\\example.txt"文件中的内容。文件内容是本题目对应的代码，并输出到控制台。

```java
import java.io.*;
public class BufferedInputStreamExample {
    public static void main(String[] args) {
        try {
            FileInputStream fileInputStream = new FileInputStream("d:\\
example.txt");
            BufferedInputStream bufferedInputStream = new BufferedInput Stream
(fileInputStream);
            int data;
            while ((data = bufferedInputStream.read()) != -1) {
                System.out.print((char) data);
            }
            bufferedInputStream.close();
        } catch (IOException e) {
            e.printStackTrace();
        }
    }
}
```

程序执行结果如图9-10所示。

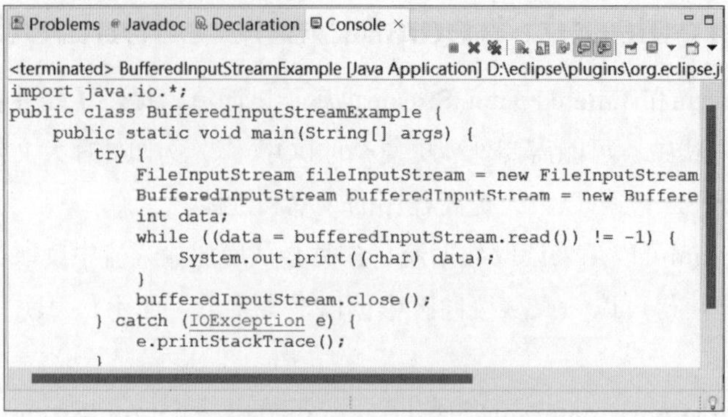

图 9-10　例 9-8 的运行结果

BufferedOutputStream可以用来写入数据流。这个类将数据写入内部缓冲区，直到缓冲区满或者显式地刷新缓冲区。这使得可以一次写入多个字节，而不是每次只写入一个字节，从而提高了效率。

实例化BufferedOutputStream类的对象时，需要给出一个OutputStream类型的实例对象。该类的构造方法有两个。

①BufferedOutputStream(OutputStream out)：参数out指定需要连接的输出流对象，也就是out将作为BufferedOutputStream流输出的目标端。

②BufferedOutputStream(OutputStream out,int size)：参数out指定需要连接的输出流对象，参数size指定缓冲区的大小，以字节为单位。

下面用一个简单的例子展示如何使用BufferedOutputStream写入一个文本文件。

➔【例9-9】通过BufferedOutputStream向一个文本文件写入数据。

功能实现： 使用BufferedOutputStream向文本文件d:\\example1.txt中写入数据。

```java
import java.io.*;
public class BufferedOutputStreamExample {
    public static void main(String[] args) {
        try {
            FileOutputStream fileOutputStream = new FileOutputStream("d:\\
example1.txt");
            BufferedOutputStream bufferedOutputStream = new BufferedOutputS
tream(fileOutputStream);
            bufferedOutputStream.write("Hello, world!".getBytes());
            bufferedOutputStream.close();
        } catch (IOException e) {
            e.printStackTrace();
        }
    }
}
```

运行该程序，会在"d:\example1.txt"文件中写入"Hello, world!"。

9.4 字符流

9.4.1 Reader和Writer

InputStream读取的是字节流，但在很多应用环境中，Java程序中读取的是文本数据内容，文本文件中存放的都是字符。在Java中字符采用Unicode编码，每一个字符占用2个字节的空间。为了方便读取以字符为单位的数据文件，Java提供了Reader类。它是所有字符输入流的基类。它是抽象类，不能直接进行实例化。Reader类提供的方法与InputStream类提供的方法类似。

表9-6 Reader类的常用方法

方法名	说明
void close()	关闭此输入流并释放与该流关联的所有系统资源
void mark(int readlimit)	标记流中的当前位置，对reset()的后续调用将尝试将流重新定位到此位置。readlimit参数限制仍然保留标记时可能读取的字符数
boolean markSupported()	测试此输入流是否支持mark和reset方法
int read()	读取一个字符，返回值为读取的字符
int read(char[] cbuf)	从输入流中读取若干字符，并将其存储在字符数组中，返回值为实际读取的字符的数量
int read(char[] cbuf, int off, int len)	读取len个字符，从数组cbuf[]的下标off处开始存放，返回值为实际读取的字符数量，该方法必须由子类实现
void reset()	将此流重新定位到最后一次对此输入流调用mark方法时的位置
long skip(long n)	跳过和丢弃此输入流中数据的n个字符

Writer类是处理所有字符输出流类的基类。它是抽象类，不能直接进行实例化。Writer提供多个成员方法，分别用来输出单个字符，字符数组和字符串。

表9-7 Writer类的常用方法

方法名	方法说明
void write(int c)	将整型值c的低16位写入输出流
void write(char cbuf[])	将字符数组cbuf[]写入输出流
void write(char cbuf[],int off,int len)	将字符数组cbuf[]中从下标为off的位置处开始的len个字符写入输出流
void write(String str)	将字符串str中的字符写入输出流
void write(String str,int off,int len)	将字符串str中从下标off开始处的len个字符写入输出流
void flush()	刷空输出流，并输出所有被缓存的字节

9.4.2 字符流操纵文件

因为大多数程序涉及文件读/写，所以FileReader类是一个经常用到的类。FileReader类可以在一指定文件上实例化一个文件输入流，利用流提供的方法从文件中读取一个字符或者一组数据。由于汉字在文件中占用两个字节，如果使用字节流，读取不当会出现乱码现象，采用字符流就可以避免这种现象。FileReader类有两个构造方法。

①FileReader(String filename)。

②FileReader(File f)。

相对来说，第一种方法使用更方便一些。构造一个输入流，并以文件为输入源。第二种方法构造一个输入流，并使File的对象f和输入流相连接。

FileReader类的最重要的方法也是read()，返回下一个输入字符的整型表示。

FileWriter是OutputStreamWriter的直接子类，用于向文件中写入字符。此类的构造方法以默认字符编码和默认字节缓冲区大小来创建实例。FileWriter有两个构造方法。

①FileWriter(String filename)。

②FileWriter(File f)。

第一种构造方法用文件名的字符串作为参数，第二种方法以一个文件对象作为参数

⊙【例9-10】 FileReader类和FileWriter类的应用。

功能实现： 使用FileReader和FileWriter把源文件"d:\source.txt"中的内容复制到目标文件"d:\dest.txt"中。

```java
import java.io.*;
public class FileCopy {
    public static void main(String[] args) {
        File sourceFile = new File("d:\\source.txt");
        File destFile = new File("d:\\dest.txt");
        try {
            FileReader fr = new FileReader(sourceFile);
            FileWriter fw = new FileWriter(destFile);
            char[] buffer = new char[1024];
            int length;
            while ((length = fr.read(buffer)) > 0) {
                fw.write(buffer, 0, length);
            }
            fr.close();
            fw.close();
        } catch (IOException e) {
            e.printStackTrace();
        }
    }
}
```

运行该程序后，打开目标文件，会发现内容和源文件相同。

9.4.3 BufferedReader和BufferedWriter

Reader类的read()方法每次从数据源中读取一个字符，对于数据量比较大的输入操作，效率会受到很大影响。为了提高效率，可以使用BufferedReader类。当使用BufferedReader读取文本文件时，会先尽量从文件中读入字符数据并置入缓冲区，之后若使用read()方法获取数据，会先从缓冲区中进行读取内容。如果缓冲区数据不足，才会再从文件中读取。BufferedReader类有以下两个构造方法。

①BufferedReader(Reader in)。

②BufferedReader(Reader in，int size)。

参数in指定连接的字符输入流，第二个构造方法的参数size，指定以字符为单位的缓冲区大小。BufferedReader中定义的构造方法只能接收字符输入流的实例，所以必须使用字符输入流。

使用BufferedWriter时，写出的数据并不会直接输出至目的地，而是先储存至缓冲区中，如果缓冲区中的数据满了，才会一次对目的地进行写出，减少对磁盘的I/O动作，以提高程序的效率。该类提供了newLine()方法，使用平台自己的行分隔符，由系统属性line.separator定义。并非所有平台都使用字符'\n'作为行结束符。因此调用此方法来终止每个输出行要优于直接写入新行符。

BufferedWriter有以下两个构造方法。

①BufferedWriter(Writer out)。

②BufferedWriter(Writer out,int size)。

参数out指定连接的输出流，第二个构造方法的size参数指定缓冲区的大小，以字符为单位。

⊙ 【例9-11】BufferedReader类的应用。

功能实现：通过BufferedReader，把"d:\test.txt"文件中的内容送入输入流中，然后按行从流中获取数据，并在控制台显示。

```java
import java.io.*;
public class BufferedR {
    public static void main(String args[]) {
        try {
            // 创建一个字符文件输入流，并作为参数传递给字符缓冲输入流
            BufferedReader br = new BufferedReader(new FileReader("d:/test.txt"));
            String s;
            // 每次读一行数据，返回字符串类型
            while ((s = br.readLine()) != null) {
                System.out.println(s);
            }
            br.close();
        } catch (Exception e) {
            e.printStackTrace();
        }
    }
```

程序执行结果如图9-11所示。

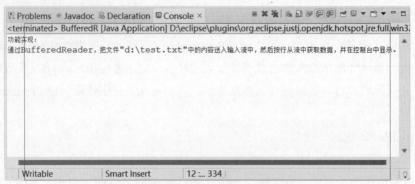

图 9-11 例 9-11 的运行结果

9.4.4 StringReader和StringWriter

StringReader类实现从一个字符串中读取数据。它把字符串作为字符输入流的数据源，这个类的构造方法如下。

StringReader(String s)：参数s指定输入流对象的数据源。

StringReader类最重要的方法是read()，返回下一个字符的整型表示。

StringWriter类是一个字符流，可以用其回收在字符串缓冲区中的输出来。构造字符串这个类的构造方法如下。

①StringWriter()。

②StringWrite(int s)：参数s指定初始字符串缓冲区大小。

StringWrite类的最重要的方法是write()和toString()，写入字符串和以字符串的形式返回该缓冲区的当前值。

9.4.5 PrintWriter（输出字符流）

PrintWriter在功能上与PrintStream类似，向字符输出流输出对象的格式化表示形式。除了接收文件名字符串和OutputStream实例作为变量之外，PrintWriter还可以接收Writer对象作为输出的对象。

这个类实现PrintStream中的所有输出方法。PrintWriter的所有print()和println()都不会抛出I/O异常。客户通过PrintWriter的checkError()方法可以查看写数据是否成功，如果返回true表示成功，否则表示出现了错误。

PrintWriter和PrintStream的println(String s)方法都能输出字符串。两者的区别是PrintStream只能使用本地平台的字符编码，而PrintWriter使用的字符编码取决于所连接的Writer类所使用的字符编码。

PrintWriter的构造方法如下。

①PrintWriter(File file)：使用指定文件创建不具有自动行刷新的PrintWriter。

②PrintWriter(File file, String csn)：创建具有指定文件和字符集且不带自动刷行新的

PrintWriter。

③PrintWriter(OutputStream out)：根据现有的OutputStream创建不带自动行刷新的PrintWriter。

④PrintWriter(OutputStream out, boolean autoFlush)：通过现有的OutputStream创建新的PrintWriter。

⑤PrintWriter(String fileName)：创建具有指定文件名称且不带自动行刷新的PrintWriter。

⑥PrintWriter(String fileName, String csn)：创建具有指定文件名称和字符集且不带自动行刷新的PrintWriter。

以下是一个简单的PrintWriter用法示例。

➔【例9-12】PrintWriter类的应用

功能实现： 使用Print Writer向文本文件中写入各种类型的数据。

```java
import java.io.*;
public class PrintWriterExample {
    public static void main(String[] args) {
        try {
            // 创建一个 PrintWriter 对象, 指定输出文件
            PrintWriter writer = new PrintWriter(new File("d:\\output.txt"));
            // 输出文本内容
            writer.println("这是一段文本内容");
            writer.print("这是另一段");
            writer.print("文本内容");
            // 输出变量和数据
            int count = 10;
            double price = 19.99;
            writer.println("产品数量:" + count);
            writer.println("产品价格:" + price);
            // 关闭 PrintWriter 对象
            writer.close();
        } catch (FileNotFoundException e) {
            System.out.println("文件不存在! ");
            e.printStackTrace();
        }
    }
}
```

运行该程序，打开"d:\\output.txt"文件，结果如图9-12所示。

图 9-12 例 9-12 的运行结果

9.5 流的转换

整个I/O包分为字节流和字符流。除了这两类流之外，还提供两个转换流，这两个转换流实现将字节流变为字符流。

- **OutputStreamWriter**：Writer的子类，将字节输出流变为字符输出流，即将OutputStream类型转换为Writer类型。
- **InputStreamReader**：Reader的子类，将字节输入流转变为字符输入流，即将InputStream类型转换为Reader类型。

9.5.1 InputStreamReader

InputStreamReader是字节流通向字符流的桥梁，使用指定的charset读取字节并将其解码为字符。它使用的字符集可以由名称指定或显式给定，或者可以接收平台默认的字符集。每次调用InputStreamReader中的一个read()方法都会导致从底层输入流读取一个或多个字节。要启用从字节到字符的有效转换，可以提前从底层流读取更多的字节，使其超过满足当前读取操作所需的字节。

为了提高效率，可以考虑在BufferedReader内包装InputStreamReader。

```
BufferedReader in = new BufferedReader(new InputStreamReader(System.in));
```

InputStreamReader的构造方法如下。

①InputStreamReader(InputStream in)：创建一个使用默认字符集的InputStreamReader。

②InputStreamReader(InputStream in, Charset cs)：创建使用给定字符集的InputStreamReader。

③InputStreamReader(InputStream in, CharsetDecoder dec)：创建使用给定字符集解码器的InputStreamReader。

④InputStreamReader(InputStream in, String charsetName)：创建使用指定字符集的InputStreamReader。

⊙【例9-13】InputStreamReader类的应用。

功能实现：把"test.txt"文件的内容以字节输入流输入，通过输入转换流把字节流转换成字符流，然后把字符流中的字符送入字符数组中，并在控制台显示出来。

```java
import java.io.*;
public class InputStreamR {
    public static void main(String[] args) throws Exception {
        File f = new File("d:" + File.separator + "test.txt");
        // 创建一个字节输入流对象,把它的内容转换到字符输入流中
        Reader reader = new InputStreamReader(new FileInputStream(f));
        char c[] = new char[1024];
        // 读取输入流中的字符到字符数组中,返回读取的字符长度
        int len = reader.read(c);
        reader.close();
        System.out.println(new String(c, 0, len));
    }
}
```

程序执行结果如图9-13所示。

图 9-13 例 9-13 的运行结果

9.5.2 OutputStreamWriter

OutputStreamWriter是输出字符流和输出字节流之间的桥梁。其主要功能是将字节输出流转换成字符输出流,即将要写入的字符使用特定的编码转码成字节,再将转换后的字节写入底层字节输出流中。可以指定编码。它是完成这一转换过程的类。

为了提高效率,可考虑将OutputStreamWriter包装到BufferedWriter中。

```java
BufferedWriter out = new BufferedWriter(new OutputStreamWriter(System.out));
```

OutputStreamWriter类的构造方法如下。

①OutputStreamWriter(OutputStream out):创建使用默认字符编码的OutputStreamWriter。

②OutputStreamWriter(OutputStream out, Charset cs):创建使用给定字符集的OutputStreamWriter。

③OutputStreamWriter(OutputStream out, CharsetEncoder enc):创建使用给定字符集编码器的OutputStreamWriter。

④OutputStreamWriter(OutputStream out, String charsetName):创建使用指定字符集的OutputStreamWriter。

→ **【例9-14】** OutputStreamWriter类的应用。

功能实现：创建一个新的文件对象，把它作为字节输出流的目标端，然后通过转换输出流，把字符流转换成字节流，把一串字符串输出到文件中。

```java
import java.io.*;
public class OutputStreamW {
    public static void main(String[] args) throws Exception {
        File f = new File("d:\\t.txt"); // 创建文件对象
        // 创建一个字节输出流对象，把它的内容转换到字符输出流中
        Writer out = new OutputStreamWriter(new FileOutputStream(f));
        out.write("hello world");
        out.close(); // 关闭流
    }
}
```

程序运行结果为在"d:\test.txt"文件中写入"hello world"字符串，如图9-14所示。

图 9-14　例 9-14 的运行结果

9.6 对象流和序列化

9.6.1　序列化的概念

程序中对象的寿命通常随着程序的终止而消失。有时候需要将对象的状态保存下来，在需要时再将对象恢复。把对象这种能记录自己状态以便将来再生的能力，叫作对象的持久性（persistence）。对象通过写出描述自己状态的数值来记录自己，这个过程叫对象的序列化（Serialization）。

对象序列化机制就是把内存中的Java对象转换为平台无关的字节流，从而允许把这种字节流持久保存在磁盘上，通过网络将这种字节流传送到另一台主机上。其他程序一旦获得这种字节流，就可以恢复原来的对象。

如果一个对象可以被存放到磁盘上，或者可以发送到另外一台机器，并存放到存储器或磁盘上，那么这个对象就被称为可序列化的。

要序列化一个对象必须与一定的对象输入/输出流联系起来。通过对象输出流将对象状态保存，再通过对象输入流将对象状态恢复。

java.io包中，提供了ObjectInputStream和ObjectOutputStream将数据流功能扩展至可读写对象。在ObjectInputStream中用readObject()方法可以直接读取一个对象。ObjectOutputStream中用writeObject()方法可以直接将对象保存到输出流中。

9.6.2 ObjectOutputStream

ObjectOutputStream是一个处理流，所以必须建立在其他节点流的基础之上，例如，先创建一个FileOutputStream输出流对象，再基于这个对象创建一个对象输出流。

```
FileOutputStream fileOut=new FileOutputStream("book.txt");
ObjectOutputStream objectOut-new ObjectOutputStream(fileOut);
```

writeObject()方法用于将对象写入流中。所有对象（包括String和数组）都可以通过writeObject()写入。可将多个对象或基元写入流中，代码如下。

```
objectOut.writeObject("Hello");
objectOut.writeObject(new Date());
```

对象的默认序列化机制写入的内容：对象的类，类签名，以及非瞬态和非静态字段的值。其他对象的引用也会导致写入这些对象。

ObjectOutputStream的构造方法有两个。

①ObjectOutputStream()：为完全重新实现ObjectOutputStream的子类提供一种方法，让它不必分配仅由ObjectOu-tputStream的实现使用的私有数据。

②ObjectOutputStream(OutputStream out)：创建写入指定OutputStream的ObjectOutputStream。

表9-8 ObjectOutputStream类的常用成员方法

方法	方法说明
void defaultWriteObject()	将当前类的非静态和非瞬态字段写入此流
void flush()	刷新该流的缓冲
void reset()	重置将丢弃已写入流中的所有对象的状态
void write(byte[] buf)	写入一个byte数组
void write(int val)	写入一个字节
void writeByte(int val)	写入一个8位字节
void writeBytes(String str)	以字节序列形式写入一个String
void writeChar(int val)	写入一个16位的char值
void writeInt(int val)	写入一个32位的int值
void writeObject(Object obj)	将指定的对象写入ObjectOutputStream

9.6.3 ObjectInputStream

ObjectInputStream是一个处理流，必须建立在其他节点流的基础之上。它可以对使用ObjectOutputStream写入的基本数据和对象进行反序列化。示例代码如下。

```
FileInputStream fileIn=new FileInputStream("book.txt");
ObjectInputStream objectIn=new ObjectInputStream(fileIn);
```

readObject方法用于从流读取对象。应该使用Java的安全强制转换获取所需的类型。在Java中，字符串和数组都是对象，所以在序列化期间将其视为对象。读取时，需要将其强制转换为期望的类型。示例代码如下。

```
String s=(String)objectIn.readObject();
Date d=(Date)objectIn.readObject();
```

默认情况下，对象的反序列化机制会将每个字段的内容恢复为写入时它所具有的值和类型。反序列化时始终分配新对象，这样可以避免现有对象被重写。

ObjectInputStream的构造方法有两个。

①ObjectInputStream()：为完全重新实现ObjectInputStream的子类提供一种方式，让它不必分配仅由ObjectInput-Stream的实现使用的私有数据。

②ObjectInputStream(InputStream in)：创建从指定InputStream读取的ObjectInputStream。

表9-9　ObjectInputStream类的常用方法

方法	方法说明
void defaultReadObject()	从此流读取当前类的非静态和非瞬态字段
int read()	读取数据字节
byte readByte()	读取一个8位的字节
char readChar()	读取一个16位的char值
int readInt()	读取一个32位的int值
ObjectStreamClass readClassDescriptor()	从序列化流读取类描述符
Object readObject()	从ObjectInputStream读取对象

9.6.4　序列化示例

⊙【例9-15】序列化应用举例。

功能实现：创建了一个可序列化的学生对象，并用ObjectOutputStream类把它存储到一个文件（student.txt）中。然后再用ObjectInputStream类把存储的数据读取出来，转换成一个学生对象，即恢复保存的学生对象。

```java
import java.io.*;
import Java.util.*;
class Student implements Serializable {
    int id; // 学号
    String name; // 姓名
    int age; // 年龄
    String department; // 系别
    public Student(int id, String name, int age, String department) {
        this.id = id;
        this.name = name;
        this.age = age;
        this.department = department;
    }
}
public class SerializableDemo {
    public static void main(String[] args) {
        Student stu1 = new Student(101036, "刘明明", 18, "CSD");
        Student stu2 = new Student(101236, "李四", 20, "EID ");
        File f = new File("student.txt");
        try {
            FileOutputStream fos = new FileOutputStream(f);
            // 创建一个对象输出流
            ObjectOutputStream oos = new ObjectOutputStream(fos);
            // 把学生对象写入对象输出流中
            oos.writeObject(stu1);
            oos.writeObject(stu2);
            oos.writeObject(new Date());
            oos.close();
            FileInputStream fis = new FileInputStream(f);
            // 创建一个对象输入流，并把文件输入流对象 fis 作为源端
            ObjectInputStream ois = new ObjectInputStream(fis);
            // 把文件中保存的对象还原成对象实例
            stu1 = (Student) ois.readObject();
            stu2 = (Student) ois.readObject();
            System.out.println("学号=" + stu1.id);
            System.out.println("姓名=" + stu1.name);
            System.out.println("年龄=" + stu1.age);
            System.out.println("系别=" + stu1.department);
            System.out.println("学号=" + stu2.id);
            System.out.println("姓名=" + stu2.name);
            System.out.println("年龄=" + stu2.age);
            System.out.println("系别=" + stu2.department);
            System.out.println((Date) ois.readObject());
            ois.close();
```

```
        } catch (Exception e) {
            e.printStackTrace();
        }
    }
}
```

程序执行结果如图9-15所示。

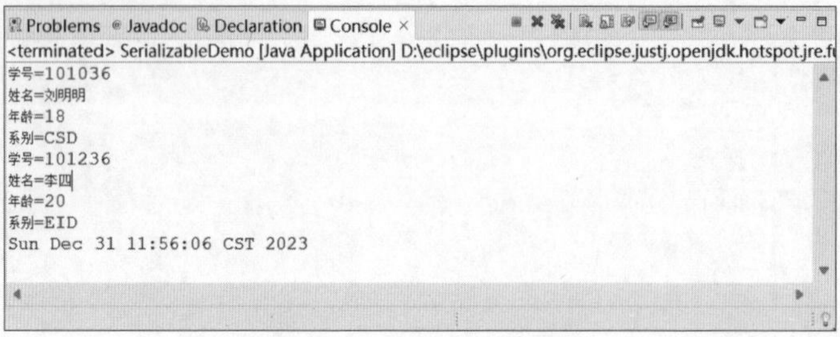

图 9-15　例 9-15 的运行结果

在这个例子中，首先定义一个类Student，实现了Serializable接口，然后通过对象输出流的writeObject()方法将Student对象保存到"student.txt"文件中。之后，通过对象输入流的readObject()方法从"student.txt"文件中读出保存的Student对象。

9.7　本章小结

在Java程序设计语言中，I/O操作以数据流为处理对象。JDK提供了丰富的与数据处理相关的类，通过这些流类可以方便地实现对文件和数据的各种处理操作。本章主要介绍了Java相关流类的具体用法以及文件的具体操作方法。通过本章学习，读者能够熟练运用流类完成各种I/O处理操作。

9.8　课后练习

练习1： 编写一个程序"FileIO.java"，创建一个目录，并在该目录下创建一个文件对象；创建文件输出流对象，从标准输入端输入字符串，以"#"结束，将字符串内容写入到文件，关闭输出流对象；创建输入流对象，读出文件内容，在标准输出端输出文件中的字符串，关闭输入流对象。

①用File类构建目录和文件。

②用FileInputStream、FileOutputStream为输入和输出对象进行读写操作。

练习2： 有五个学生，每个学生有3门课的成绩，从键盘输入以上数据（包括学生号，姓名，三门课成绩），计算平均成绩，把原有数据和计算出的平均分数存放在"student.dat"磁盘文件中。

①成绩输入来自键盘，利用Scanner类。

②File类建立文件，BufferedWriter完成文件的写操作。

第 **10** 章
数据库编程

内容概要

数据库已经成为各类管理信息系统非常重要的组成部分，而且在日常生活中也是不可或缺的。例如，目前的购物网站、网上订餐、房屋租赁、银行管理、学籍管理等系统都离不开数据库。

为了能够便捷地访问数据库，Java平台专门提供了一个标准的数据库访问组件JDBC。利用该组件，开发人员可以快捷编写Java应用程序实现对数据库中数据的增加、删除、修改和查询等操作。本章对数据库概念、JDBC概念、JDBC常用API等内容进行介绍。通过本章的学习，读者将会具备初步的开发数据库应用程序的能力。

学习目标

- 了解数据库和JDBC的概念
- 了解JDBC常用API
- 掌握JDBC访问数据库的方法
- 了解安装和配置MySQL数据库的方法
- 掌握编写数据库应用程序的方法

10.1 数据库编程基础

数据库应用已经成为各类应用系统非常重要的组成部分，而且在日常生活中也是不可或缺的。大部分应用系统需要使用数据库对数据进行存储和管理。为了能够便捷地访问数据库，Java平台专门提供了一个标准的数据库访问组件JDBC。它是一个独立于特定数据库管理系统的程序接口，利用该组件开发人员可以快捷地编写Java应用程序。

10.1.1 什么是数据库

数据库，顾名思义，就是存放数据的仓库。只不过这个仓库是在计算机的存储设备上，而且数据是按照一定的数据模型组织，并存放在外存上的一组相关数据集合，通常这些数据是面向一个组织、企业或部门的。例如，在学生成绩管理系统中，学生的基本信息、课程信息、成绩信息等都来自学生成绩管理数据库。

严格来讲，数据库是长期存储在计算机内，有组织的、大量的、可共享的数据集合。数据库中的数据按一定的数据模型组织、描述和存储，具有较小的冗余度、较高的数据独立性和易扩展性，并可为各种用户共享。简单来讲，数据库数据具有永久存储、有组织和可共享3个基本特点。

10.1.2 关系型数据库

关系型数据库是因为采用关系模型而得名，是目前最流行的数据库系统，例如目前广受欢迎的MySQL、SQLServer、Oracle、Access等数据库系统都是关系型数据库。

关系型数据库之所以得到广泛应用是因为这种数据库是建立在严格的数学理论基础上，概念清晰、简单，能够用统一的结构来表示实体集合和它们之间的联系。

关系型数据库系统与非关系型数据库系统的区别是关系型数据库系统只有"表"一种数据结构，而非关系型数据库系统还有其他数据结构。

在关系型数据库中，数据以记录（Record）和字段（Field）的形式存储在数据表（Table）中，若干个数据表构成一个数据库。数据表是关系型数据库的一种基本数据结构，如图10-1所示。

sno	sname	sage	ssex
201701001	张三	19	男
201701002	李四	20	女
201701003	王五	21	男
201701004	马六	19	女

图 10-1　学生信息表 student

数据表中的一行称为一条记录，任意一列称为一个字段，字段有字段名与字段值之分。字段名是表的结构部分，由它确定该列的名称、数据类型和限制条件。字段值是该列中的一个具体值，与变量名与变量值的概念类似。

10.1.3 JDBC概述

JDBC的全称是Java数据库连接（Java Database Connectivity），它是由一组Java类组成的用于执行SQL语句的Java API，可以为关系型数据库提供一个统一的访问接口。在程序中由JDBC与具体的数据库驱动程序联系，程序员不必与底层的数据库直接进行交互，也就是说不再需要为每一种数据库专门写一个应用程序，从而增加代码的通用性。

Java应用程序使用JDBC访问数据库的层次结构如图10-2所示。

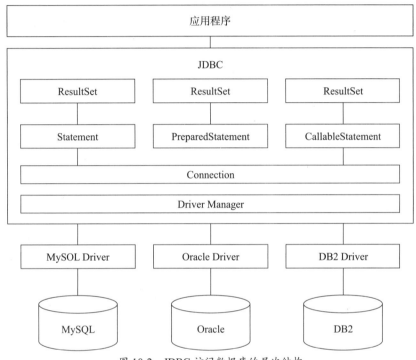

图 10-2　JDBC 访问数据库的层次结构

（1）应用程序（Application）

应用程序是指由开发人员编写的访问数据库的Java应用程序，这些程序可以利用JDBC完成对数据库的访问和操作。完成的主要任务包括请求与数据库建立连接、向数据库发送SQL请求、为结果集定义存储应用和数据类型、查询结果的处理及关闭数据库等操作。

（2）JDBC

JDBC能够动态地管理和维护数据库查询所需的驱动程序对象，实现Java程序与特定驱动程序的连接，从而体现JDBC与平台无关的特性。它的主要任务包括为特定的数据库选择驱动程序、处理JDBC初始化调用、为每个驱动程序提供JDBC功能的入口、为JDBC调用执行参数等。

（3）数据库驱动程序（Database Driver）

JDBC是独立于DBMS的，而每个数据库系统都有自己的协议与客户端通信，所以JDBC利用数据库驱动程序来使用这些数据库引擎。因此使用不同的DBMS，需要的驱动程序也不相同，驱动程序一般由数据库厂商或者第三方提供。

（4）数据库（Database）

Java应用程序所需的数据库及其数据库管理系统。

10.1.4　JDBC常用API

在开发JDBC应用程序之前，先了解一下JDBC常用的API。　JDBC API主要由java.sql包提供，该包定义了一系列访问数据库的接口和类。下面对该包内常用的API进行简单介绍。

1. Driver 接口

Driver是所有JDBC驱动程序必须实现的接口，该接口是提供给数据库厂商使用的，不同厂商实现该接口的类名是不同的。需要注意的是，在编写JDBC程序时，需要把所使用的数据库驱动程序加载到项目中。

2. DriverManager 接口

DriverManager用于加载、管理JDBC驱动程序，建立数据库连接。该接口常用的方法如表10-1所示。

表10-1　DriverManager接口的常用方法

方法	功能描述
registerDriver(Driver driver)	用于注册参数指定的驱动程序
getConnection(String url,String user,String passward)	指定三个入口参数(数据库的URL、用户名、密码)，建立与数据库的连接

3. Connection 接口

Connection用于处理与特定数据库的连接，在连接上下文中执行SQL语句并返回结果，该接口的常用方法如表10-2所示。

表10-2　Connection接口的常用方法

方法	功能描述
createStatement()	创建一个Statement对象
preparedStatement()	创建预处理PrepareStatement对象
prepareCall(String sql)	创建一个CallableStatement对象来调用数据库存储过程

4. Statement 接口

Statement对象用于执行静态SQL语句，并返回执行结果对象，该接口的常用方法如表10-3所示。

表10-3　Statement接口的常用方法

方法	功能描述
execute(String sql)	执行给定的SQL语句，返回是否有结果集
executeQuery(String sql)	执行给定的SQL语句，返回单个ResultSet对象
executeUpdate()	执行INSERT、UPDATE或DELETE语句，返回受该SQL语句影响的记录个数

5. PreparedStatement 接口

PreparedStatement接口是Statement接口的子接口。PreparedStatement对象可以代表一个预编译的SQL语句。由于PreparedStatement会将传入的SQL命令编译并暂存在内存中，所以当某一SQL语句在程序中被多次执行时，使用PreparedStatement对象的执行速度要快于Statement对象。如果数据库不支持预编译，那么系统将在SQL语句执行时传给数据库，其效果类似于Statement对象。

与Statement相比，PreparedStatement增加了在执行SQL语句调用之前，将输入参数绑定到SQL语句调用中的功能。当需要在同一个数据库表中完成一组记录的更新时，使用PreparedStatement是一个很好的选择。该接口的常用方法如表10-4所示。

表10-4 PreparedStatement接口的常用方法

方法	功能描述
executeQuery()	执行查询语句，并返回该查询生成的ResultSet对象
executeUpdate()	执行INSERT、UPDATE或DELETE语句，返回影响的记录个数
setInt(int index, int k)	将指定位置的参数设置为int值
setFloat(int index, float f)	将指定位置的参数设置为float值
setString(int index, String s)	将指定位置的参数设置为对应的String值
clearParameters()	清除当前所有参数的值

6. ResultSet 接口

ResultSet对象类似于一个临时表，用于存放JDBC的执行结果。该对象内部有一个指向当前数据行的指针，初始状态时，默认指向第一条记录之前。通过调用next()方法可以使指针下移一行，如果没有下一行，则返回false。

ResultSet接口提供的getXxx()方法可以根据列的索引编号或列的名称检索对应列的值，其中以列的索引编号较为高效，编号从1开始。其中，Xxx代表JDBC中的Java数据类型。该接口的常用方法如表10-5所示。

表10-5 ResultSet接口的常用方法

方法	功能描述
getInt(int columnIndex)	获取指定列位置的int类型的值，参数代表指定列的索引编号
getInt(String columnName)	获取指定列名称的int类型的值，参数代表指定列的名称
getString(int columnIndex)	获取指定列位置的String类型的值，参数代表指定列的索引编号
getString(String columnName)	获取指定列名称的String类型的值，参数代表指定列的名称
next()	将指针向下移动一行
first()	将指针移到第一行
last()	将指针移到最后一行
getRow()	查看当前行的索引号

10.2 JDBC访问数据库

JDBC是Java应用程序连接和访问数据库的程序接口，是由多个类和接口组成的Java类库，使用这个类库可以方便地访问数据库，下面详细介绍JDBC访问数据库的基本流程。

10.2.1 JDBC访问数据库的基本流程

在Java中进行JDBC编程时，Java应用程序通常按照图10-3所示的流程进行。

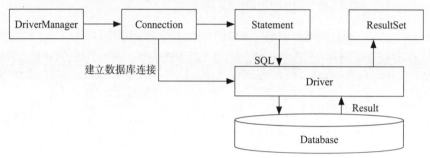

图 10-3　JDBC 访问数据库基本流程

建立一个数据库连接，并对数据库进行访问需要以下几个步骤。

步骤 01 加载数据库驱动程序。

步骤 02 创建数据库的连接。

步骤 03 使用SQL语句对数据库进行操作。

步骤 04 对数据库操作的结果进行处理。

步骤 05 关闭数据库连接，释放系统资源。

10.2.2 数据库驱动程序的加载

数据库驱动程序是负责与具体数据库进行交互的软件。使用JDBC访问数据库，要根据具体的数据库类型加载不同的数据库驱动程序。

常用的关系型数据库提供一个实现了java.sql.Driver接口的数据库驱动程序类，简称Driver类。通常可以通过java.lang.Class类的静态方法forName(String className)加载欲连接的数据库的Driver类，该方法的入口参数为欲加载的Driver类的完整路径。成功加载后，会将Driver类的实例注册到DriverManager类中。

常用数据库注册加载驱动程序的语句如下。

1. 注册加载 MySQL 的 JDBC 驱动程序

```
Class.forname("com.mysql.jdbc.driver");  // 适用于 MySQL 早期版本
Class.forname("com.mysql.cj.jdbc.Driver"); // 适用于 MySQL 8.0 以上版本
```

2. 注册加载 SQL Server 的 JDBC 驱动程序

```
Class.forName("com.microsoft.sqlserver.jdbc.SQLServerDriver");
```

3. 注册加载 Oracle 的 JDBC 驱动程序

```
Class.forName("oracle.jdbc.driver.OracleDriver");
```

10.2.3 建立数据库连接

要进行数据库操作，首先需要建立连接。在Java中，使用JDBC连接数据库包括定义数据库连接URL和建立数据库连接。

1. 连接数据库的 URL 表示形式

连接不同数据库时，对应的URL也不一样。下面给出几种常用数据库的URL表示形式。

（1）连接MySQL的URL表现形式

```
jdbc:mysql://host:port/dbname
```

（2）连接SQL Server的URL表现形式

```
jdbc:sqlserver://host:port;DatabaseName=dbName
```

（3）连接Oracle的URL表现形式

```
jdbc:oracle:thin:@ host:port:dbName
```

其中，host为数据库服务器地址，port是端口号，dbname为数据库名称。MySQL、SQL Server和Oracle的默认端口号分别为3306、1433和1521。

例如，连接本机的MySQL数据库，其中端口号为默认值，数据库名为db1，则其URL可以表示为

```
String mysqlURL= "jdbc:mysql://localhost:3306/db1";
```

连接本机的SQL Server数据库，其中端口号为默认值，数据库名为db2，则其URL可以表示为

```
String sqlURL="jdbc:sqlserver://localhost:1433;DatabaseName=db2";
```

连接本机的Oracle数据库，其中端口号为默认值，数据库名为db3，则其URL可以表示为

```
String oracleURL= "jdbc:oracle:thin:@localhost:1521:db3";
```

2. 建立数据库连接

通过DriverManager类的静态方法getConnection()可建立数据库连接，为了存取数据还需要提供用户名和密码。

```
Connection con=DriverManager.getConnection(URL, "username","password");
```

其中，URL为数据库连接对象，username为用户名，password为用户密码。

Connection对象代表与数据库的连接，主要负责在连接上下文中执行SQL语句并返回结果。

3. 关闭数据库连接

使用数据库连接对象要正确关闭，以免占用系统资源，并且在关闭对象时需要注意关闭顺序，先创建的对象后关闭，后创建的对象先关闭。关闭对象可调用close()方法。

10.3 数据库编程实例

本节通过一个实例详细介绍如何使用JDBC中的类和接口建立数据库连接、执行SQL语句、实现数据操作等。在实例中，我们的操作系统是Windows 10，使用的数据库系统是MySQL 8。

10.3.1 安装MySQL数据库

首先通过官网下载数据库应用程序，随后根据安装向导完成安装操作。

步骤 01 下载完成后，在指定位置会有一个名为mysql-installer-community-8.0.32.0的安装文件。双击该文件进入安装界面，如图10-4所示。

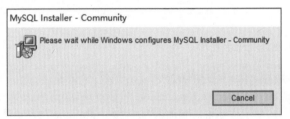

图 10-4　开始安装 MySQL 8.0.32

步骤 02 安装过程中会出现选择安装类型的窗口，在该窗口中选择默认的安装类型即可，如图10-5所示。

步骤 03 在安装的过程中，还会检查系统是否满足MySQL 8.0.32的安装要求，如果无法满足要求，安装程序会自动安装一些必需的组件，这些组件安装之后，出现如图10-6所示的对话框。

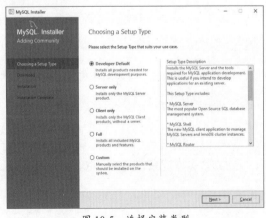

图 10-5　选择安装类型

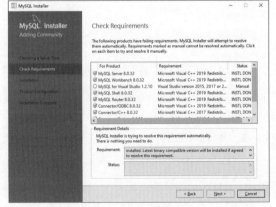

图 10-6　检查安装条件

步骤04 连续单击弹出窗口中的Next按钮，直到出现如图10-7所示的即将安装的组件列表窗口。

步骤05 单击图10-7中的Execute按钮，开始安装列表中给出的各种组件，安装完成后，结果如图10-8所示。

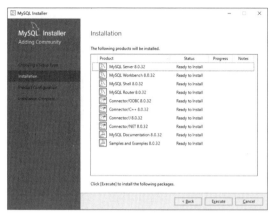
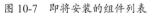

图 10-7　即将安装的组件列表

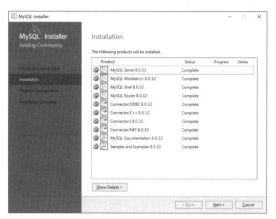

图 10-8　组件安装完成

步骤06 在本窗口及后续出现的窗口中连续单击Next按钮，直到出现root用户密码设置窗口。在该窗口中，输入root用户的密码，如图10-9所示。

步骤07 一定要记住输入的密码，在Java程序访问数据库时，会用到这个密码。后面的操作按照系统默认的操作执行，直到安装彻底结束为止，如图10-10所示。

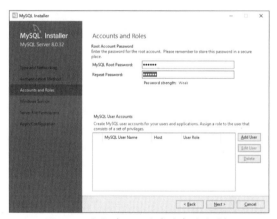

图 10-9　数据库 root 账户的密码设置框

图 10-10　安装结束

10.3.2　创建数据库和数据表

1. 创建数据库

在系统开始菜单中找到MySQL，展开后双击MySQL Workbench8.0 CE，打开欢迎窗口，在该窗口中单击Local instance MySQL，以root身份登录，输入安装时设置的密码，进入MySQL Workbench管理窗口，如图10-11所示。

如图10-12所示，在MySQL Workbench管理窗口中间的查询区中输入"CREATE SCHEMA 'student' DEFAULT CHARACTER SET utf8 ;"，然后单击执行按钮，新建一个名字为student的数

据库。刷新左边导航栏中的SCHEMA选项卡，就可以看到student数据库了。

图 10-11　MySQL 登录窗口　　　　　　　　　　图 10-12　新建数据库

2. 创建数据表

数据表stuinfo用于保存学生信息，stuinfo数据表有4个字段，分别是no（学号）、name（姓名）、age（年龄）和sex（性别）。

在MySQL Workbench管理窗口中间的查询区中输入"use student;"和"create table stuinfo (no char(10), name char(20), age integer , sex char (2));"，然后单击执行按钮，将在student数据库创建数据表stuinfo。

刷新student数据库中的Tables节点，即可看到stuinfo数据表，如图10-13所示。

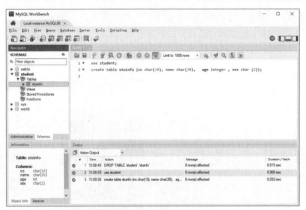

图 10-13　新建数据表

10.3.3　在Java项目中添加数据库驱动程序

1. 下载 MySQL 数据库驱动程序

由于使用的是MySQL数据库，所以需要下载的是MySQL数据库的驱动程序。在浏览器中打开网页https://dev.mysql.com/downloads/connector/j/，如图10-14所示，选择8.0.32版本，在打开页面的选择操作系统下拉列表中选择Platform Independent，然后单击矩形框中的Download按钮，下载ZIP压缩包。

解压下载的压缩包，找到mysql-connector-java-8.0.10.jar文件，该文件就是数据库驱动程序。

2. 新建 Java 工程并添加数据库驱动程序

打开Eclipse开发工具，执行File | New | Java Project命令，新建一个Java项目。然后右击该项目，在弹出的快捷菜单中选择Build Path | Configure Build Path，进入如图10-15所示的Java Build Path窗口。

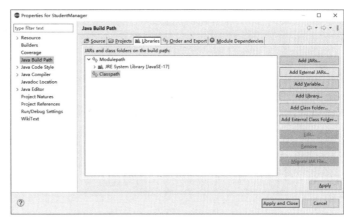

图 10-14　下载驱动程序　　　　　　　　　　图 10-15　Java Build Path 窗口

在Java Build Path窗口中，先选中Libraries列表中的Classpath，然后再单击右侧按钮面板中的"Add External JARs"按钮，将下载的MySQL驱动程序压缩包中的mysql-connector-j-8.0.32.jar文件添加到Classpath中，如图10-16所示。最后单击Apply and Close按钮完成数据库驱动程序的添加。

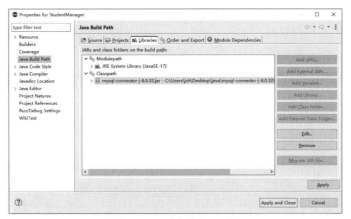

图 10-16　添加外部 Jar 包

10.3.4　建立数据库连接

为了提高程序的通用性和可移植性，可以定义一个数据库连接类DBConnection，专门用于建立数据库连接和关闭数据库连接。

⊖【例10-1】创建数据库连接类。

功能实现：创建数据库连接类DBConnection，实现数据库的连接与数据库连接的关闭。

数据库连接参数的设置和驱动程序的加载以及建立数据库连接等功能均通过该类的getConnection()方法实现，数据库连接保存在类的成员变量con中。closeConnection()方法实现对数据库连接的关闭功能。main()方法用于测试数据库连接是否建立成功。

```java
import java.sql.Connection;
import java.sql.DriverManager;
import java.sql.SQLException;
public class DBConnection {
    // 驱动程序
    String dbdriver = "com.mysql.cj.jdbc.Driver";
    // 数据库连接参数
    String URL =
        "jdbc:mysql:// localhost:3306/student?useSSL=false&serverTimezone=UTC";
    String username = "root";      // 登录账号
    String password = "123456";   // 登录密码
    // 数据库连接变量 con
    Connection con = null;
    public Connection getConnection() {
        try {
            Class.forName(dbdriver); // 加载驱动程序
            System.out.println(" 加载驱动程序成功!");
            con = DriverManager.getConnection(URL, username, password);
            System.out.println(" 建立数据库连接成功!");
        } catch (ClassNotFoundException e) {
            System.out.println(" 加载驱动程序失败!");
        } catch (SQLException e) {
            System.out.println(" 建立数据库连接失败!");
        }
        return con;  // 返回数据库连接对象
    }
    public void closeConnection() {
        if (con != null)
            try {
                con.close();  // 关闭数据库连接对象
                System.out.println(" 数据库连接关闭成功! ");
            } catch (SQLException e) {
                System.out.println(" 数据库连接关闭失败!");
            }
    }
    public static void main(String[] args) {
        DBConnection dbc = new DBConnection();
        dbc.getConnection();
        dbc.closeConnection();
    }
}
```

程序执行结果如图10-17所示。

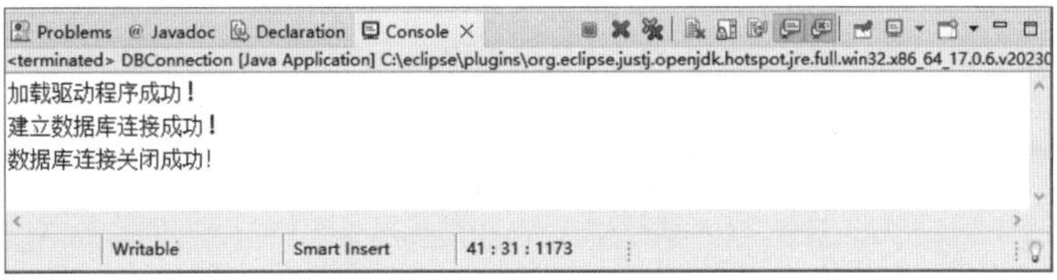

图 10-17　例 10-1 的运行结果

10.3.5　向数据表中添加数据

下面通过一个实例介绍向数据表stuinfo中添加数据的方法。

⊕【例10-2】向数据表stuinfo中添加数据。

功能实现：为了提高系统的通用性和执行效率，在本例中采用能够支持预编译SQL语句能力的PreparedStatement接口，并定义方法addStudentDataInfo(String no, String name, int age,String sex)，使添加的数据信息以参数的形式给出，具体实参的值在main()方法中给出。程序详细代码如下。

```java
import java.sql.Connection;
import java.sql.PreparedStatement;
import java.sql.SQLException;
public class AddRecord {
    DBConnection onecon = new DBConnection();
    Connection con = null;
    PreparedStatement pstmt = null;
    // 该方法的形式参数为学生表中的字段信息，返回值代表修改记录的条数
    public int addStudentDataInfo(String no, String name, int age,String sex) {
        int count = 0;
        con = onecon.getConnection();
        try {
            // 采用预编译方式定义 SQL 语句，使添加的数据以参数的形式给出
            String str = "insert into stuinfo values(?,?,?,?)";
            // 创建 PreparedStatement 对象，
            pstmt = con.prepareStatement(str);
            // 给参数赋值
            pstmt.setString(1, no);
            pstmt.setString(2, name);
            pstmt.setInt(3, age);
            pstmt.setString(4, sex);
            // 执行 SQL 语句
            count = pstmt.executeUpdate();
        } catch (SQLException e1) {
            // 执行 SQL 语句过程中出现的异常进行处理
            System.out.println("数据库读异常," + e1);
```

```
        } finally {
            try {
                // 释放所连接的数据库及 JDBC 资源
                pstmt.close();
                // 关闭与数据库的连接
                con.close();
            } catch (SQLException e) {
                // 关闭数据库时的异常处理
                System.out.println(" 在关闭数据库连接时出现了错误！ ");
            }
        }
        return count;
    }

    public static void main(String[] args) {
        AddRecord c = new AddRecord();
        int count = c.addStudentDataInfo("202301001", " 李梦如 ", 18," 女 ");
        System.out.println(count + " 条记录被添加到数据表中 ");
    }
}
```

程序执行结果如图10-18所示。

图 10-18 例 10-2 的运行结果

10.3.6 修改数据表中的数据

在数据表使用过程中，经常需要修改其中的数据。例如，修改学生的年龄、专业等信息。

⮕【例10-3】对数据表stuinfo中age的值加1。

功能实现： 通过调用updateStudentDataInfo()方法实现对age字段加1的操作。

```
import java.sql.Connection;
import java.sql.SQLException;
import java.sql.Statement;
public class UpdateRecord {
    DBConnection onecon = new DBConnection();
    Connection con = null;
    Statement stmt = null;
    // 该方法实现对学生年龄的修改，返回值代表被修改的记录条数
```

```
// 返回值为 -1 时，表示修改没有成功
public int updateStudentDataInfo() {
    con = onecon.getConnection();
    // 被修改的记录条数
    int count = -1;
    try {
        // 建立 Statement 类对象
        stmt = con.createStatement();
        // 定义修改记录的 SQL 语句
        String sql = "Update stuinfo set age=age+1";
        // 执行 SQL 命令
        count = stmt.executeUpdate(sql);
        stmt.close();
        con.close();
    } catch (SQLException e1) {
        System.out.println(" 数据库读异常," + e1);
    }
    return count;
}
public static void main(String[] args) {
    UpdateRecord c = new UpdateRecord();
    int count = c.updateStudentDataInfo();
    System.out.println(" 数据表中 " + count + " 条记录被修改 ");
}
}
```

程序执行结果如图10-19所示。

图 10-19 例 10-3 的运行结果

10.3.7 删除数据表中的记录

在某些记录不需要时可以进行删除操作，删除既可以利用Statement实例通过静态DELETE语句完成，也可以利用PreparedStatement实例通过动态Delete语句完成。

⊙【例10-4】删除数据表stuinfo中指定学号的记录。

功能实现：根据指定的学号sno的值，删除学生表对应的记录，把学号作为形参传递给方法deleteOneStudent，实参在main()中给出。

```java
import java.sql.Connection;
import java.sql.PreparedStatement;
import java.sql.SQLException;
import java.util.Scanner;
public class DeleteRecord {
    Connection con = null;
    PreparedStatement pstmt = null;

    // 该方法实现按照学号删除学生信息，如果返回值为 -1，代表修改没有成功
    public int deleteOneStudent(String no) {
        // 创建数据库连接对象
        DBConnection onecon = new DBConnection();
        // 得到数据库连接对象
        con = onecon.getConnection();
        // 删除记录的条数
        int count = -1;
        try {
            // 在当前连接上创建一个 prepareStatement 对象
            pstmt = con.prepareStatement("delete from stuinfo  where no=? ");
            // 给参数设定值
            pstmt.setString(1, no);
            // 执行删除操作
            count = pstmt.executeUpdate();
            // 释放资源
            pstmt.close();
            con.close();
        } catch (SQLException e1) {
            System.out.println(" 数据库读异常, " + e1);
        }
        return count;
    }

    public static void main(String[] args) {
        DeleteRecord c = new DeleteRecord();
        Scanner input = new Scanner(System.in);
        System.out.println(" 请输入要删除学生信息的学号 :");
        String no = input.next();
        int count = c.deleteOneStudent(no);
        if (count > 0)
            System.out.println(" 数据表中 " + count + " 条记录被删除 ");
        else
            System.out.println(" 学号 '" + no + "' 不存在 ");
    }
}
```

如果输入的学号在数据表中存在，则程序执行结果如图10-20所示。

图 10-20 学号存在时的运行结果

如果输入的学号在数据表中不存在，则给出该学号不存在的提示信息，如图10-21所示。

图 10-21 学号不存在时的运行结果

10.3.8 查询数据表中的数据

查询操作是数据库中最常见的操作，查询可以通过Statement实例完成，也可以通过PreparedStatement实例完成。

【例10-5】查询数据表student中的所有记录。

功能实现： 通过调用getAllStudent()方法实现查询学生信息表所有的记录。

```java
import java.sql.Connection;
import java.sql.Statement;
import java.sql.ResultSet;
import java.sql.SQLException;

public class QueryStudent {
    public void getAllStudent() {
        DBConnection onecon = new DBConnection();
        Connection con = onecon.getConnection();
        try {
            Statement stmt = con.createStatement();
            ResultSet rs = stmt.executeQuery("select * from stuinfo");
            while (rs.next()) {
                // 检索当前行中指定列的值
                System.out.println(rs.getString(1) + " " + rs.getString(2) + " "
                                + rs.getInt(3) + " " + rs.getString(4));
            }
            stmt.close();
            con.close();
```

```
        } catch (SQLException e1) {
            System.out.println("数据库读异常," + e1);
        }
    }


    public static void main(String[] args) {
        QueryStudent qs = new QueryStudent();
        qs.getAllStudent();
    }
}
```

程序执行结果如图10-22所示。

图 10-22　例 10-5 的运行结果

通过上述实例中介绍的方法可以实现对数据库表的创建，记录的添加、修改、删除和查询操作。也可以把记录的增加、删除、修改和查询等功能集成到一个类中，每一种操作定义为该类的一个方法，需要操作数据表中的数据时只需创建该类的对象，调用相应的成员方法即可。

10.4　本章小结

本章首先对数据库和JDBC基本概念进行简单介绍；然后介绍JDBC中常用的API；接着通过多个实例详尽地介绍了使用JDBC访问数据库的流程和具体操作方法。通过对本章内容的学习，读者可以熟悉JDBC常用的API以及访问数据库的方法，初步具备开发数据库应用程序的能力。

10.5　课后练习

练习1： 在MySQL中创建数据库Student，并在该数据库中创建admins数据表，该表包含username和password两个字符型字段。

练习2： 创建数据库连接类，该类至少包含创建数据库连接和断开数据库连接两个方法。

练习3： 编写程序，对练习1中的数据表admins中的记录进行添加、修改、删除和查询操作。

第 11 章
多线程编程

内容概要

多线程是提升程序性能的一种非常重要的方式，使用多线程可以让程序充分利用CPU的资源，提高CPU的使用效率，从而解决高并发带来的负载均衡问题。本章对线程的基本概念、线程的创建、线程的生命周期、线程的调度等内容进行详细介绍。通过对本章内容的学习，读者将会对线程的概念和使用方法有一个清晰的认识，并能够顺利地完成多线程编程。

学习目标

- 了解线程的基本概念
- 掌握创建线程的方法
- 了解线程的生命周期及状态转换
- 掌握线程的调度
- 理解线程的同步

11.1 线程概述

目前主流的操作系统都支持多个程序同时运行，每个运行的程序负责完成特定的任务。例如，使用"酷狗音乐"听歌的同时还可以使用"QQ软件"聊天。音乐软件和聊天软件是两个不同的程序，但这两个程序能"同时"运行。

一个正在运行的程序在操作系统中往往对应一个进程，"酷狗音乐"的运行对应一个进程，"QQ软件"的运行也对应一个进程，在Windows任务管理器中可以看到正在运行的进程信息。

在"酷狗音乐"播放歌曲时，还可以通过"酷狗音乐"从网上下载歌曲。播放歌曲的程序片段是一个线程，下载歌曲的程序片段是另一个线程，它们都属于"酷狗音乐"的进程。

程序、进程和线程这几个概念的区别和联系如下。

①程序：是存储在磁盘上，包含可执行机器指令和数据的静态实体，是人们解决问题的思维方式在计算机中的描述。

②进程：是程序的一个运行例程，用来描述程序的动态执行过程。程序运行时，操作系统会给进程分配内存空间等系统资源。一个程序运行结束，它所对应的进程就不存在了，但程序依然存在。一个程序可以对应多个进程，譬如，浏览器可以运行多次，可打开多个窗口，每一次运行都对应着一个进程，但浏览器只有一个。

③线程：是进程中相对独立的一个程序片段的执行单元。一个进程可以包含若干个线程，但一个线程只能属于一个进程。同一进程的所有线程共享该进程的资源。

多线程是提升程序性能的一种非常重要的方式，使用多线程可以让程序充分利用CPU的资源，提高CPU的使用效率。

11.2 线程的创建

在Java中有三种多线程实现方式。

①继承Thread类。

②实现Runnable接口。

③通过Callable和Future创建线程。

11.2.1 继承 Thread 类

Thread类位于java.lang包中，Thread的每个实例对象就是一个线程。通过Thread类或它的子类可以创建线程实例对象，并启动一个新的线程，Thread类的构造方法如下。

```
public Thread(ThreadGroup group,Runnable target,String name,long stackSize);
```

其中，group指明该线程所属的线程组，target为实际执行线程体的目标对象，name为线程名，stackSize为线程指定的堆栈大小。

当上述构造方法缺少某个参数时，就变成了其他的构造方法，Thread类共有8个重载的构造方法，这里不再赘述。

Thread类中常用的方法如表11-1所示。

表11-1 Thread类的常用方法

方法	方法说明
void run()	线程运行时所执行的代码都在这个方法中，是Runnable接口声明的唯一方法
void start()	使线程开始执行；Java虚拟机调用该线程的run方法
static int activeCount()	返回当前线程的线程组中活动线程的数目
static Thread currentThread()	返回对当前正在执行的线程对象的引用
static int enumerate(Thread[] t)	将当前线程组中的每一个活动线程复制到指定的数组中
String getName()	返回线程的名称
int getPriority()	返回线程的优先级
Thread.State getState()	返回线程的状态
Thread Group getThreadGroup()	返回线程所属的线程组
final boolean isAlive()	测试线程是否处于活动状态
void setDaemon(boolean on)	将线程标记为守护线程或用户线程
void setName(String name)	改变线程名称，使其与参数name相同
void interrupt()	中断线程
void join()	等待该线程终止，有多个重载方法
static void yield()	暂停当前正在执行的线程对象，并执行其他线程

编写Thread类的派生类，主要覆盖Thread类的run()方法，在这个方法的方法体中加入线程所要执行的代码即可。因此经常把run()方法称为线程的执行体。run()方法可以调用其他方法，使用其他类或声明变量，就像主线程main()方法一样。线程的run()方法运行结束，线程也将终止。

通过继承Thread类创建线程的步骤如下。

步骤01 定义Thread类的子类，并重写run()方法，实现线程的功能。

步骤02 创建Thread子类的实例，即创建线程对象。

步骤03 调用线程对象的start()方法启动该线程。

创建一个线程对象后，仅仅是在内存中出现了一个线程类的实例对象，线程并不会自动开始运行，必须调用线程对象的start()方法来启动线程。启动线程主要完成两方面的任务：一方面为线程分配必要的资源，使线程处于可运行状态；另一方面调用线程的run()方法来运行线程。

⊙【例11-1】通过继承Thread类创建线程。

功能实现：通过继承Thread类来实现一个线程类，在主线程中创建并启动两个线程，这两个线程会在给定的时间间隔显示它们的状态信息。

```java
class ThreadDemo extends Thread {
    private Thread t;
    private String threadName;
    ThreadDemo( String name) {
        threadName = name;
        System.out.println("创建线程: " + threadName );
    }
    public void run() {
        System.out.println("运行线程: " + threadName );
        try {
            for(int i = 0; i < 2; i++) {
                System.out.println("当前线程: " + threadName );
                // 让线程睡一会
                Thread.sleep(1000);
            }
        }catch (InterruptedException e) {
            System.out.println("线程: " + threadName + " 中断.");
        }
        System.out.println("线程: " + threadName + " 结束.");
    }
    public void start () {
        System.out.println("线程启动: " + threadName );
        if (t == null) {
            t = new Thread (this, threadName);
            t.start ();
        }
    }
}
public class TestThread {
    public static void main(String args[]) {
        ThreadDemo T1 = new ThreadDemo( "Thread1");
        T1.start();
        ThreadDemo T2 = new ThreadDemo( "Thread2");
        T2.start();
    }
}
```

在本例中，每间隔1秒在屏幕上显示当前线程信息，程序运行结果如图11-1所示。

图 11-1　例 11-1 的运行结果

11.2.2　实现Runnable接口

通过继承Thread类来创建线程类有一个缺点，那就如果要创建的线程类已经继承了一个其他类，则无法再继承Thread类。

可以通过实现Runnable接口的方式创建线程。Runnable接口只有一个run()方法，我们声明的类需要实现这一方法。这里的run()方法同样也可以调用其他方法。

通过实现Runnable接口创建线程的步骤如下。

步骤01 定义Runnable接口的实现类，并实现该接口的run()方法。

步骤02 创建Runnable实现类的实例，并以此实例作为Thread类的target参数来创建Thread线程对象，该对象才是真正的线程对象。

➔【例11-2】通过实现Runable接口创建线程。

功能实现：通过实现Runnable接口来实现一个线程类，在主线程中创建并启动线程，线程执行时，会在给定的时间间隔不断显示系统当前时间。

```java
import java.util.*;
class TimePrinter implements Runnable {
    public boolean stop = false;    //线程是否停止
    int pauseTime;     // 时钟跳变时间间隔
    String name;       // 显示时间的标签
    public TimePrinter(int x, String n) { // 构造方法，初始化成员变量
        pauseTime = x;
        name = n;
    }
    public void run() {
        while (!stop) {
            try {
                // 在控制台中显示系统的当前日期和时间
                System.out.println(name + ":"
                    + new Date(System.currentTimeMillis()));
                Thread.sleep(pauseTime);   // 线程睡眠 pauseTime 毫秒
            } catch (Exception e) {
```

```
            e.printStackTrace();   // 输出异常信息
        }
    }
}
public class TestRunnable {
    public static void main(String args[]) {
        // 实例化一个 Runnable 对象
        TimePrinter tp = new TimePrinter(1000, "当前日期时间");
        Thread t = new Thread(tp);   // 实例化一个线程对象
        t.start();   // 启动线程
        System.out.println("按回车键终止！");
        try {
            System.in.read();   // 从输入缓冲区中读取数据，按回车键返回
        } catch (Exception e) {
            e.printStackTrace();   // 输出异常信息
        }
        tp.stop = true;   // 置子线程的终止标志为 true
    }
}
```

在本例中，每间隔1秒在屏幕上显示当前时间。这是由主线程创建的一个新线程来完成的。程序运行结果如图11-2所示。

图 11-2　例 11-2 的运行结果

通过实现Runnable接口实现的线程类创建的对象不能直接运行，需要把该对象作为参数传递给Thread类的构造方法，在此基础上创建Thread对象，然后通过Thread对象调用start()方法开启线程。

11.2.3　通过Callable和Future创建线程

前面介绍的两种方式都需要调用Thread类中的start()方法启动线程并调用run()方法。由于线程的run()方法没有返回值，如果需要获取执行结果，就必须通过共享变量或者使用线程通信的方式来实现，这样做比较麻烦。

从Java 5开始提供Callable和Future接口，通过它们可以在任务执行结束后得到任务的执行结果。

通过Callable和Future创建线程的步骤如下。

步骤 **01** 创建Callable接口的实现类，并实现call()方法，该call()方法将作为线程执行体，并且有返回值。

步骤 **02** 创建Callable实现类的实例，使用FutureTask类包装Callable对象，该FutureTask对象封装了该Callable对象的call()方法的返回值。

步骤 **03** 使用FutureTask对象作为Thread对象的target创建并启动新线程。

步骤 **04** 调用FutureTask对象的get()方法来获得子线程执行结束后的返回值。

➔【例11-3】通过Callable和Future创建线程。

功能实现： 通过实现Callable和Future接口来实现一个线程类，在主线程中创建并启动子线程对象，子线程执行完毕，返回循环变量的值。

```java
import java.util.concurrent.Callable;
import java.util.concurrent.FutureTask;
import java.util.concurrent.ExecutionException;
public class CallableThreadTest implements Callable<Integer> {
    public static void main(String[] args) {
        CallableThreadTest ctt = new CallableThreadTest();
        FutureTask<Integer> ft = new FutureTask<Integer>(ctt);
        for(int i = 0;i < 5;i++){
        System.out.println(Thread.currentThread().getName()+"的循环变量i的值 "+i);
            if(i==2){
                new Thread(ft,"有返回值的线程").start();
            }
        }
        try{
            // 通过get()方法获取线程的run()方法的返回值
            System.out.println("子线程的返回值: "+ft.get());
        } catch (InterruptedException e){
            e.printStackTrace();
        } catch (ExecutionException e) {
            e.printStackTrace();
        }

    }
    public Integer call() throws Exception {
        int i = 0;
        for(;i<3;i++) {
            System.out.println(Thread.currentThread().getName()+" "+i);
        }
        return i;
    }
}
```

在本例中，子线程执行结束后，循环变量的值为3。程序运行结果如图11-3所示。

图 11-3　例 11-3 的运行结果

11.3 线程的生命周期

当线程对象被创建时，线程的生命周期就已经开始了，直到线程对象被撤销为止。在整个生命周期中，线程并不是创建后即进入可运行状态，线程启动之后，也不是一直处于可运行状态。在整个生命周期中线程有多种状态，这些状态之间可以互相转化。Java线程的生命周期可以分为以下5种状态：①创建状态；②就绪状态；③运行状态；④阻塞状态；⑤终止状态。

一个线程创建之后，总是处于其生命周期的5种状态之一，线程的状态表明此线程当前正在进行的活动,而线程的状态是可以通过程序进行控制的，即可以对线程进行操作来改变状态。线程状态间的转换关系如图11-4所示。

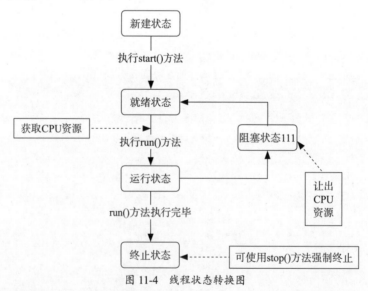

图 11-4　线程状态转换图

（1）创建状态

使用new运算符调用Thread类或其子类的构造方法创建一个线程对象后，该线程对象就处于创建状态。

（2）就绪状态

当线程对象调用了start()方法之后，就进入就绪状态。就绪状态的线程处于就绪队列中，要等待JVM的调度。

（3）运行状态

如果就绪状态的线程获取了CPU资源，就可以执行run()，此时线程便处于运行状态。处于运行状态的线程最为复杂，它可以变为阻塞状态、就绪状态和死亡状态。

（4）阻塞状态

如果一个线程执行了sleep（睡眠）、suspend（挂起）等方法，失去所占用资源之后，该线程就从运行状态进入阻塞状态。在睡眠时间已到或获得设备资源后可以重新进入就绪状态。阻塞状态可以分为三种。

①等待阻塞：运行状态中的线程执行wait()方法，使线程进入等待阻塞状态。

②同步阻塞：线程获取synchronized同步锁失败。

③其他阻塞：通过调用线程的sleep()或join()发出I/O请求时，线程就会进入阻塞状态。当sleep() 状态超时、join()等待线程终止或超时，或者I/O处理完毕，线程重新转入就绪状态。

（5）终止状态

一个运行状态的线程完成任务或者其他终止条件发生时，该线程就切换到终止状态。下面这几种情况都会导致线程切换到终止状态。

①run()方法执行完成，线程正常结束。

②线程抛出一个未捕获的Exception或Error。

③直接调用该线程的stop()方法来结束线程，但该方法已经过时，不推荐使用。

11.4 线程的调度

计算机通常只有一个CPU，在任意时刻只能执行一条机器指令，每个线程只有获得CPU的使用权才能执行指令。所谓多线程的并发运行，其实是指各个线程轮流获得CPU的使用权，分别执行各自的任务。在运行池中会有多个处于就绪状态的线程在等待CPU。Java虚拟机的一项任务就是负责线程的调度，线程调度是指按照特定机制为多个线程分配CPU的使用权。Java虚拟机采用抢占式调度模型，是指让优先级高的线程优先占用CPU，如果可运行的线程优先级相同，那么就随机选择一个线程，使其占用CPU，当该线程失去CPU之后，再随机选择其他线程获取CPU的使用权。

通常情况下，程序员不用关心线程的调度问题，但在某些特定的需求下需要改变这种模式，由程序自己来协调多个线程对CPU的使用。本节将对线程调度的相关知识进行详细介绍。

11.4.1 线程优先级

在应用程序中，如果要对线程进行调度，最直接的方式就是设置线程的优先级。每一个线程都对应一个优先级，优先级越高的线程获得CPU执行的机会越大，而优先级越低的线程获得CPU执行的机会越小。

线程的优先级用1~10的整数表示，数值越大优先级越高，线程默认的优先级为5。除了可以直接使用数字表示线程的优先级之外，还可以使用Thread类中提供的三个静态常量，分别表示最高优先级、最低优先级和默认优先级。

```
static int MAX_PRIORITY; //线程可以具有的最高优先级, 值为 10
static int MIN_PRIORITY; //线程可以具有的最低优先级, 值为 1
static int NORM_PRIORITY; //分配给线程的默认优先级, 值为 5
```

线程的优先级不是固定不变的，可以通过Thread类的setPriority(int newPriority)方法设置线程的优先级，参数newPriority接收的是1~10的整数，或者Thread类的3个静态常量。下面通过一个示例演示不同优先级的两个线程在程序中的运行情况。

⊙【例11-4】线程优先级示例。

功能实现：通过setPriority(int newPriority)方法设置线程的优先级。

```
public class ThreadPriority extends Thread{
    public ThreadPriority(String name) {
        super(name);
        System.out.println("创建 " + name + " 线程");
    }
    public void run() {
        for (int i = 0; i < 5; i++) {
            System.out.println(Thread.currentThread().getName()
                              +" 正在执行第 " + i + " 次" );
        }
    }

    public static void main(String[] args) {
        ThreadPriority ta = new ThreadPriority("高优先级线程");      //创建线程
        ThreadPriority tb = new ThreadPriority("低优先级线程");      //创建线程

        ta.setPriority(Thread.MAX_PRIORITY);  //设置线程为最大优先级
        tb.setPriority(Thread.MIN_PRIORITY);  //设置线程为最低优先级
        ta.start();     //启动线程
        tb.start();     //启动线程
    }
}
```

程序运行结果如图11-5所示。

图 11-5　例 11-4 的运行结果

优先级高的线程只是意味着该线程获取CPU的概率相对高一些，并不是说高优先级的线程一直运行，很多时候它们是交替运行。

11.4.2　线程睡眠——sleep

如果需要让当前正在执行的线程暂停一段时间，则通过调用Thread类的静态方法sleep()可以使其进入计时等待状态，让其他线程有机会执行。

sleep()方法是Thread的静态方法，有以下两个重载方法：

①public static void sleep(long millis) throws InterruptedException：在指定的毫秒数millis内让当前正在执行的线程休眠。

②public static void sleep(long millis, int nanos) throws InterruptedException：在指定的毫秒数millis加指定的纳秒数nanos内让当前正在执行的线程休眠。

线程在休眠的过程中如果被中断，则该方法抛出InterruptedException异常，所以调用时要捕获异常。

→【例11-5】线程睡眠应用示例。

功能实现：设计一个数字时钟，在桌面窗口中显示当前时间，每隔1秒自动刷新。

```java
import java.awt.Container;
import java.awt.FlowLayout;
import java.text.SimpleDateFormat;
import java.util.Date;
import javax.swing.JFrame;
import javax.swing.JLabel;
public class DigitalClock extends JFrame implements Runnable{
    JLabel jLabel1,jLabel2;
    public DigitalClock(String title){
        jLabel1=new JLabel(" 当前时间 :");
        jLabel2=new JLabel();
        Container contentPane=this.getContentPane();    // 获取窗口的内容空格
```

```java
        contentPane.setLayout(new FlowLayout());    // 设置窗口为流式布局
        this.add(jLabel1);          // 把标签添加到窗口中
        this.add(jLabel2);          // 把标签添加到窗口中
        // 单击关闭窗口时退出应用程序
        this.setDefaultCloseOperation(JFrame.EXIT_ON_CLOSE);
        this.setLocationRelativeTo(null); // 设置窗口显示在屏幕中间
        this.setSize(300,200);          // 设置窗口尺寸
        this.setVisible(true);          // 使窗口可见
    }

    public void run() {
        while(true){
            String msg=getTime();       // 获取时间信息
            jLabel2.setText(msg);       // 在标签中显示时间信息
            try {
                Thread.sleep(1000);     // 休息1秒
            } catch (InterruptedException e) {
                e.printStackTrace();
            }
        }
    }
    // 获取系统当前时间
    public String getTime(){
        // 创建时间对象并得到当前时间
        Date date=new Date();
        // 创建时间格式化对象，设定时间格式
        SimpleDateFormat sdf = new SimpleDateFormat("yyyy年MM月dd日HH时
MM分ss秒");
        // 格式化当前时间，得到当时时间字符串
        String dt = sdf.format(date);
        return dt;
    }
    // 主方法
    public static void main(String[] args){
        // 创建时钟窗口对象
        DigitalClock dc=new DigitalClock("数字时钟");
        // 创建线程对象
        Thread thread=new Thread(dc);
        // 启动线程
        thread.start();
    }
}
```

```
    String getTime(){
        Date date=new Date();          // 创建时间对象，并得到当前时间
        SimpleDateFormat sdf = new SimpleDateFormat("yyyy 年 MM 月 dd 日 HH 时
MM 分 ss 秒 ");         // 创建时间格式化对象，设定时间格式
        String dt = sdf.format(date);        // 格式化当前时间，得到当时时间字符串
        return dt;
    }
    public static void main(String[] args)
    {
        DigitalClock dc=new DigitalClock(" 数字时钟 ");        // 创建时钟窗口对象
        Thread thread=new Thread(dc);                // 创建线程对象
        thread.start();            // 启动线程
    }
}
```

程序运行结果如图11-6所示。

让线程睡眠的目的是让线程让出CPU资源，当睡眠结束后，线程会自动苏醒，进入可运行状态。

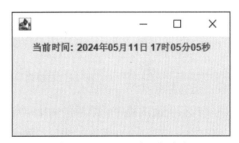

图 11-6 例 11-5 的运行结果

11.4.3 线程让步——yield

调用yield()方法可以实现线程让步，它与sleep()类似，也会暂停当前正在执行的线程，让当前线程让出CPU资源，但yield()方法只能让拥有相同优先级或更高优先级的线程有获取CPU执行的机会。如果可运行线程队列中的线程的优先级都没有当前线程的优先级高，则当前线程会继续执行。

调用yield()方法并不会让线程进入阻塞状态，而是让线程重新回到可运行状态，它只需要等待重新获取CPU资源，这一点和sleep()方法不一样。

⊙【例11-6】线程让步应用示例。

功能实现: 在主线程中创建两个子线程对象并启动，使其并发执行，在子线程的run()方法中每个线程循环9次，每循环3次输出一行，通过调用yield()方法实现两个子线程交替输出信息。

```
public class ThreadYield implements Runnable {
    String str = "";
    public void run() {
        for (int i = 1; i <= 9; i++) {
            // 获取当前线程名和输出编号
            str += Thread.currentThread().getName() + "-----" + i + "      ";
```

```
                    // 当满 3 条信息时, 输出信息内容, 并让出 CPU
            if (i % 3 == 0) {
                System.out.println(str);           // 输出线程信息
                str = "";
                Thread.currentThread().yield();      // 当前线程让出 CPU
            }
        }
    }
    public static void main(String[] args) {
        ThreadYield ty1 = new ThreadYield();          // 实例化 ThreadYield 对象
        ThreadYield ty2 = new ThreadYield();          // 实例化 ThreadYield 对象
        Thread threada = new Thread(ty1, "线程A");// 通过 ThreadYield 对象创建线程
        Thread threadb = new Thread(ty2, "线程B");// 通过 ThreadYield 对象创建线程
        threada.start();    // 启动线程 threada
        threadb.start();     // 启动线程 threadb
    }
}
```

程序运行结果如图11-7所示。

重复运行上面的程序，结果的输出顺序可能会不一样，所以通过yield()来控制线程的执行顺序是不可靠的，后面会介绍通过线程的同步机制来控制线程之间的执行顺序。

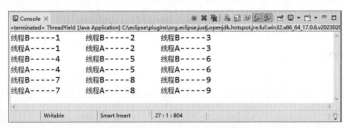

图 11-7　例 11-6 的运行结果

11.4.4　线程协作——join

若一个线程运行到某一点时，需要等待另一个线程运行结束后才能继续运行，这时可以通过调用另一个线程的join()方法来实现。很多情况下，主线程创建并启动了线程，如果子线程中要进行大量的耗时运算，主线程往往在子线程结束之前结束。如果主线程需要子线程执行结束后，获取这个子线程返回结果，则主线程需要调用子线程对象的join()方法来实现。该方法将使当前线程进入等待状态，直到被join()方法加入的线程运行结束后，再恢复执行。

11.4.5　守护线程

Java程序当中，可以把线程分为两类：用户线程和守护线程，守护线程也叫后台线程。用户线程也就是前面所说的一般线程，它负责处理具体的业务；守护线程往往为其他线程提供服

务，这类线程可以监视其他线程的运行情况，也可以处理一些相对不太紧急的任务。在一些特定场合，经常会通过设置守护线程的方式来配合其他线程一起完成特定的功能，JVM的垃圾回收线程就是典型的守护线程。

守护线程依赖于创建它的线程，而用户线程则不依赖。举个简单的例子：如果在main线程中创建了一个守护线程，当main()方法运行完毕之后，守护线程也会随着消亡。而用户线程则不会，用户线程会一直运行直到其运行完毕。

可以通过调用setDaemon(true)方法将一个线程设置为守护线程，但不能把正在运行的用户线程设置为守护线程。

➡【例11-7】守护线程应用示例。

功能实现：在主线程中创建一个子线程，子线程负责输出5行信息。如果把子线程设置成用户线程，则当主线程终止时，子线程会继续运行直到结束，如果把子线程设置为守护线程，则当主线程终止时，守护线程也会随主线程自动终止。

```java
import java.io.BufferedReader;
import java.io.BufferedReader;
import java.io.IOException;
import java.io.InputStreamReader;
public class ThreadDaemon implements Runnable {
    public void run() {
        for (int i = 1; i < 6; i++) {
            // 输出当前线程是否为守护线程
            System.out.println("第" + i + "次执行");
        }
    }
    public static void main(String[] args) throws IOException {
        System.out.println("线程是守护线程 Y | N :"); // 输出提示信息
        // 建立缓冲字符流
 BufferedReader stdin = new BufferedReader(new InputStreamReader(System.in));
        String str;
        str = stdin.readLine(); // 从键盘读取一个字符串
        ThreadDaemon td = new ThreadDaemon();        // 创建 ThreadDaemon 对象
        Thread th = new Thread(td);         // 创建线程对象
        if (str.equals("Y")||str.equals("y")) {
            th.setDaemon(true); // 设置该线程为守护线程
        }
        th.start();     // 启动线程
        System.out.println("主线程即将结束！");
    }
}
```

如果输入y或Y，程序运行结果如图11-8所示。

图 11-8　例 11-7 的运行结果 1

如果输入的是其他字符串，程序运行结果如图11-9所示。

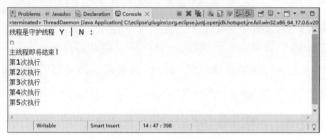

图 11-9　例 11-7 的运行结果 2

用户通过键盘输入y或者Y时，程序将创建一个守护线程。主线程执行结束后守护线程也随之终止，此时在线程的run()方法中循环语句刚开始执行就结束了。这就说明守护线程随用户线程结束而结束。如果从键盘输入一个其他字符，则程序将创建一个用户线程，该用户线程不管主线程是否结束，都会一直执行下去，直到执行完毕。

11.5　线程的同步

在多线程的程序中，有多个线程并发运行，这多个并发执行的线程往往不是孤立的，它们之间可能会共享资源，也可能要相互合作完成某一项任务，如何使多个并发执行的线程在执行过程中不产生冲突，是多线程编程必须解决的问题。否则，可能导致程序运行的结果不正确，甚至造成死锁问题。

11.5.1　多线程引发的问题

有时候在多线程的程序设计中需要实现多个线程共享同一段代码，从而实现共享同一个私有成员或类的静态成员的目的。这时，由于线程和线程之间互相竞争CPU资源，使得线程无序地访问这些共享资源，最终可能导致得不到正确的结果。这些问题通常称为线程安全问题。下面讲解一个共享数据对象的例子。

⊙【例11-8】多线程并发可能引发的问题。

功能实现：在主线程中通过同一个Runnable对象创建10个线程对象，这10个线程共享Runnable对象的成员变量num，在线程中通过循环实现对成员变量num加1000的操作，10个子线程运行过之后，显示相加的结果。

```java
public class ThreadUnsafe {
    public static void main(String argv[]) {
        ShareData shareData = new ShareData();       // 实例化 shareData 对象
        for (int i = 0; i < 10; i++) {
            new Thread(shareData).start();   // 通过 shareData 对象创建线程并启动
        }
    }
}
class ShareData implements Runnable {
    public int num = 0;      // 记数变量
    private void add(){
        int temp;       // 临时变量
        // 循环体让变量 num 执行加 1 操作，使用 temp 是为了增加线程切换的概率
        for (int i = 0; i < 1000; i++) {
            temp = num;
            temp++;
            num = temp;
        }
        // 输出线程信息和 num 的当前值
        System.out.println(Thread.currentThread().getName() + "-" + num);
    }
    public void run() {
        add();       // 调用 add() 方法
    }
}
```

程序运行结果如图11-10所示。

图 11-10   例 11-8 的运行结果

由于线程的并发执行，多个线程对共享变量num进行修改，导致每次运行输出的内容都不一样，很少会出现线程输出10000的结果。

为了解决这一类问题，必须要引入同步机制，那么什么是同步，如何实现在多线程访问同一资源的时候保持同步？Java使用"锁"机制来实现线程的同步。锁机制要求每个线程在进入共享代码之前都要取得锁，否则不能进入，在退出共享代码之前释放该锁，这样就能防止几个

或多个线程竞争共享代码的情况，从而解决线程不同步的问题。

Java的同步机制可以通过对关键代码段使用synchronized关键字修饰来实现针对该代码段的同步操作。实现同步的方式有两种，一种是利用同步代码块来实现同步，另一种是利用同步方法来实现同步。下面分别介绍这两种方法。

11.5.2 同步代码块

JAVA虚拟机为每个对象配备一把锁和一个等候集，这个对象可以是实例对象，也可以是类对象。对实例对象进行加锁，可以保证与这个实例对象关联的线程可以互斥地使用对象的锁；对类对象进行加锁，可以保证与这个类相关联的线程可以互斥地使用类对象的锁。

用synchonized声明的语句块称为同步代码块，同步代码块的语法格式如下：

```
synchronized(synObject)
{
    // 关键代码
}
```

其中的关键代码必须获得对象synObject的锁才能执行。当一个线程欲进入该对象的关键代码时，JVM将检查该对象的锁是否被其他线程获得，如果没有，则JVM把该对象的锁交给当前请求锁的线程，该线程获得锁后就可以进入关键代码区域。

⊙【例11-9】同步代码块的应用示例。

功能实现： 构建一个信用卡账户，起初信用额为10000，然后模拟透支、存款等多个操作。显然银行账户User对象是个竞争资源，应该把修改账户余额的语句放在同步代码块中，并将账户的余额设为私有变量，禁止直接访问。

```
public class CreditCard {
    public static void main(String[] args) {
        // 创建一个用户对象
        User u = new User("张三", 10000);
        // 创建6线程对象
        UserThread t1 = new UserThread("线程A", u, 200);
        UserThread t2 = new UserThread("线程B", u, -600);
        UserThread t3 = new UserThread("线程C", u, -800);
        UserThread t4 = new UserThread("线程D", u, -300);
        UserThread t5 = new UserThread("线程E", u, 1000);
        UserThread t6 = new UserThread("线程F", u, 200);
        // 依次启动线程
        t1.start();
        t2.start();
        t3.start();
        t4.start();
        t5.start();
```

```
            t6.start();
        }
}


class UserThread extends Thread {
    private User u;           // 创建一个 User 对象
    private int y = 0;
    // 构造方法, 初始化成员变量
    UserThread(String name, User u, int y) {
        super(name);          // 调用父类的构造方法, 设置线程名
        this.u = u;
        this.y = y;
    }

    public void run() {
        u.oper(y);            // 调用 User 对象的 oper() 方法操作共享数据
    }
}
class User {
    private String code;// 用户卡号
    private int cash;   // 用户卡上的余额
    User(String code, int cash) {
        this.code = code;
        this.cash = cash;
    }
    public String getCode() {
        return code;
    }
    public void setCode(String code) {
        this.code = code;
    }
    // 存取款操作方法
    public void oper(int x) {
        try {
            Thread.sleep(10);
            // 把修改共享数据的语句放在同步代码块中
            synchronized (this) {
                this.cash += x;
                System.out.println(Thread.currentThread().getName() + " 运行
结束, 增加"" + x + "", 当前用户账户余额为: " + cash);
            }
            Thread.sleep(10);    // 线程休眠10ms
```

```
        } catch (InterruptedException e) {
            e.printStackTrace();
        }
    }

    public String toString() {
        return "User{" + "code='" + code + '\'' + ", cash=" + cash + '}';
    }
}
```

程序运行结果如图11-11所示。

图 11-11 例 11-9 的运行结果

⚠注意事项 在使用synchronized关键字时，应该尽可能避免在synchronized方法或synchronized块中使用sleep()或者yield()方法，因为synchronized程序块占有着对象锁，一旦处于休眠状态，其他线程无法获得所需对象，就只能继续等待，这会严重影响程序的执行效率。

11.5.3 同步方法

同步方法和同步代码块的功能是一样的，都是利用互斥锁实现关键代码的同步访问。只不过在这里通常关键代码就是一个方法的方法体，此时只需要调用synchronized关键字修饰该方法即可。一旦被synchronized关键字修饰的方法已被一个线程调用，那么所有其他试图调用同一实例中的该方法的线程都必须等待，直到该方法被调用结束，释放锁给下一个等待的线程。

通过在方法声明中加入synchronized关键字来声明synchronized方法，示例代码如下：

```
public synchronized void accessVal(int newVal);
```

➜【例11-10】同步方法示例。

在主线程中通过同一个Runnable对象创建两个线程对象，Runnable对象中有一个同步方法实现输出线程信息，一个线程输出完之后，另一个线程才能开始输出信息。在主线程中启动这两个线程，实现对同步方法的调用。

```
public class PrintThread{
    private String name;
    public static void main(String[] args) {
```

```
    MethodSync ms=new MethodSync();     // 实例化 MethodSync 对象
    Thread t1 = new Thread(ms,"线程A");   // 通过 MethodSync 对象创建线程
    Thread t2 = new Thread(ms,"线程B");   // 通过 MethodSync 对象创建线程
    t1.start();     // 启动线程
    t2.start();     // 启动线程
    }
}
class MethodSync  implements Runnable {
    // 同步方法
    public synchronized void show() {
        System.out.println(Thread.currentThread().getName() + " 同步方法开始");
        System.out.println(Thread.currentThread().getName()+"其他信息......");
        System.out.println(Thread.currentThread().getName() + " 同步方法结束");
    }
    public void run() {
        show();        // 调用 show() 方法显示线程的相关信息
    }
}
```

程序运行结果如图11-12所示。

同步方法是一种高开销的操作，因此应该尽量减少同步方法的内容。一般情况下没有必要同步整个方法，使用synchronized代码块同步关键代码即可。

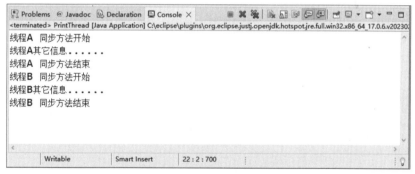

图 11-12 例 11-10 的运行结果

11.5.4 线程间的通信

多个并发执行的线程，如果它们只是竞争资源，可以采取synchronized设置同步代码块来实现对共享资源的互斥访问；如果多个线程在执行的过程中有次序上的关系，那么多个线程之间必须进行通信、相互协调。

例如，经典的生产者和消费者问题。生产者和消费者共享存放产品的仓库，如果仓库为空时，消费者无法消费产品，当仓库装满时，生产者会因产品没有空间存放而无法继续生产产品。

Java提供3个方法来实现线程间的通信问题，分别是wait()、notify()和notifyAll()。

这三个方法只能在synchronized关键字起作用的范围内使用，并且是在同一个同步问题中搭配使用这三个方法时才有实际意义。调用wait()方法可以使调用该方法的线程释放共享资源的锁，从可运行状态进入等待状态，直到被再次唤醒。而调用notify()方法可以唤醒等待队列中第一个等待同一共享资源的线程，并使该线程退出等待队列，进入可运行状态。调用notifyAll()方法可以使所有正在等待队列中等待同一共享资源的线程从等待状态退出，进入可运行状态，优先级最高的那个线程最先执行。

notify()和notifyAll()方法都是把某个对象上等待队列内的线程唤醒，notify()方法只能唤醒一个线程，但究竟是哪一个不能确定，而notifyAll()方法则是唤醒这个对象上的等待队列中的所有线程。为了安全感，大多数时候应该使用notifiAll()方法，除非明确知道需要唤醒是哪一个具体线程。

➡【例11-11】线程间通信示例。

功能实现： 下面的程序模拟了生产者和消费者的关系，生产者在一个循环中不断生产A~G的共享数据，而消费者则不断地消费生产者生产的A~G的共享数据。在这一对关系中，必须先有生产者生产，才能有消费者消费。为了解决这一问题，引入了如下的等待/通知（wait()/notify()）机制下。

①在生产者没有生产之前，通知消费者等待。

②在生产者生产之后，马上通知消费者消费。

③在消费者消费完之后，通知生产者已经消费完，需要生产。

```java
class ShareStore {
    private char c;
    private boolean writeable = true;
    public synchronized void setShareChar(char c) {
        if (!writeable) {
            try {
                wait();          // 未消费等待
            } catch (InterruptedException e) {
            }
        }
        this.c = c;
        writeable = false;     // 标记已经生产
        notify();               // 通知消费者已经生产，可以消费
    }
    public synchronized char getShareChar() {
        if (writeable) {
            try {
                wait();          // 未生产等待
            } catch (InterruptedException e) {
            }
```

```
        }
        writeable = true;        // 标记已经消费
        notify();                // 通知需要生产
        return this.c;
    }
}
// 生产者线程
class Producer extends Thread {
    private ShareStore s;
    Producer(ShareStore s) {
        this.s = s;
    }
    public void run() {
        for (char ch = 'A'; ch <= 'G'; ch++) {
            s.setShareChar(ch);        // 生产一个新产品
            System.out.println(ch + " 被生产");
        }
    }
}
// 消费者线程
class Consumer extends Thread {
    private ShareStore s;
    Consumer(ShareStore s) {
        this.s = s;
    }
    public void run() {
        char ch;
        do {
            ch = s.getShareChar();        // 消费一个新产品
            System.out.println(ch + " 被消费");
        } while (ch != 'G');
    }
}
public class ProducerConsumer {
    public static void main(String argv[]) {
        ShareStore s = new ShareStore();        // 实例化一个 ShareStore 对象
        new Producer(s).start();                // 创建生产者线程并启动
        new Consumer(s).start();                // 创建消费者线程并启动
    }
}
```

上述程序执行结果如图11-13所示。

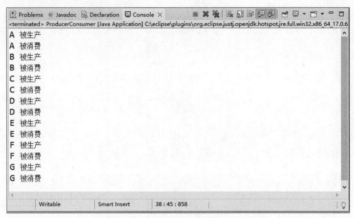

图 11-13　例 11-11 的执行结果

在例11-11中设置了一个通知变量，每次在生产者生产和消费者消费之前，都检测通知变量的值，根据检测结果判断是否可以生产或消费。

最开始设置通知变量的值为true，表示还未生产。此时如果消费者需要消费，则需要修改通知变量并调用notify()发出通知。生产者得到通知，开始生产产品，然后修改通知变量，向消费者发出通知。

如果生产者想要继续生产，但因为检测到通知变量为false，得知消费者还没有消费，所以调用wait()进入等待状态。因此，最后的结果是生产者每生产一个就通知消费者消费一个；消费者每消费一个，就通知生产者生产一个，所以不会出现未生产就消费或生产过剩的情况。

11.6　本章小结

本章首先介绍了线程的基本概念和生命周期；然后详细介绍了实现多线程的3种方式；接着介绍了线程的优先级和线程的调度；最后从线程安全、同步代码块、同步方法和如何解决死锁问题等方面介绍了线程的同步。通过对本章内容的学习，读者可以了解线程的生命周期，掌握线程的调度和线程的同步方法，并实现多线程编程。

11.7　课后练习

练习1：编写程序创建并启动3个线程，在每一个线程被调度时，在控制台中显示其被调度的次数。

练习2：模拟生产者、店铺和消费者的关系：生产者生产产品并交给店铺，消费者从店铺取产品。具体要求如下。

店铺只能存放一定数量的产品（例如上限是20），如果店铺中的产品数量达到上限，店铺通知生产者暂停生产；如果店铺有空闲位置可以存放产品，则通知生产者继续生产；如果店铺中没有产品，则通知消费者等待；如果店铺中有产品了，则通知消费者来取产品。

第12章
网络编程

内容概要

计算机网络已经成为人们日常生活不可或缺的必需品，给人们的生活带来了极大的便利。计算机网络通过传输介质把分散在不同地点的计算机设备互连起来，通过网络通信协议实现计算机之间的资源共享和信息传递。网络编程就是在不同的计算机上编写一些实现网络连接的程序，通过这些程序实现不同计算机之间的数据交互。Java语言对网络编程提供良好的支持。通过其提供的接口和类，读者可以方便地进行网络应用程序的开发。本章对相关知识进行介绍，以帮助读者快速掌握开发网络应用程序的技术。

学习目标

- 了解IP地址和端口号
- 了解TCP和UDP通信协议
- 掌握URL编程方法
- 掌握Socket编程方法
- 了解UDP编程方法

12.1 网络编程基础

本节主要介绍网络通信的基础知识，包括通信协议、IP地址、端口号、TCP协议、UDP协议，以及网络程序设计的基本框架。

12.1.1 基本概念

计算机网络是指通过各种通信设备连接起来的、支持特定网络通信协议的、许许多多的计算机或计算机系统的集合。网络通信是指网络中的计算机通过网络互相传递信息。通信协议是网络通信的基础。通信协议是网络中计算机之间进行通信时共同遵守的规则。不同的通信协议用不同的方法解决不同类型的通信问题。常用的通信协议有HTTP、FTP、TCP/IP等。

目前较为流行的网络通信模型是客户/服务器（Client/Server，缩写为C/S）结构和浏览器/服务器（Browser/Server，缩写为B/S）结构。客户端程序在需要服务时，向服务器提出请求，服务器端程序则等待客户端提出服务请求并予以响应。服务器端程序始终运行并监听网络端口，一旦有客户请求就会启动一个服务进程来响应，同时继续监听网络端口，准备为其他客户请求提供服务。

典型的C/S结构应用程序如QQ、MSN等，这种结构的应用程序需要在客户端安装相应的客户端软件才能通信。典型的B/S结构应用程序如大家经常访问的各种网站，这种结构的程序只要通过浏览器即可访问，不需要在客户端安装专门的客户端软件就可以通信。

为了实现网络上不同计算机之间的通信，必须知道对方计算机的地址和端口号。下面着重介绍IP地址、域名地址和端口号的概念。

1. IP 地址

IP地址是计算机网络中任意一台计算机地址的唯一标识。知道了网络中某一台计算机的IP地址，就可以定位这台计算机。通过这种地址标识，网络中的计算机可以互相定位和通信。目前IP地址有两种格式，即IPv4格式和IPv6格式。

IPv4由4字节（共32位）组成，中间以小数点分隔。格式为xxx.xxx.xxx.xxx，其中的x代表一个三位的二进制数字，如127.129.121.3，这也是目前广为使用的IP地址格式。

IPv6由16字节（共128位）组成，中间以冒号分隔。IPv6有多种表示方法，其中一种是格式为xxxx:xxxx:xxxx:xxxx:xxxx:xxxx:xxxx:xxxx，其中xxxx代表一个4位的十六进制数字，如FEDC:BA98:7654:3210:FEDC:BA98:7654:3210。

2. 域名

域名地址是计算机网络中一台计算机的标识名，也可以看作IP地址的助记名。如www.zzuli.edu.cn、www.163.com等。在Internet上，一个域名地址可以有多个IP地址与之相对应，一个IP地址也可以对应多个域名。由于域名更接近自然语言，容易记忆，所以使用起来更方便。在访问网络服务器时，一般只需记住服务器对应的域名就可以了。网络中的域名解析服务器可以根据域名查出该服务器对应的IP地址。有了服务器的IP地址，就可以访问该服务器上的网络资源了了。例如，在浏览器地址栏中输入域名http://www.baidu.com，域名解析服务器就会自动找到该域名对应的IP地址，然后定位到这台服务器，并向它发出服务请求。

2. 端口号

一台计算机上允许有多个进程，这些进程都可以和网络上的其他计算机进行通信。更准确地说，网络通信的主体不是计算机，而是计算机中运行的进程。这时候只有计算机名或IP地址显然是不够的。因为一个计算机名或IP地址对应的计算机可以拥有多个进程。端口就是为了在一台计算机上标识多个进程而采取的一种手段。计算机名（或IP地址）和端口的组合能唯一确定网络通信的主体——进程。端口（port）是网络通信时同一计算机上的不同进程的标识。端口号（port number）是端口的数字编号，如80、8080、3306、1433、1521等。一台服务器可以通过不同端口提供许多不同的服务。

12.1.2 通信协议

TCP和UDP是网络编程中两种比较常用的通信协议。

1. TCP

TCP（Transfer Control Protocol）是一种面向连接的、可以提供可靠传输的协议。使用TCP传输数据，接收端得到的是一个和发送端发出的完全一样的数据流（包括顺序）。发送端和接收端之间的两个端口必须建立连接，以便在TCP的基础上进行通信。在程序中，端口之间建立连接一般使用的是Socket（套接字）方法。当接收端的Socket等待服务请求（即等待建立连接）时，发送端的Socket可以要求进行连接，一旦两个Socket连接起来，就可以进行双向数据传输，即双方都可以发送或接收数据。这种通信方式和电信局的电话系统很相似。两者的操作步骤都是首先建立一个连接，然后开始传输数据，传输的数据顺序和接收的数据顺序是完全一样的，最后断开连接。TCP为实现可靠的数据传输提供了一个点对点的通道。

2. UDP

UDP（User Datagram Protocol）是一种无连接的协议，它传输的是一种独立的数据报（Datagram）。每个数据报都是一个独立的信息，包括完整的源地址或目的地址。数据报在网络上以任何可能的路径传往目的地，因此，数据报能否到达目的地、到达目的地的时间、数据的正确性和各个数据报到达的顺序都是不能完全保证的。这种通信方式和邮局的信件传送方式很相似。发信人只要将若干信件放入信箱就可以了，至于信件传递的路径、时间、到达的顺序、是否一定能到达等，邮局会尽可能做好，但不完全保证。

3. 两种协议的比较

使用UDP时，每个数据报中都给出了完整的地址信息，因此无须建立发送端和接收端的连接。使用TCP时，由于它是一个面向连接的协议，在Socket之间进行数据传输之前必须建立连接。

使用UDP传输数据是有大小限制的，每个被传输的数据报必须限定在64 KB之内。而TCP没有这方面的限制，连接一旦建立，双方的Socket就可以按统一的格式传输大量的数据。

UDP协议是一个不可靠的协议，发送端所发送的数据报并不一定以相同的次序到达接收端，有可能会丢失。而TCP是一个可靠的协议，能确保接收端完全正确地获取发送端所发送的全部数据。

12.1.3 Java网络编程技术

Java语言提供用于网络通信的java.net包，它包含多个用于各种标准网络协议通信的类和接口。Java语言主要是通过以下3种方式实现网络程序设计。

1. URL 编程技术

URL表示Internet上某个资源的地址，支持HTTP、FILE、FTP等多种协议。通过URL标识，可以直接使用各种通信协议获取远端计算机上的资源信息，方便快捷地开发Internet应用程序。

2. TCP 编程技术

TCP是可靠的连接通信技术，主要使用套接字（Socket）机制。TCP通信是建立在稳定连接基础上的、以流传输数据的通信方式。是目前实现C/S模式应用程序的主要方式。

3. UDP 编程技术

UDP是一种不可靠的通信协议，但由于其有较快的数据传输速度，在应用能容忍小错误的情况下，可以考虑使用UDP编程技术。

12.2 URL编程

java.net包中的URL类是对统一资源定位符（Uniform Resource Locator）的抽象，使用URL创建对象的应用程序称为客户端程序，一个URL对象存放着一个具体资源的引用，表明客户要访问这个URL中的资源，利用URL对象可以获取URL中的资源。一个URL对象通常包含最基本的三部分信息：协议、地址、资源。协议必须是URL对象所在的Java虚拟机支持的协议，常用的协议如HTTP、FTP等都是Java虚拟机支持的协议；地址必须是能连接的有效IP地址或域名地址；资源可以是主机上的任何一个文件。

12.2.1 URL

URL是指向互联网"资源"的指针。通过URL标识，就可以利用各种网络协议来获取远端计算机上的资源或信息，从而方便快捷地开发出Internet应用程序。

1. URL 的格式

```
传输协议名：//主机名：端口号/文件名#引用
```

其中，"传输协议名"指定获取资源所使用的传输协议，如HTTP协议；"主机名"是网络中的计算机名或IP地址；"端口号"是计算机中代表一个服务的进程编号；"文件名"是服务器上包括路径的文件名称；"引用"是文件中的标记，可用于同一个文件中不同位置的跳转。

在上述格式中，端口号、文件名和引用是可选的。传输协议名和主机名是必需的。当没有给出传输协议名时，浏览器默认的传输协议是HTTP，下面都是合法的URL。

```
http://java.sun.com/index.html
http://java.sun.com/index.html#chapter1
http://192.168.0.1:7001
http://192.168.0.1:7001/port/index.html#myedu
```

2. URL 类

URL类是Java语言提供的支持URL编程的基础类，其类路径是java.net.URL。URL类的构造方法如下。

①URL(String spec)：该构造方法根据指定的字符串创建URL对象。如果字符串指定了未知协议，则抛出MalformedURLException异常。

②URL(String protocol, String host, String file)：该构造方法根据指定的protocol名称、host名称和file名称创建URL。

③URL(String protocol, String host, int port, String file)：该构造方法根据指定protocol、host、port号和file创建URL对象。

另外，URL类还有以下用来操作URL的方法。

①Object getContent()：获取此URL的内容。

②int getDefaultPort()：获取与此URL关联协议的默认端口号。

③String getFile()：获取此URL的文件名。

④String getHost()：获取此URL的主机名（如果适用）。

⑤String getPath()：获取此URL的路径部分。

⑥int getPort()：获取此URL的端口号。

⑦String getProtocol()：获取此URL的协议名称。

⑧String getRef()：获取此URL的锚点（也称为"引用"）。

⑨URLConnection openConnection()：返回一个URLConnection对象，表示到URL所引用的远程对象的连接。

⑩InputStream openStream()：打开到此URL的连接，并返回一个用于从该连接读入的InputStream。

下面通过一个案例来演示URL编程方法。

⊙【例12-1】使用URL类获取远端主机上指定文件的内容。

功能实现：创建一个参数为"http://www.baidu.com/index.html"的URL对象，然后读取这个对象的文件。

```java
import java.io.*;
import java.net.URL;
public class URLTest {
    public static void main(String[] args) throws Exception {
        // 创建 URL 对象
        URL url = new URL("http:// www.baidu.com/index.html");
        // 创建 InputStreamReader 对象
        InputStreamReader is = new InputStreamReader(url.openStream());
        System.out.println("协议: " + url.getProtocol()); // 显示协议名
        System.out.println("主机: " + url.getHost()); // 显示主机名
        System.out.println("端口: " + url.getPort()); // 显示端口号
        System.out.println("路径: " + url.getPath()); // 显示路径名
        System.out.println("文件: " + url.getFile()); // 显示文件名
        BufferedReader br = new BufferedReader(is); // 创建 BufferedReader 对象
        String inputLine;
        System.out.println("文件内容: ");
        // 按行从缓冲输入流循环读字符，直到读完所有行
        while ((inputLine = br.readLine()) != null) {
            System.out.println(inputLine); // 把读取的数据输出到屏幕
        }
        br.close();// 关闭字符输入流
    }
}
```

程序运行结果如图12-1所示。

图 12-1 例 12-1 的运行结果

运行上面程序的计算机需要连接外网，否则系统会产生<Exception in thread "main" java.net. UnknownHostException: www.baidu.com>异常。

12.2.2 URLConnection

URLConnection用于应用程序和URL之间的连接。应用程序通过URLConnection可以获得URL对象的相关信息。它是所有URL连接通信类的父类。该类的对象可以用来读写URL对象所表示的Internet上的数据。应用程序和URL要建立一个连接通常需要以下几个步骤。

步骤01 通过在URL调用openConnection方法创建连接对象。

步骤02 处理设置参数和一般请求属性。

步骤03 使用connect方法建立到远程对象的实际连接。

步骤04 远程对象变为可用。远程对象的头字段和内容变为可访问。

URLConnection类的提供了丰富的变量和方法用于操作URL连接，下面给出一些常用的变量和方法。

1. URLConnection 类的主要变量

①connected：该变量表示URL的连接状态。true表示已经建立了通信连接。false表示此连接对象尚未创建到指定URL的通信连接。

②url：该变量表示此连接要在互联网上打开的远程对象。

2. URLConnection 类的构造方法

URLConnection(URL url)：创建参数为url的URLConnection对象。

3. URLConnection 类的主要方法

①Object getContent()：获取此URL连接的内容。

②String getContentEncoding()：返回该URL引用资源的内容编码。

③int getContentLength()：返回此连接的URL引用资源的内容长度。

④String getContentType()：返回该URL引用资源的内容类型。

⑤URL getURL()：返回此URLConnection的URL字段的值。

⑥InputStream getInputSTream()：返回从所打开连接读数据的输入流。

⑦OutputStream getOutputSTream()：返回向所打开连接写数据的输出流。

⑧public void setConnectTimeout(int timeout)：设置一个指定的超时值（毫秒为单位）。

下面通过一个案例来演示URLConnection的使用方法。

➔【例12-2】使用URLConnection类获取Web页面信息。

功能实现：使用URLConnection显示网页"http://www.baidu.com/index.htm"相关信息。

```java
import java.io.*;
import java.net.URL;
import java.net.URLConnection;
public class URLConnectionTest {
    public static void main(String[] args) throws Exception {
        int ch; //定义接收连接内容信息的整数
        URL url = new URL("http:// www.baidu.com/index.htm"); //创建 URL 对象
        // 定义 URLConnection 对象，并让其指向给定的连接
        URLConnection uc = url.openConnection();
        System.out.println(" 文件类型 : " + uc.getContentType());
        System.out.println(" 文件长度 : " + uc.getContentLength());
        System.out.println(" 文件内容 : ");
        System.out.println("------------------------------------------");
```

```
    // 定义字节输入流对象, 并使其指向给定连接的输入流
    InputStream is = uc.getInputStream();// 创建 BufferedReader 对象
    while ((ch = is.read()) != -1) {// 循环读下一个字节, 直到文件结束
        System.out.print((char) ch); // 输出字节对应的字符
    }
    is.close();// 关闭字节流
    }
}
```

程序运行结果如图12-2所示。

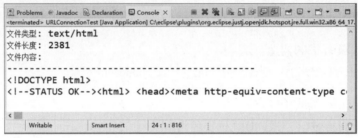

图 12-2 例 12-2 的运行结果

12.2.3 InetAddress

互联网上表示一个主机的地址有两种方式，即域名地址（如www.baidu.com）和IP地址（如202.108.35.210）。

InetAddress类用来表示主机地址，该类的常用方法如下。

（1）static InetAddress getByAddress(byte[] addr)：在给定原始IP地址的情况下，返回InetAddress对象。

（2）static InetAddress getByAddress(String host, byte[] addr)：根据提供的主机名和IP地址创建InetAddress。

（3）static InetAddress getByName(String host)：在给定主机名的情况下确定主机的IP地址。

（4）static InetAddress getLocalHost()：返回本地主机。

（5）byte[] getAddress()：返回此InetAddress对象的原始IP地址。

（6）String getHostAddress()：返回IP地址字符串（以文本表现形式）。

（7）String getHostName()：获取此IP地址的主机名。

（8）boolean isMulticastAddress()：检查InetAddress是否是IP多播地址。

（9）boolean isReachable(int timeout)：测试是否可以达到该地址。

（10）String toString()：将此IP地址转换为String。

使用InetAddress类可以很方便地获取网上信息，如主机名和主机IP地址。

下面通过一个案例演示InetAddress的使用方法。

⊙【例12-3】使用InetAddress类获取主机的IP地址和主机名。

功能实现：使用InetAddress对象获取互联网上指定主机和本地主机的有关信息。

```java
import java.net.InetAddress;
import java.net.UnknownHostException;
public class InetAddressTest {
    public static void main(String args[]) {
        try {
            // 获取给定域名的地址
            InetAddress inetAddress1 = InetAddress.getByName("www.baidu.com");
            System.out.println(inetAddress1.getHostName());// 显示主机名
            System.out.println(inetAddress1.getHostAddress());// 显示 IP 地址
            System.out.println(inetAddress1);// 显示地址的字符串描述
            // 获取本机的地址
            InetAddress inetAddress2 = InetAddress.getLocalHost();
            System.out.println(inetAddress2.getHostName());
            System.out.println(inetAddress2.getHostAddress());
            System.out.println(inetAddress2);
            // 获取给定 IP 的主机地址 (72.5.124.55)
            byte[] bs = new byte[] { (byte) 72, (byte) 5, (byte) 124, (byte) 55 };
            InetAddress inetAddress3 = InetAddress.getByAddress(bs);
            System.out.println(inetAddress3);
        } catch (UnknownHostException e) {
            e.printStackTrace();
        }
    }
}
```

程序运行结果如图12-3所示。

图 12-3　例 12-3 的运行结果

12.3 TCP编程

TCP/IP套接字用于在主机和Internet之间建立可靠、双向、持续、点对点的流式连接。套接字用来建立Java的输入/输出系统到其他驻留在本地机或Internet上的任何计算机的程序的连接。使用TCP协议通信时，客户机和服务器之间首先需要建立一个连接，然后客户机端和服务器端程序各自将一个Socket对象与这个连接绑定，接下来两端的程序可以通过和连接绑定的Socket对象来读写数据。

12.3.1　网络套接字

在Java网络编程中，套接字是一个用于端点连接和数据交换的对象。一个套接字由IP地址和端口号唯一确定。网络的每一个端点，都可以通过和连接绑定的套接字对象来交换数据。在Client/Server模式下，按照套接字在网络中所起的作用不同，可以将它们分为两类：客户机端套接字Socket和服务器端套接字ServerSocket。

1. ServerSocket

服务器端的套接字ServerSocket始终在监听是否有连接请求。如果发现客户机端Socket向服务器发出连接请求，且服务器可以接受服务请求，则服务器端Socket向客户机端Socket发回"接受"的消息。这样建立两个Socket对象之间的连接。

2. Socket

Socket用于建立一个客户端与服务器端通信的连接。

客户端要与服务器端通信，必须知道服务器的主机名和提供服务的端口号。当客户端发出建立连接请求，并且被服务器端接受时，客户端就会创建一个Socket对象。利用这个Socket对象，客户端可以和服务器端进行通信。

服务器端Socket和客户端Socket进行通信实现数据传送，需要以下四个步骤。

步骤 01 创建Socket对象。

步骤 02 打开连接到Socket对象的输入／输出流。

步骤 03 按照一定的协议对Socket对象进行读／写操作。

步骤 04 关闭Socket对象(即关闭Socket对象绑定的连接)。

> **⚠注意事项** 在调用Socket类和ServerSocket类的某些方法时，可能出现异常（如网络没有连通、指定的IP地址不可达、指定的端口号上没有服务进程，以及服务器还没有启动的情况下，客户端请求服务器处理信息等异常情况）。

12.3.2　Socket

1. Socket 类的构造方法

```
Socket(InetAddress address, int port)
```

构造方法用于创建一个主机地址为address、端口号为port的流套接字。示例如下。

```
Socket mysocket = new Socket ("218.198.118.112", 2010);
```

代码功能： 创建一个Socket对象连接远程主机，远程主机的IP地址是218.198.118.112，端口号是2010。

> **⚠注意事项** 每一个端口提供一种特定的服务，只有给出正确的端口，才能获得相应的服务。为此，系统特意为一些服务保留了一些端口。例如，http服务的端口号为80，ftp服务的端口号为23等。0～1023是系统预留的端口。所以在应用程序中设置自己的端口号时，最好选择一个大于1023的端口号。

2. Socket 类的常用方法

①InetAddress getInetAddress()：返回套接字连接的地址。

②InetAddress getLocalAddress()：获取套接字绑定的本地地址。

③int getLocalPort()：返回此套接字绑定到的本地端口。

④SocketAddress getLocalSocketAddress()：返回此套接字绑定的端点的地址，如果尚未绑定则返回null。

⑤InputStream getInputStream()：返回此套接字的输入流。

⑥OutputStream getOutputStream()：返回此套接字的输出流。

⑦int getPort()：返回此套接字连接的远程端口。

⑧boolean isBound()：返回套接字的绑定状态。

⑨boolean isClosed()：返回套接字的关闭状态。

⑩boolean isConnected()：返回套接字的连接状态。

⑪void connect(SocketAddress endpoint, int timeout)：将此套接字连接到服务器，并指定一个超时值。

⑫void close()：关闭此套接字。

下面通过一个案例来演示Socket类的使用。

➔【例12-4】使用Socket类获取主机的IP地址和主机名。

功能实现： 使用Socket类的方法，获取主机IP地址和主机名。

```
import java.net.Socket;
public class SocketTest {
    public static void main(String args[]) {
        Socket socket;
        try {
            socket = new Socket("115.158.64.128", 80);
            System.out.println("是否绑定连接： " + socket.isBound());
            System.out.println("本地端口： " + socket.getLocalPort());
            System.out.println("连接服务器的端口： " + socket.getPort());
            System.out.println("连接服务器的地址： " + socket.getInetAddress());
            System.out.println("远程服务器的套接字： "
                                + socket.getRemoteSocketAddress());
            System.out.println("是否处于连接状态： " + socket.isConnected());
            System.out.println("客户套接详情： " + socket.toString());
        } catch (Exception e) {
            System.out.println("服务器端没有启动");
        }
    }
}
```

程序运行结果如图12-4所示。

图 12-4　例 12-4 的运行结果

> **❶注意事项** 程序中指定的IP地址和端口号必须是已经启动的计算机的IP地址和端口号。如果指定的计算机没有启动或设置了防火墙，系统将报异常。另外，因为客户端在连接服务器时是随机使用本地端口，所以每次运行本地端口的值可能会不同。

12.3.3　ServerSocket

ServerSocket类实现了服务器端套接字。ServerSocket对象监听网络中来自客户机的服务请求，根据请求建立连接，并根据服务请求运行相应的服务程序。

1. ServerSocket 类的构造方法

①ServerSocket()：用于创建非绑定服务器套接字。

②ServerSocket(int port)：创建绑定到特定端口的服务器套接字。

③ServerSocket(int port, int backlog)：利用指定的backlog创建服务器套接字，并将其绑定到指定的本地端口号。

④ServerSocket(int port, int backlog, InetAddress bindAddr)：使用指定的端口、侦听backlog和要绑定到的本地IP地址创建服务器。

其中，port为端口号；若端口号的值为0，表示使用任何空闲端口。

backlog指定服务器所能支持的最长连接队列。如果队列满时收到连接指示，则拒绝该连接。

indAddr是要将服务器绑定到的InetAddress，bindAddr参数可以在ServerSocket的多宿主主机(multi-homed host) 上使用，ServerSocket仅接受对其地址之一的连接请求。如果bindAddr为null，则默认接受任何/所有本地地址上的连接。

创建ServerSocket对象的示例代码如下。

```
ServerSocket serverSocket = new ServerSocket(2010);
```

创建了一个ServerSocket对象serverSocket，并将服务绑定在2010号端口。

```
ServerSocket serverSocket2 = new ServerSocket(2010, 10);
```

创建了一个ServerSocket对象serverSocket2，并将服务绑定在2010号端口，最长连接队列为10。

> **❶注意事项** 这里的10是队列长度，并不是只能最多10个客户端。实际上，即使是1000个客户端连接这台服务器，只要这1000个客户端不是在极短的时间片内同时访问，服务器也能正常工作。

2. ServerSocket 类的常用方法

①Socket accept()：侦听并接受此套接字的连接。

②void bind(SocketAddress endpoint)：将ServerSocket绑定到特定地址（IP地址和端口号）。

③void bind(SocketAddress endpoint, int backlog)：在有多个网卡（每个网卡都有自己的IP地址）的服务器上，将ServerSocket绑定到特定地址（IP地址和端口号），并设置最长连接队列。

④void close()：关闭此套接字。

⑤InetAddress getInetAddress()：返回此服务器套接字的本地地址。

⑥int getLocalPort()：返回此套接字在其上侦听的端口。

⑦SocketAddress getLocalSocketAddress()：返回此套接字绑定的端口的地址，如果尚未绑定则返回null。

⑧boolean isBound()：返回ServerSocket的绑定状态。

⑨boolean isClosed()：返回ServerSocket的关闭状态。

⑩String toString()：作为String返回此套接字的实现地址和实现端口。

⊙【例12-5】使用ServerSocket类获取服务器的状态信息。

功能实现：使用ServerSocket类的方法，获取服务器的信息。

```java
import java.io.*;
import java.net. ServerSocket;
public class ServerSocketTest {
    public static void main(String args[]) {
        ServerSocket serverSocket = null;
        try {
            serverSocket = new ServerSocket(2010);
            System.out.println("服务器端口: " + serverSocket.getLocalPort());
            System.out.println("服务器地址: " + serverSocket.getInetAddress());
            System.out.println("服务器套接字: "
                            + serverSocket.getLocalSocketAddress());
            System.out.println("是否绑定连接: " + serverSocket.isBound());
            System.out.println("连接是否关闭: " + serverSocket.isClosed());
            System.out.println("服务器套接字详情: " + serverSocket.toString());
        } catch (IOException e1) {
            System.out.println(e1);
        }
    }
}
```

程序运行结果如图12-5所示。

通过观察程序的执行结果，可以发现服务器的地址addr为0.0.0.0/0.0.0.0，localport值为2010，port的值为0。其中，addr是服务端绑定的IP地址。如果未绑定IP地址（一台服务器上往往有多个网卡，每个网卡都有相应的IP地址），则addr的值就是0.0.0.0。在这种情况下，

ServerSocket对象将监听服务端所有网络接口（网卡）的所有IP地址。port永远是0，localport是ServerSocket绑定的本机端口。

图 12-5　例 12-5 的运行结果

12.3.4　TCP编程实例

⊙【例12-6】使用Socket和ServerSocket实现服务器和客户端通信。

功能实现： 首先利用ServerSocket编写一个服务器端程序，在指定端口监听客户机的连接请求。当有客户端发出连接请求时，建立Socket连接并读取客户端发送过来的信息，显示到窗口上。然后利用Socket类编写一个客户端程序，用于向服务程序发送消息。

（1）服务器端程序

```java
import java.awt.event.*;
import java.io.*;
import java.net.*;
import javax.swing.*;
public class ServerSocketDemo {
    private JFrame jf;
    private JLabel jLabel;
    private JTextField jtf_port;
    private JButton btn_start;
    private JTextArea jta_info;
    private JPanel jp;
    ServerSocket serverSocket;
    Socket socket;
    BufferedReader in;
    BufferedWriter out;
    public void init() {
        jf = new JFrame("ServerSocket 示例 ");
        jLabel = new JLabel(" 监听端口 ");
        jtf_port = new JTextField(5);
        btn_start = new JButton(" 启动服务 ");
        btn_start.addActionListener(new ServerListener());
        jp = new JPanel();
```

```java
        jp.add(jLabel);
        jp.add(jtf_port);
        jp.add(btn_start);
        jta_info = new JTextArea(10, 30);
        jta_info.setLineWrap(true);
        jf.add(jp, "North");
        jf.add(jta_info, "Center");
        jf.setDefaultCloseOperation(JFrame.EXIT_ON_CLOSE);
        jf.setSize(400, 300);
        jf.pack();
        jf.setVisible(true);
    }
    private class ServerListener implements ActionListener {
        @Override
        public void actionPerformed(ActionEvent arg0) {
            // TODO Auto-generated method stub
            if (arg0.getSource() == btn_start) {
                String port = jtf_port.getText();
                try {
                    serverSocket = new ServerSocket(Integer.parseInt(port));
                    jta_info.append("服务器在端口" + serverSocket.getLocalPort()
                                        + "监听! \r\n");
                    new ServerThread().start();
                } catch (IOException ex) {
                    ex.printStackTrace();
                }
            }
        }
    }
    private class ServerThread extends Thread {
        public void run() {
            while (true) {
                try {
                    // 调用 accept 方法，建立和客户端的连接
                    socket = serverSocket.accept();
                    jta_info.append("客户机端口: " + socket.getPort() + "\r\n");
                    jta_info.append("客户机地址: " + socket.getInetAddress()
                                        + "\r\n");
                    in = new BufferedReader(
                        new InputStreamReader(socket.getInputStream()));
                    out = new BufferedWriter(
                        new OutputStreamWriter(socket.getOutputStream()));
```

```
                    while (true) {
                        String revinfo = in.readLine();
                        if (revinfo == null || revinfo.equals("bye")) {
                            break;
                        } else {
                            jta_info.append(" 接收信息: " + revinfo + "\r\n");
                        }
                    }
                    // 操作结束，关闭socket
                    in.close();
                    out.close();
                    socket.close();
                    jta_info.append(" 已经断开与客户端的连接 \r\n");
                } catch (IOException e) {
                    e.printStackTrace();
                }
            }
        }
    }
    public static void main(String[] args) {
        new ServerSocketDemo().init();
    }
}
```

程序运行结果如图12-6所示。

图 12-6　服务器端运行结果

启动服务时，首先输入服务器端监听的端口号，然后单击"启动服务"按钮。服务器端开始在指定的端口号进行监听，等待客户端的连接请求。

（2）客户端程序

```
import java.awt.event.*;
import java.io.*;
import java.net.*;
import javax.swing.*;
public class ClientSocketDemo extends Thread implements ActionListener {
    private JFrame jf;
```

```java
    private JLabel jLabel1, jLabel2;
    private JTextField jtf_ip, jtf_port, jtf_data;
    private JButton btn_connect, btn_disconn, btn_send;
    private JTextArea jta_info;
    private JPanel jp_top, jp_bottom;
    Socket socket;
    private BufferedWriter bw = null;
    private BufferedReader br = null;
    public void init() {
        jf = new JFrame("Socket 示例 ");
        jLabel1 = new JLabel(" 服务器 IP");
        jtf_ip = new JTextField(10);
        jLabel2 = new JLabel(" 端口 ");
        jtf_port = new JTextField(5);
        btn_connect = new JButton(" 连接 ");
        btn_connect.addActionListener(this);
        btn_disconn = new JButton(" 断开连接 ");
        btn_disconn.setEnabled(false);
        btn_disconn.addActionListener(this);
        jtf_data = new JTextField(30);
        btn_send = new JButton(" 发送 ");
        btn_send.addActionListener(this);
        jp_top = new JPanel();
        jp_top.add(jLabel1);
        jp_top.add(jtf_ip);
        jp_top.add(jLabel2);
        jp_top.add(jtf_port);
        jp_top.add(btn_connect);
        jp_top.add(btn_disconn);
        jta_info = new JTextArea(10, 20);
        jta_info.setLineWrap(true);
        jp_bottom = new JPanel();
        jp_bottom.add(jtf_data);
        jp_bottom.add(btn_send);
        jf.add(jp_top, "North");
        jf.add(jta_info, "Center");
        jf.add(jp_bottom, "South");
        jf.setDefaultCloseOperation(JFrame.EXIT_ON_CLOSE);
        jf.setSize(400, 300);
        jf.pack();
        jf.setVisible(true);
    }
```

```java
    public void actionPerformed(ActionEvent arg0) {
        // TODO Auto-generated method stub
        if (arg0.getSource() == btn_connect) {
            String ip = jtf_ip.getText();
            String port = jtf_port.getText();
            try {
                socket = new Socket(ip, Integer.parseInt(port));
                bw = new BufferedWriter(
                    new OutputStreamWriter(socket.getOutputStream()));
                br = new BufferedReader(
                    new InputStreamReader(socket.getInputStream()));
                jta_info.append("连接服务器成功 \r\n");
                btn_connect.setEnabled(false);
                btn_disconn.setEnabled(true);
            } catch (IOException e1) {
                e1.printStackTrace();
            }
        } else if (arg0.getSource() == btn_disconn) {
            try {
                bw.close();
                br.close();
                socket.close();
                jta_info.append("已断开与服务器连接 \r\n");
                btn_connect.setEnabled(true);
                btn_disconn.setEnabled(false);
            } catch (IOException e) {
                e.printStackTrace();
            }
        } else if (arg0.getSource() == btn_send) {
            try {
                bw.write(jtf_data.getText() + "\n");
                bw.flush();
                jta_info.append("发送消息：" + jtf_data.getText() + "\r\n");
            } catch (IOException e) {
                e.printStackTrace();
            }
        }
    }
    public static void main(String[] args) {
        new ClientSocketDemo().init();
    }
}
```

程序运行结果如图12-7所示。

在图12-7所示的窗口中，输入服务器的IP地址和端口号，然后单击"连接"按钮。如果连接服务器成功，则在客户端的窗口中显示连接成功的提示信息。

客户端和服务器建立连接后客户端就可以向服务器发送信息了，服务器负责接收信息，并把信息显示到服务器端。首先，把需要发送的数据填写到客户端窗口下方的文本框中；然后，单击"发送"按钮，文本框中的数据将被发送到服务器端，如图12-8所示。

图 12-7　客户端运行结果

图 12-8　客户端发送数据

服务器端负责接收和显示客户端发送过来的数据，如图12-9所示。

图 12-9　服务器端接收并显示数据

12.4 UDP程序设计

上节介绍了基于TCP的网络套接字（Socket）编程技术。可以把套接字形象地比喻为打电话，一方呼叫，另一方负责监听。一旦建立了套接字连接，双方就可以进行通信。本节介绍Java中基于UDP（User Datagram Protocol，用户数据报协议）的网络信息传输方式。与TCP不同，UDP是一种无连接的网络通信机制，更像邮件或短信息通信方式。

12.4.1 数据报通信

数据报（Datagram）指起始点和目的地都使用无连接网络服务的网络层的信息单元。基于UDP协议的通信和基于TCP协议的通信不同。基于UDP协议的信息传递更快，但不提供可靠性保证。也就是说，数据在传输时，用户无法知道数据能否正确到达目的地主机，也不能确定数据到达目的地的顺序是否和发送的顺序相同。

UDP通信好比邮递信件。发信人不能确定所发的信件一定能够到达目的地，也不能确定信件到达的顺序是发出时的顺序，可能因为某种原因导致后发出的信件先到达。另外，也不能确定对方收到信就一定会回信。尽管UDP是一种不可靠的通信协议，但由于其有较快的传输速度，在应用能容忍小错误的情况下，可以考虑使用UDP通信机制。例如在视频广播中，即使丢了几个信息帧，也不影响整体效果，并且速度够快。

Java通过两个类实现UDP协议顶层的数据报：DatagramPacket类的对象是数据容器，DatagramSocket类的对象用来发送和接收DatagramPacket的套接字。采用UDP通信机制，在发送信息时，首先将数据打包，然后将打包好的数据（数据包）发往目的地。在接收信息时，首先接收发来的数据包，然后查看数据包中的内容。

12.4.2　DatagramPacket

要发送或接收数据报，需要用DatagramPacket类将数据打包，即用DatagramPacket类创建一个对象，称为数据包。

1. DatagramPacket 类的构造方法

①DatagramPacket(byte[] buf, int length)：构造数据包对象，用来接收长度为length的数据包。

②DatagramPacket(byte[] buf, int length, InetAddress address, int port)：构造数据报包，用来将长度为length的包发送到指定主机上的指定端口号。

③DatagramPacket(byte[] buf, int offset, int length)：构造数据报包对象，用来接收长度为length的包，在缓冲区中指定了偏移量。

④DatagramPacket(byte[] buf, int offset, int length, InetAddress address, int port)：构造数据报包，用来将长度为length，偏移量为offset的包，发送到指定主机上的指定端口号。

⑤DatagramPacket(byte[] buf, int offset, int length, SocketAddress address)：构造数据报包，用来将长度为length，偏移量为offset的包，发送到指定主机上的指定端口号。

⑥DatagramPacket(byte[] buf, int length, SocketAddress address)：构造数据报包，用来将长度为length的包，发送到指定主机上的指定端口号。

其中，buf保存传入数据报的缓冲区，length为要读取的字节数，address为数据报要发送的目的套接字地址，port为数据包的目标端口号。length参数必须小于等于buf.length。

2. DatagramPacket 类的常用方法

①InetAddress getAddress()：返回某台机器的IP地址。

②byte[] getData()：返回数据缓冲区。

③int getLength()：返回将要发送或接收到的数据的长度。

④int getOffset()：返回将要发送或接收到的数据的偏移量。

⑤int getPort()：返回某台远程主机的端口号。

⑥SocketAddress getSocketAddress()：获取要将此包发送到或发出此数据报的远程主机的SocketAddress（通常为IP地址+端口号）。

⑦void setAddress(InetAddress iaddr)：设置要将此数据报发往的那台机器的IP地址。

⑧void setData(byte[] buf)：为此包设置数据缓冲区。

⑨void setData(byte[] buf, int offset, int length)：为此包设置数据缓冲区。

⑩void setLength(int length)：为此包设置长度。

⑪void setPort(int iport)：设置要将此数据报发往的远程主机上的端口号。

⑫void setSocketAddress(SocketAddress address)：设置要将此数据报发往的远程主机的SocketAddress（通常为IP地址+端口号）。

12.4.3 DatagramSocket

DatagramSocket类是用来发送和接收数据报包的套接字，负责将打包的数据包发送到目的地，或从目的地接收数据包。

1. DatagramSocket 类的构造方法

①DatagramSocket()：构造数据报套接字并将其绑定到本地主机上任何可用的端口。

②DatagramSocket(int port)：创建数据报套接字并将其绑定到本地主机上的指定端口。

③DatagramSocket(int port, InetAddress laddr)：创建数据报套接字，将其绑定到指定的本地地址。

④DatagramSocket(SocketAddress bindaddr)：创建数据报套接字，将其绑定到指定的本地套接字地址。

2. DatagramSocket 类的常用方法

①void bind(SocketAddress addr)：将此DatagramSocket绑定到特定的地址和端口。

②void close()：关闭此数据报套接字。

③void connect(InetAddress address, int port)：将套接字连接到此套接字的远程地址。

④void connect(SocketAddress addr)：将此套接字连接到远程套接字地址（IP地址+端口号）。

⑤void disconnect()：断开套接字的连接。

⑥InetAddress getInetAddress()：返回此套接字连接的地址。

⑦InetAddress getLocalAddress()：获取套接字绑定的本地地址。

⑧int getLocalPort()：返回此套接字绑定的本地主机上的端口号。

⑨SocketAddress getLocalSocketAddress()：返回此套接字绑定的端点的地址，如果尚未绑定则返回null。

⑩SocketAddress getRemoteSocketAddress()：返回此套接字连接的端点的地址，如果未连接则返回null。

⑪void receive(DatagramPacket p)：从此套接字接收数据报包。

⑫void send(DatagramPacket p)：从此套接字发送数据包。

例如，将"你好"这两个汉字封装成数据包，发送到目的主机"192.168.0.107"，端口2018上，完成此任务的核心代码如下。

```
byte buff[] = " 你好 ".getBytes();
InetAddress destAddress = InetAddress.getByName("192.168.0.107");
DatagramPacket dataPacket = new DatagramPacket(buff, buff.length, destAddress, 2018);
DatagramSocket sendSocket = new DatagramSocket();
sendSocket.send(dataPacket);
```

再如，接收发到本机2016号端口的数据包，完成此任务的核心代码如下。

```
byte buff[] = new byte[8192];
DatagramPacket receivePacket = new DatagramPacket(buff, buff.length);
DatagramSocket receiveSocket = new DatagramSocket(2016);
receiveSocket.receive(receivePacket);
int length = receivePacket.getLength();
String message = new String(receivePacket.getData(), 0, length);
System.out.println(message);
```

下面通过一个案例介绍DatagramPacket类和DatagramSocket类的用法。

⊙【实例12-7】设计点对点的快速通信系统。

功能实现： 实现局域网内两台主机之间的通信和聊天功能。

分析： 本系统属于互为服务器和客户机的网络应用系统，采用UDP数据报编程技术可以实现快速的点对点通信。聊天界面采用Swing组件来实现。以主机1和主机2表示两台主机。

（1）主机1的设计

主机1向对方2012端口发送信息，并在自己的2016号端口接收来自对方的信息。主机1的代码如下。

```
import java.awt.*;
import java.awt.event.*;
import javax.swing.*;
import java.net.InetAddress;
import java.net.DatagramPacket;
import java.net.DatagramSocket;
public class UDPHostOne extends JFrame implements Runnable, ActionListener {
    JTextField sentMsg = new JTextField(20);
    JTextArea receivedMsg = new JTextArea();
    JButton send = new JButton("发送");
    /**
     * 构造方法，建立通信主界面
     */
    UDPHostOne() {
        setTitle("主机1"); //设置窗口标题
        setSize(400, 500); //设置窗口大小
        setVisible(true); //显示主窗口
        Container container = this.getContentPane(); //获得JFrame的内容面板
        container.setLayout(new BorderLayout()); //设置布局方式为BorderLayout
        //创建用于存放聊天记录的滚动面板
        JScrollPane centerPanel = new JScrollPane();
        receivedMsg = new JTextArea();//创建存放聊天内容的多行文本输入区对象
        centerPanel.setViewportView(receivedMsg); //将文本区放入滚动面板
```

```
        container.add(centerPanel, BorderLayout.CENTER);//将滚动面板放到窗口中央
        receivedMsg.setEditable(false);//将文本区置为不可编辑状态
        //创建底部面板对象，存放聊天标签、聊天栏、发送按钮
        JPanel bottomPanel = new JPanel(new FlowLayout(FlowLayout.LEFT));
        sentMsg = new JTextField(20);//创建文本输入行对象，存放每次的聊天内容
        send = new JButton("发送");//创建按钮对象
        bottomPanel.add(new JLabel("信息"));  //将标签添加到底部面板
        bottomPanel.add(sentMsg);//把聊天内容栏添加到底部面板
        bottomPanel.add(send);//把"发送"按钮添加到底部面板
        container.add(bottomPanel, BorderLayout.SOUTH);//将底部面板放在窗口底部
        send.addActionListener(this);//注册"发送"按钮的动作事件
        sentMsg.addActionListener(this);//注册聊天栏的动作事件
        Thread thread = new Thread(this);
        thread.start();//线程负责接收数据包
        this.setDefaultCloseOperation(JFrame.EXIT_ON_CLOSE);
    }
    /**
     * 单击按钮发送数据包，或者在文本输入框里按回车键发送文本
     */
    public void actionPerformed(ActionEvent event) {
        //获取图形界面上文本框中输入的信息，将文字前后的空格过滤掉
        byte buffer[] = sentMsg.getText().trim().getBytes();
        try {
            //设置信息发送的目的地址为127.0.0.1
            InetAddress destAddress = InetAddress.getByName("127.0.0.1");
            //将数据封装到数据报，指定发送目的地的端口号
            DatagramPacket dataPacket = new DatagramPacket(buffer,
                buffer.length, destAddress, 2012);
            //创建数据报套接字
            DatagramSocket sendSocket = new DatagramSocket();
            receivedMsg.append("============= 本地消息 ============\n");
            receivedMsg.append("数据报目标主机地址:" + dataPacket.getAddress()
                                                + "\n");
            receivedMsg.append("数据报目标端口是:" + dataPacket.getPort() + "\n");
            receivedMsg.append("数据报长度:" + dataPacket.getLength() + "\n");
            //向异地发送数据报
            sendSocket.send(dataPacket);
            sentMsg.setText("");
        } catch (Exception e) {
        }
    }
    /**
```

```java
     *  使用线程机制，接收来自异地的数据报
     */
    public void run() {
        DatagramSocket receiveSocket = null; // 定义数据报套接字
        DatagramPacket receivePacket = null; // 定义数据报对象
        byte buff[] = new byte[8192]; // 设置数据包最大字节数
        try {
            // 创建数据报对象，指定数据存储空间和数据长度
            receivePacket = new DatagramPacket(buff, buff.length);
            // 创建数据报套接字对象，接收信息端口号为2016
            receiveSocket = new DatagramSocket(2016);
        } catch (Exception e) {
        }
        while (true) {
            // 如果套接字为空，则跳出死循环
            if (receiveSocket == null)
                break;
            else {
                // 否则，接收来自异地的数据
                try {
                    receiveSocket.receive(receivePacket); // 接收数据
                    int length = receivePacket.getLength(); // 获取数据长度
                    // 获取异地主机的IP地址
                    InetAddress adress = receivePacket.getAddress();
                    int port = receivePacket.getPort(); // 获取异地主机的端口号
                    // 将获取的异地发来的数据转为字符串
                    String message = new String(receivePacket.getData(), 0, length);
                    receivedMsg.append("========= 异地消息 =========\n");
                    receivedMsg.append("收到数据长度: " + length + "\n");
                    receivedMsg.append("收到数据来自: " + adress + " 端口: "
                                                       + port + "\n");
                    receivedMsg.append("收到数据是: " + message + "\n");
                } catch (Exception e) {
                }
            }
        }
    }
    public static void main(String args[]) {
        new UDPHostOne();
    }
}
```

程序运行结果如图12-10所示。

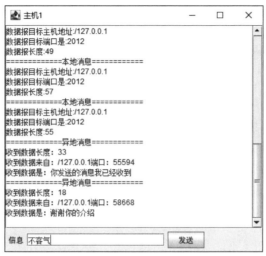

图 12-10　主机 1 的运行结果

（2）主机2的设计

主机2向对方2016端口发送信息，并在自己的2012号端口接收来自对方的信息。主机2的代码如下。

```java
import java.net.*;
import java.awt.*;
import java.awt.event.*;
import javax.swing.*;
public class UDPHostTwo extends JFrame implements Runnable, ActionListener {
    private static final long serialVersionUID = 5719473920083381308L;
    JTextField sentMsg = new JTextField(20);
    JTextArea receivedMsg = new JTextArea();
    JButton send = new JButton("发送");
    /**
     * 构造方法，建立通信主界面
     */
    UDPHostTwo() {
        setTitle("主机2"); // 设置窗口标题
        setSize(400, 300); // 设置窗口大小
        setVisible(true); // 显示主窗口
        Container container = this.getContentPane(); // 获得 JFrame 的内容面板
        container.setLayout(new BorderLayout()); // 设置布局方式为 BorderLayout
        // 创建用于存放聊天记录的滚动面板
        JScrollPane centerPanel = new JScrollPane();
        receivedMsg = new JTextArea();// 创建存放聊天内容的多行文本输入区对象
        centerPanel.setViewportView(receivedMsg); // 将文本区放入滚动面板
        container.add(centerPanel, BorderLayout.CENTER);// 将滚动面板放到窗口中央
```

```java
        receivedMsg.setEditable(false);// 将文本区置为不可编辑状态
        // 创建底部面板对象，存放聊天标签、聊天栏、发送按钮
        JPanel bottomPanel = new JPanel(new FlowLayout(FlowLayout.LEFT));
        sentMsg = new JTextField(20);// 创建文本输入行对象，存放每次的聊天内容
        send = new JButton("发送");// 创建按钮对象
        bottomPanel.add(new JLabel("信息"));  // 将标签添加到底部面板
        bottomPanel.add(sentMsg);// 把聊天内容栏添加到底部面板
        bottomPanel.add(send);// 把发送按钮添加到底部面板
        container.add(bottomPanel, BorderLayout.SOUTH);// 将底部面板放在窗口底部
        send.addActionListener(this);// 注册"发送"按钮的动作事件
        sentMsg.addActionListener(this);// 注册聊天栏的动作事件
        Thread thread = new Thread(this);
        thread.start();// 线程负责接收数据包
        this.setDefaultCloseOperation(JFrame.EXIT_ON_CLOSE);
    }
    /**
     * 单击按钮发送数据包，或者在文本输入框里打回车发送文本
     */
    public void actionPerformed(ActionEvent event) {
        // 获取图形界面上文本框中输入的信息，将文字前后的空格过滤掉
        byte buffer[] = sentMsg.getText().trim().getBytes();
        try {
            // 设置信息发送的目的地址为 127.0.0.1
            InetAddress destAddress = InetAddress.getByName("127.0.0.1");
            // 将数据封装到数据报，指定发送目的地的端口号
            DatagramPacket dataPacket = new DatagramPacket(buffer,
                buffer.length, destAddress, 2016);
            // 创建数据报套接字
            DatagramSocket sendSocket = new DatagramSocket();
            receivedMsg.append("============== 本地消息 ============\n");
            receivedMsg.append("数据报目标主机地址:" + dataPacket.getAddress()
                                            + "\n");
            receivedMsg.append("数据报目标端口是:" + dataPacket.getPort() + "\n");
            receivedMsg.append("数据报长度:" + dataPacket.getLength() + "\n");
            // 向异地发送数据报
            sendSocket.send(dataPacket);
            sentMsg.setText("");
        } catch (Exception e) {
        }
    }
    /**
     * 使用线程机制，接收来自异地的数据报
```

```
        */
    public void run() {
        DatagramSocket receiveSocket = null; // 定义数据报套接字
        DatagramPacket receivePacket = null; // 定义数据报对象
        byte buff[] = new byte[8192]; // 设置数据包最大字节数
        try {
            // 创建数据报对象，指定数据存储空间和数据长度
            receivePacket = new DatagramPacket(buff, buff.length);
            // 创建数据报套接字对象，接收信息端口号为 2012
            receiveSocket = new DatagramSocket(2012);
        } catch (Exception e) {
        }
        while (true) {
            // 如果套接字为空，则跳出死循环
            if (receiveSocket == null)
                break;
            else {
                // 否则，接收来自异地的数据
                try {
                    receiveSocket.receive(receivePacket); // 接收数据
                    int length = receivePacket.getLength(); // 获取数据长度
                    // 获取异地主机的 IP 地址
                    InetAddress adress = receivePacket.getAddress();
                    int port = receivePacket.getPort(); // 获取异地主机的端口号
                    // 将获取的异地发来的数据转为字符串
                    String message = new String(receivePacket.getData(), 0, length);
                    receivedMsg.append("========= 异地消息 =========\n");
                    receivedMsg.append("收到数据长度: " + length + "\n");
                    receivedMsg.append("收到数据来自: " + adress + " 端口: "
                                                            + port + "\n");
                    receivedMsg.append("收到数据是: " + message + "\n");
                } catch (Exception e) {
                }
            }
        }
    }
    public static void main(String args[]) {
        new UDPHostTwo();
    }
}
```

程序运行结果如图12-11所示。

图 12-11　主机 2 的运行结果

12.5　本章小结

本章首先介绍了IP地址、端口号和通信协议等网络基础知识。然后通过案例重点介绍了URL编程、Socket编程和UDP编程的方法。通过对本章内容的学习，读者可以了解网络编程的相关知识，并能够编写简单的网络应用程序。

12.6　课后练习

练习1：通过使用InetAddress类的方法获取http://www.baidu.com的主机IP地址和本机名称及IP地址。

练习2：编写一个客户机服务器程序，使用Socket技术实现通信，双方约定一个通信端口。服务器端程序运行后在端口上监听客户机的连接。客户机运行后连接到服务器，向服务器发送两个整数。服务器端计算这两个整数的和，然后把计算结果返回客户端。

第 **13** 章

进销存管理系统

扫码下载
本章内容